高性能时空计算及应用

关雪峰 编著

科 学 出 版 社

北 京

内 容 简 介

本书综合地理信息科学、计算机科学等领域知识，结合团队积累的研究案例，对高性能时空计算的理论、方法进行总结和凝练，可以指导海量时空数据处理、分析、挖掘等具体实践。全书共 9 章。第 1 章阐述高性能时空计算的现状及发展趋势；第 2 章介绍并行计算的基本概念、通用流程、评价方法等；第 3~5 章分别介绍多核、集群、众核环境下的时空分析算法设计与案例；第 6 章结合云计算的理论介绍时空大数据的存储与管理，包括分布式文件系统/非关系数据库下时空剖分、时空索引、查询访问等关键技术；第 7 章结合内存计算的理论介绍时空大数据的处理与可视化，具体包括时空大数据 LOD 方法、大规模 POI 数据/点云数据的可视化案例等；第 8 章介绍大规模时空过程模拟的方法与案例，包括元胞自动机、多智能体模型并行化及不同领域的应用；第 9 章介绍深度学习与时空计算的融合，结合具体案例讲述高性能计算支持的时空智能分析。

本书可供地理信息系统、地球空间信息学、计算机科学、地理信息工程与应用、资源环境科学等领域的研究人员和开发人员使用，亦可作为高等院校相关专业的高年级本科生、研究生教学参考用书。

图书在版编目（CIP）数据

高性能时空计算及应用/关雪峰编著.—北京:科学出版社，2020.11
ISBN 978-7-03-066957-5

Ⅰ.① 高… Ⅱ.① 关… Ⅲ.① 地理信息系统 Ⅳ.① P208.2

中国版本图书馆 CIP 数据核字（2020）第 232437 号

责任编辑：杨光华/责任校对：高 嵘
责任印制：张 伟/封面设计：苏 波

科 学 出 版 社 出版
北京东黄城根北街 16 号
邮政编码：100717
http://www.sciencep.com

北京凌奇印刷有限责任公司 印刷
科学出版社发行 各地新华书店经销
*

开本：787×1092 1/16
2020 年 11 月第 一 版 印张：14 1/4
2022 年 9 月第二次印刷 字数：347 000
定价：88.00 元
（如有印装质量问题，我社负责调换）

前　　言

　　随着立体对地观测体系的建立及互联网/物联网的发展，空间数据获取手段向多元化方向发展，其种类和来源不断丰富，积累数据量呈"爆炸式"增长。传统的 GIS 算法、软件、平台在面对 TB 级别甚至是 PB 级别时空数据时，其处理效率低、扩展性能差的问题凸显。因此 GIS 与高性能计算、云计算融合是必然的发展趋势。目前高性能时空计算已经成为地理信息科学的一个重要研究方向。

　　作者从博士研究生阶段开始，一直从事高性能时空计算方面的研究，目前主持的两项国家自然科学基金项目均与高性能时空计算相关。2011 年博士毕业留校工作后，在测绘遥感信息工程国家重点实验室开设了一门研究生课程"高性能地理计算"，该课程已开设近十年，学生选修热情度非常高，课程教学效果也广受好评。但是在教学过程中作者发现，目前还缺乏系统介绍高性能地理计算的教学参考用书。计算机专业的《高性能计算》教材过于基础，现有专业文献着重描述单一高性能环境下具体算法加速或者单一系统框架平台实现，对于时空计算类型涵盖不全面、整体理论方法体系欠缺。基于此，作者总结近十年来在高性能时空计算方向积累的研究成果，尝试撰写一本系统介绍高性能时空计算及应用的著作。

　　本书的出版得到了国家自然科学基金面上项目"面向大规模地理智能体模拟的多元交互关系建模与并行调度"（编号：41971348），国家重点研发计划课题"多粒度时空对象组织与管理"（编号：2016YFB0502302）、"城市群经济区综合交通一体化规划、建设与运行监管"（编号：2017YFB0503802）的资助。本书能够在较短的时间内成稿，有赖于研究团队的共同努力，团队成员包括成波、李真强、曹军、曾宇媚、刘易诗、钱跃辉、王星磊、谌诞楠、韩林栩、董书佑、马妍莉、庞兆星、徐清杨、张梓晴、李静波、杨延浩等，在此表示感谢。同时还要感谢武汉大学及测绘遥感信息工程国家重点实验室为相关研究的开展和本书的出版提供了便利条件。

　　由于时间和作者研究水平所限，书中难免存在疏漏和不足之处，敬请各位同行专家和读者们及时给予批评指正。

关雪峰

2020 年 10 月 1 日于武汉大学

目　　录

第 1 章　高性能时空计算现状及趋势

1.1　背　　景

随着互联网/物联网和云计算的高速发展，数据获取手段向多元化方向发展，数据种类不断多样化，促使时空相关的数据呈现"爆炸式"的增长趋势，时空信息与大数据的融合标志着人们正式进入了时空大数据时代。时空大数据除了具备大数据典型的"4V"特性之外，还具备对象/事件丰富的语义特征和时空维度动态关联特性。对时空大数据进行处理、分析和挖掘，得到蕴含的复杂特征是其核心价值所在（李德仁 等，2015b）。

在时空大数据时代，机遇与挑战并存。一方面，时空数据量和类型的丰富，弥补了数据资源的匮乏状况，能够最大程度满足各类研究的需求，进一步推动了交叉研究的深入；另一方面，面对时空大数据时空特征的特殊性，时空对象、事件等要素的动态演化及相互间的动态关联关系给数据管理和分析带来了极大的挑战。在存储管理方面，以往集中式存储严重依赖单机性能，极大限制了存储能力的可扩展性，无法支撑海量非结构化数据低延迟存取高并发访问；在处理分析方面，以往串行分析算法已无法满足海量时空数据的实时处理需求，不能充分发挥当前新型硬件构架和并行模型/框架的优势；在数据挖掘方面，传统的数据挖掘算法大多是基于常规数据集实现，推广到 TB 级别甚至是 PB 级别数据时，其计算效率低、扩展性能差的不足就会显现。因此，时空大数据与高性能计算/云计算融合是必然的发展趋势，通过两者融合从而进一步提升时空大数据的利用效率，更好地为研究应用服务。

针对上述问题，本章将基于时空大数据背景，对现有时空大数据存储管理、时空分析和领域挖掘进行全面的总结和阐述（图 1.1）。首先，从时空大数据的概念和起源出发，介绍大数据的分类和特点，分析时空大数据的固有特征。在此基础上总结现有的高性能计算平台软硬件的发展现状，包括硬件架构、并行计算模型/框架及各自优势对比。其次，全面总结现阶段时空大数据的存储管理模式、并行分析策略和数据挖掘算法的并行化实现，得出并行化是支撑时空大数据高效分析处理的重要手段。最后，探讨时空大数据时代下分布式存储管理与并行处理分析当前的发展趋势。

1.2　时空大数据

2008 年，*Nature* 杂志在其发表的一篇文章 *Big Data: Wikiomics* 中首次提出了"大数据"这一名词（Waldrop，2008）。2011 年，*Science* 杂志出版专刊 *Dealing with Data*，探讨了如何借助宝贵的数据资源推动人类社会向前发展（Hong et al.，2011）。2012 年，美国针对大数据的发展热潮正式启动了一项"大数据研究和发展计划"，以期在大数据获取知识方面能有所突破。2015 年，国务院印发了《促进大数据发展行动纲要》，基于全球大数据发展迅

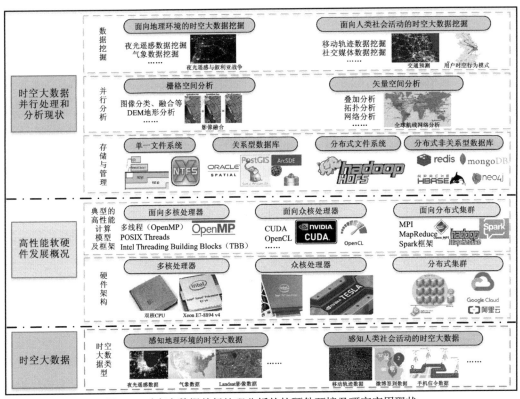

图 1.1 时空大数据并行处理分析的软硬件环境及研究应用现状

速和大数据广泛应用于各个领域的现状，提出了我国未来在大数据的发展规划中要加快数据共享、提高管理水平等任务。

迄今为止，大数据科学已经发展为一门新兴的综合性学科。对于"大数据"，普遍认为它是数据体量（volume）大、数据类型（variety）多、产生速度（velocity）快和价值（value）含量高的数据集合。而时空大数据，则是指与时空位置相关的一类大数据，是时空信息与大数据的融合。日常生活中带有时间与位置标签的数据十分常见，人类生活中产生的数据约有 80%和时空位置有关（Xu，1999）。2011 年，麦肯锡环球研究院 Manyika 等发布了报告 *Big data：The next frontier for innovation，competition，and productivity*，提出医疗保健、零售、公共领域、制造业和个人位置这五大类数据组成了当前主要的大数据流，而这些数据都具有显著的地理编码和时间标签（Manyika et al.，2011）。因此，如何高效处理分析时空大数据是当前学术界研究的热点问题之一。

时空大数据从感知对象角度可以划分为以下两类。

（1）感知地理环境的时空大数据。随着对地观测技术的发展，各类遥感数据呈指数级增长并逐步积累，成为一类典型的时空大数据，即"遥感大数据"。随着遥感云平台的建设，各类遥感数据服务与处理服务逐渐发布，地理服务从专业走向大众，用户无须搭建专用环境就可以方便地应用遥感大数据。2018 年 2 月，中国科学院正式启动 A 类战略性先导科技专项"地球大数据科学工程（CASEarth）"，其目标是建成具有全球影响力的、开放性的国际地球大数据科学中心，逐渐突破技术瓶颈，形成资源、环境、生态等多学科领域融合、独具特色的地球大数据云服务平台，肩负起国家宏观决策与重大科学发现的重任。

（2）感知人类社会活动的时空大数据。随着互联网技术、社交媒体平台的不断发展和进步，人类活动每时每刻都会产生大量的时空数据，其具有位置坐标和时间标签，具体包括移动轨迹数据、社交媒体数据、购物订单数据、手机信令数据等。这些数据记录着人类的日常生活，蕴含着人类活动的潜在规律，且它们正以前所未有的速度和规模增长和累积，亟待被合理、高效、充分地挖掘应用。近年来，面向人类活动的时空大数据逐渐被挖掘、利用、生成各类智慧服务，并渗透到人们生活的各方面。例如，在智慧经济方面，企业利用数据挖掘技术，从客户消费的时空大数据中获取人们的消费习惯，并划分成不同的消费群体，从而有针对性地投放产品广告，实现精准营销；在智慧交通方面，通过分析人流和车辆移动轨迹的时空大数据，可以预测路段的人流密度与交通状况，从而有效改善交通拥堵现象；在智慧医疗方面，通过对海量病历数据进行分析建模，可以了解人群疾病的时空分布规律，从而及时进行疾病的预防和控制。

时空大数据除具备大数据本身所具有的海量、多维、价值高等特征外，还具备对象/事件的丰富语义特征和时空维度动态关联特性（李德仁 等，2015a），具体包括以下三点：

（1）时空大数据的要素包括对象、过程、事件等，且这些要素在空间、时间、语义等方面具有关联约束关系；

（2）时空大数据在空间和时间上具有动态演化特性，这些基于时空大数据要素的时空变化是可被度量的；

（3）时空大数据具有尺度特性，根据比例尺大小、采样粒度及数据单元划分的详细程度，可以建立时空大数据的多尺度表达与分析模型。

时空大数据不断被应用于各个领域，促进了新的研究模式生成，然而传统的数据存取、分析和挖掘方法却难以支撑新的研究模式形成。日趋庞大的数据量易导致算法性能陷入瓶颈，用户对响应的实时性要求越来越高，传统集中式的数据存储管理策略和串行时空分析算法已不能满足时空大数据高效存储和实时处理分析的需求。因此，在分布式计算、并行计算及云计算技术飞速发展的背景下，针对时空大数据的特殊性，将高性能计算技术应用到时空大数据的处理分析中，实现数据高效处理，准确提取其中的价值信息，是当前时空大数据的一大研究热点。

1.3　高性能软硬件发展概况

近年来，计算机技术迅速发展：在硬件方面，计算能力成倍增长，硬件架构发生了巨大变化；在软件方面，云计算技术的兴起，面向大数据的高性能计算模型和处理框架不断涌现。

1.3.1　硬件架构

1. 多核处理器

多核处理器（multi-core processor）是在单个芯片（die）中封装了两个或以上的独立中

央处理器核心（core），核心间通过高速总线（bus）互联。多核处理器通过提供不同层次的指令级并行和线程级并行从而提高计算性能。2005 年，Intel 公司和 AMD 公司率先开发出双核处理器（彭晓明 等，2012）。2017 年，Intel 公司发布了基于 14 nm 工艺制程的 24 核处理器（Xeon E7-8894 v4），支持 48 个线程，频率为 2.4～3.4 GHz。

2. 众核处理器

众核处理器（many-core processor）是专为高度并行处理而设计的专业多核处理器，包含大量简单、独立的处理器内核，并广泛用于嵌入式计算和高性能计算中。众核处理器相对于多核处理器的区别在于它设计的出发点是对更高程度的显式并行进行优化，以密集的计算线程提高吞吐量，使得它在处理海量结构化数据时更有优势。典型的众核处理器有 NVIDIA GPGPU（general purpose GPU）、Intel MIC（many integrated core）等。其中用户群最广的是 GPGPU，其具有高带宽、高并行性的特点，因此在处理单指令流多数据流（single instruction multiple data，SIMD）时，面对数据运算量远大于数据调配和传输的场景时，其计算性能相对于传统多核 CPU 来说有了极大的提升（Nickolls et al.，2010）。2017 年 NVIDIA 发布了 Tesla Volta100 GPU 架构，能提供 30TFLOPS 的 FP16 半精度性能、15TFLOPS 的 FP32 单精度性能、7.5FLOPS 的 FP64 双精度性能，以及 120TLOPS 独立 Tensor 操作量。Tesla Volta100 中新型流式多处理器架构针对深度学习进行了专门优化，在深度学习性能上显著提升，架构比上一代节能 50%，且使用 HBM2 内存，操作更快、效率更高[①] 。

3. 分布式集群

分布式集群是指将相互独立的计算机节点（node）通过高速互联网络连接起来而形成的计算集群（cluster）。集群面对的高并发请求或计算密集任务可以分发到所有工作节点协同完成。同时由于节点之间通信开销成本和数据传输延迟，集群多采用粗粒度的并行任务划分策略。

随着虚拟化技术的发展与成熟，基于云平台的新兴计算模式——云计算应运而生。云平台借助虚拟化技术的伸缩性和灵活性，提高了计算/存储/网络资源利用率；通过信息服务自动化技术，将各类资源封装为服务交付给用户，减少了用户使用成本。云平台提供的服务通常可分为基础设施即服务（infrastructure as a service，IaaS）、平台即服务（platform as a service，PaaS）、软件即服务（software as a service，SaaS）三大类。与传统的集群相比，云平台可以将物理资源虚拟化为资源池，灵活提供软硬件资源，实现对用户的按需供给，具有资源池化、按需服务、服务可计量等特点，因此云平台在并行计算中发挥着重要作用。自云计算的概念被 IBM 提出后，得到了 Google、Microsoft、Amazon 等各大 IT 公司的重视，纷纷推出了各自的云平台，如 Google Cloud、微软 Azure 平台、Amazon Cloud、阿里云等。

表 1.1 对以上提出的硬件架构从硬件类型、计算能力、可扩展性等角度进行了比较。

---

① NVIDIA. NVIDIA Tesla V100 GPU architecture: The world's most advanced data center GPU[J/OL]. 2017-8[2018-8-31]. https://images.nvidia.com/content/volta-architecture/pdf/volta-architecture-whitepaper.

表 1.1　硬件架构对比

硬件架构	类型	计算能力	可扩展性	优点
多核处理器	Intel Xeon CPU 等	中等	中等	多个内核同时处理，可实现多任务处理和计算
众核处理器	GPGPU、MIC 等	较强	中等	高度并行性，计算速度快，数据吞吐能力高
分布式集群	云平台等	强	高	节点松散耦合，节点内部可以集成多/众核处理器，扩展性非常强

1.3.2　典型的高性能计算模型及框架

高性能计算模型及框架呈现出多元化特点，不同的硬件结构逐步发展出与该硬件架构相符合的高性能计算模型，如面向多核处理器的多线程模型，包括 OpenMP、POSIX Threads 和 Intel Threading Building Blocks（TBB）等；面向众核处理器的 CUDA、OpenCL 等；面向分布式集群的 MPI、MapReduce 和 Spark 框架等。

1. 面向多核处理器的并行计算模型

多线程模型是一种基于多线程并发执行（multithreading）来提升算法处理能力或效率的并行程序开发模型。在一个多线程程序中，一个主进程通常创建多个工作线程，每个工作线程并行执行不同的任务，共享主进程中的全部系统资源。其中，具有代表性的多线程模型是 OpenMP，它支持 C、C++和 Fortran 语言，可以实现任务并行和数据并行（Dagum et al.，1998）。OpenMP 不仅可以利用编译指令自动进行任务分解，允许渐进式并行化，而且对原串行代码不需要进行重大改变，具有良好的可移植性。然而 OpenMP 只能在共享内存的多核/多处理器平台上高效运行，可扩展性受到存储器架构的限制。

2. 面向众核处理器的并行计算模型

（1）CUDA（compute unified device architecture，统一计算设备架构）。CUDA 是 2007年 NVIDIA 公司推出的运行在本公司各种型号 GPU 上的一种通用并行计算架构（Garland et al.，2008），最初基于 C 语言环境，如今可支持 C、C++和 Fortran 等编程语言。CUDA 能够为用户提供统一的开发框架和编程模型，辅助用户快速构建高性能应用程序并充分发挥 GPU 的优势，从而极大提高了通用计算能力。2017 年发布的专为 Volta GPU 而构建的 CUDA 9，更快的 GPU 函数库，基于协作组（cooperative groups）新的编程模型，进一步加快了应用程序的编译速度。2018 年发布的 CUDA 9.2 具有更低的内核启动延迟，启动 CUDA 内核的速度比 CUDA 9 快两倍。

（2）OpenCL（open computing language，开放运算语言）。OpenCL 为异构计算提出的统一编程标准，在由 CPU、GPU、FPGA 或其他处理器等组成的异构平台中，OpenCL 可以提供基于任务划分和基于数据划分的并行计算机制（Javier et al.，2012）。OpenCL 支持跨平台和硬件体系结构编程的特点，使得它在面对异构计算时具有强大的优势。目前，OpenCL 2.2 版本将 OpenCL C++内核语言引入核心规范，从而显著提高并行计算的效率。

3. 面向分布式集群的并行计算模型及框架

（1）MPI。MPI 是一个基于消息传递的并行计算应用程序接口（Dinan et al.，2016），主要应用于分布式集群上，支持点对点和广播两种通信方式，典型的开源实现有 OpenMPI、MPICH 等。MPI 可移植性强，能同时应用于分布式内存/共享内存的处理平台。在分布式集群上通常采用混合编程模型（hybird），同时结合 OpenMP 和 MPI 两者的优点，基于 OpenMP 实现线程级并行，同时在节点间基于 MPI 实现任务分配和消息传递，以实现线程和进程两个层次的并行计算（赵永华 等，2005）。目前 MPI 仍然是当今大型计算密集型应用主要使用的并行计算模型。

（2）MapReduce。Google 公布的关于 Google File System（Ghemawat et al.，2003）、MapReduce（Dean et al.，2004）和 BigTable（Chang et al.，2008）的三篇技术论文，奠定了当前云计算发展的重要理论基础。其中，MapReduce 并行开发模型面向大规模数据集的并行处理，能够实现计算任务的自动并行和调度，因其具有简单适用的特点而被广泛应用（李建江 等，2011）。MapReduce 模型把计算过程抽象为两个阶段，即 Map 和 Reduce，用户通过实现 map（映射）和 reduce（规约）两个函数，从而实现分布式计算。结合 MapReduce 并行框架可实现海量的并行计算任务自动并发执行，同时隐藏底层实现细节，大大降低编程难度（杜江 等，2015）。

（3）Spark。Spark 是 UC Berkeley 大学 AMP 实验室在 2009 年提出的一个开源通用并行计算框架，以支持海量数据集的并行处理（Zaharia et al.，2016）。Spark 提供了一个基于集群的分布式内存抽象，即弹性分布式数据集（resilient distributed dataset，RDD），RDD 作为一个可并行操作、有容错机制的数据集合，提供了统一的分布式共享内存。Spark 使用了内存计算技术，减少磁盘 I/O，允许多次循环访问内存数据集，有助于实现迭代算法，从而进行交互性或探索性数据分析；同时容错性高，保证了分布式应用的正确执行。因此 Spark 在大数据处理领域中发挥着越来越重要的作用，但也同时存在内存消耗大的问题。

表 1.2 对上面列举的高性能计算模型及框架从出现时间、支持硬件、并行粒度、内存访问模型、性能优势、不足及适用场景等方面进行了分析比较。

表 1.2　典型的高性能计算模型及框架的对比

并行计算模型分类	并行计算模型/框架	出现时间	支持硬件	并行粒度	内存访问模型	性能优势	不足	适用场景
面向多核处理器的并行计算模型	多线程（以 OpenMP 为例）	1997 年	CPU、MIC	细	共享内存	实现简单，并行效率高，可移植性强	只适用 SMP 等并行环境，不适合集群，扩展性较差	简单处理算法级的并行与优化
面向众核处理器的并行计算模型	CUDA	2007 年	GPU	细	共享内存	基于 C 语言，有强大的并行浮点计算能力	仅能在 GPU 硬件上使用，通用性较弱	适合大规模数据密集型并行计算
	OpenCL	2008 年	CPU、GPU、FPGA 等	细	共享内存	支持跨平台和硬件体系结构编程，可移植性强	开发环境完善性较差，API 设计缺乏一致性	适合异构平台计算

并行计算模型分类	并行计算模型/框架	出现时间	支持硬件	并行粒度	内存访问模型	性能优势	不足	适用场景
面向分布式集群的并行计算模型	MPI	1992年	CPU、MIC	细/粗	分布式内存	适用于集群环境，并行算法扩展性强	编程模型复杂，容错性差	计算密集型应用
	MapReduce	2004年	CPU	粗	分布式内存	编程实现简单，容错性好，计算能力较强	模型单一，适合批处理模式，但中间结果要写入磁盘，不适合迭代运算	数据密集型应用、分布式数据处理
	Spark	2010年	CPU	粗	分布式内存	丰富的API，减少磁盘I/O，适合迭代算法	内存消耗较大	适合图计算、迭代计算和交互式数据分析

1.4　时空大数据并行处理与分析进展

1.4.1　时空大数据存储与管理

时空数据的存储管理方式伴随着计算机技术的发展而不断变化和更新，在每一阶段都受到当前计算机软硬件水平、数据规模特征、实际应用需求等因素的影响，使得数据存储管理模式不断演化，从传统的集中文件存储/空间数据库，发展到以 Hadoop 为代表的分布式文件系统管理，再到当前的分布式 NoSQL 非关系型数据库。

1. 集中式存储

传统的集中式数据存储将存储与应用分离，上层应用通过中间件连接，访问数据时需要通过网络对集中存储的数据进行快速访问。集中式存储中主要有基于文件和基于数据库这两种管理模式。

（1）基于文件的管理模式。通常是基于单一文件系统（如 FAT、NFS 等）将数据以"文件"的形式存储在磁盘等可以直接访问的介质中，并提供了一系列存取、索引、更新等操作。这种管理模式存取高效、操作简单，但存储空间扩展性、数据结构兼容性、数据安全性都很差，且存储能力极大受到存储介质性能的影响。

（2）基于数据库的管理模式。这是当前集中式存储管理的主流模式，利用成熟数据库技术来组织、存储和管理各类数据。传统的关系型数据库在处理结构化数据中有着很大优势，在容量上关系型数据库可采用分区技术对上亿级别的数据进行存储管理以提高访问性能；在并发访问能力上，关系型数据库相对于传统的文件系统来说，它能够从容地应对多用户的高并发访问场景（李绍俊 等，2017）。20 世纪 90 年代，基于关系型数据库的空间数据存储管理作为当时的主流应用模式，催生了众多成熟的空间数据库，常见的关系型空间数据库有 Oracle Spatial、PostGIS、ArcSDE+SQL Server 等。空间数据引擎为用户和空间数据库之间提供了一个开放性接口。基于空间数据引擎和关系型数据库在应用程度中结合的紧密程度，提出了内置、两层结构和三层结构这三种空间数据引擎结构。内置模式是直接在关系型数据库内核新建一个空间扩展模块，模块提供了针对空间数据的一系列操作，典型的有 Oracle Spatial、PostGIS 等。两层结构模式可以直接访问空间数据客户端和数据库服务端，典型的有 SuperMap SDX+。三层结构模式在客户端和数据库服务端中间新增设空间数据应用服务器，并通过中间的服务层来对客户端的数据访问请求进行统一处理和响应，典型的有 ESRI ArcSDE。

集中存储模式能够在一定程度上解决海量空间数据存储和管理所面临的问题。然而，大数据时代下随着数据获取途径多样化、快速化发展，数据逐渐呈现出非结构化、高时效性的特点，因此传统集中、单一的数据存储方式越来越不能满足大数据时代下非结构化数据的存储和管理的实际应用需求，同时对多用户高并发访问能力提出了更高的要求。

2. 分布式文件系统

2003 年，Google 研发出了谷歌文件系统（Google file system，GFS）（Ghemawat et al.，2003）。GFS 是专门针对 Google 计算机集群为 Google 的页面搜索数据存储进行优化的一个可扩展的分布式文件系统，集群中节点由众多廉价的服务器组成，主要面向大文件和读操作较多的场景。GFS 中数据分块存储，采用了 master-slave 结构对海量数据按照一定的顺序进行高效存储（孟小峰 等，2013）。对应开源的实现有 Hadoop HDFS[①]、Facebook 专门针对海量小文件推出的 Haystack（Beaver et al.，2010）等。

HDFS 主要面向大文件设计，基于分布式集群架构实现结构化时空大数据的存储和管理，具有较好的可扩展性和容错性。王凯等（2015）从 Hadoop 不支持传统空间数据的问题出发，提出了一种针对矢量空间数据的存储格式，并在 Hadoop 环境下对 GIS 大数据进行处理，有效提高了 GIS 大数据的计算效率；尹芳等（2013）对 Key/Value 键值对数据模型的影响进行了分析，为矢量数据能够在 HDFS 中进行高效存储而设计出了一种符合 GeoJSON 地理数据编码的矢量数据 Key/Value 文本格式，通过 HDFS 的数据自动分块功能将海量矢量数据自动分割成大量的小数据块，分别存储到不同节点上，以实现海量矢量数据的分布式高效存储。

分布式文件系统支持数据分块存储，具有高扩展性和高可靠性，然而随着用户访问数量激增，分布式文件系统无法提供统一的访问接口及高效的数据查询检索能力。

3. 分布式非关系型数据库

基于分布式数据库实现半结构化或非结构化时空大数据的存储与管理是当前数据库的重要发展趋势。NoSQL 是非关系型、分布式、不保证遵循关系型数据库（atomicity consistency isolation durability，ACID）原则的数据库的统称[②]，可为时空大数据提供低成本、高扩展性、高通量 I/O 平台，从而解决多用户高并发场景下海量、快速增长的半结构化和非结构

---

① HDFS Architecture Guide[EB/OL]. 2012-10-02 [2018-8-31]. http: //hadoop.apache.org/docs/hdfs/r0.22.0/hdfs_design.html.

② NoSQl.[EB/OL]. 2009[2018-8-31].http: //nosql.eventbrite.com/.

化数据的高效、灵活的存储和管理问题（马林，2009；Ghemawat et al.，2003）。目前主流的开源 NoSQL 数据库主要可分为 4 类（Hecht et al.，2012）：①面向 Key-Value 存储，如 Redis、Berkeley DB、MemcacheDB 等；②面向列存储，如 HBase、Cassandra 等；③面向文档存储，如 MongoDB、CouchDB 等；④面向图存储，如 Neo4J、FlockDB 等。分布式非关系型数据库提供了分布式 I/O、索引结构、查询执行和优化等一系列高效管理操作。具体分类如表 1.3 所示。

表 1.3 目前主流的 NoSQL 数据库分类

分类	数据库	支持平台	存储性能	灵活性	复杂性	优势	不足
面向 Key-Value	Redis、MemcacheDB 等	Linux	高	高	无	内存数据库，可实现高速读写	内存消耗较大，扩展性较差
面向列	HBase、Cassandra 等	Linux、Windows	高	中等	低	数据压缩率高，支持快速的 OLAP	没有原生的二级索引
面向文档	MongoDB、CouchDB 等	Linux、Mac、Windows	高	高	低	面向 Document，支持空间数据管理	不支持事务操作，占用空间过大
面向图	Neo4J、FlockDB 等	Linux、Mac、Windows	可变	高	高	高精度的图算法，图查询迅速	没有分片存储机制，图数据结构写入性能较差

Redis 作为高性能面向 Key-Value 存储的数据库，数据吞吐量大，可实现高速读写，适合数据读写操作多的应用场景。然而 Redis 基于内存存储对内存的消耗过大，扩展性较差。在 Redis 的应用中，张景云（2013）为了提高元数据信息和矢量空间数据几何与属性信息的存储效率，采用了基于 Redis 实现矢量空间数据按照库、集、层、要素四级结构进行存储的层次组织，提高了矢量空间数据的管理组织效率；闫密巧等（2017）基于 Redis 数据库为海量轨迹数据设计了针对轨迹数据特性的存储方案及数据存储结构，从而提高了在线平台的轨迹数据实时存储效率。

HBase 分布式数据库支持半结构化和非结构化时空数据存储与管理，满足海量数据存取和时空查询的应用需求。在矢量数据存储方面，郑坤等（2015）针对矢量空间数据设计了基于 HBase 的高效存储模型，实现了对矢量空间数据的直接存取和展示，提高了矢量空间数据的存储效率；在栅格数据存储方面，张晓兵（2016）基于 HBase 的高扩展性设计了一个弹性可视化遥感影像存储系统，解决了海量影像瓦片数据的快速存储问题。

MongoDB 提供了多种类型的空间索引，包括 B-tree 索引、GeoHash 索引等，从而更好地支持海量数据的分片存储。在矢量数据存储方面，雷德龙等（2014）基于 MongoDB 和三层云存储架构的优势，为海量矢量空间数据的高效存储管理与处理分析设计出了 VectorDB；在栅格数据存储方面，田帅（2013）、张飞龙（2016）都将 MongoDB 和分布式文件系统结合起来设计了海量遥感数据存储管理系统，其中采用基于 MongoDB 的高性能存储架构对遥感影像元数据进行高效存取，针对遥感影像文件数据则采用了分布式文件系统进行存储，此系统的混合存储策略实现了海量遥感影像数据的高效存取并提高了存储资源的利用率。

Neo4J 是一个面向图数据的高性能、高可靠性的开源图形数据库。马义松等（2016）基于 Neo4J 构建了一个电网的全景数据库，基于该数据库对电网中具有分散、隔离特性的电力大数据进行了有序整合。廖理（2015）针对关系型数据库存储效率低、扩展性差等特点提出了一种基于 Neo4J 的时空数据存储模型，该模型能够有效地将空间、时间和属性信息整合起来进行建模和存储，提高时空数据存储效率。

分布式非关系型数据库侧重于提高半结构化和非结构化数据的存储效率，可提供优于关系型数据库的低成本、高可扩展性、高并发能力和高通量 I/O 的海量数据存储平台。然而其在互联网领域的应用模式与传统的 GIS 领域还存在差异，使得 NoSQL 数据库在数据操作方式、时空索引支持、查询访问模式等方面仍存在较大的局限性。

1.4.2 时空大数据并行分析

时空大数据自身特点及存储模式的变化，使得传统的串行分析算法存在很大的局限性，不能充分利用和发挥当前新型硬件构架（单机多核、集群、集群/众核混合等）资源的优势，难以满足实际应用的规模与高效需求，因此时空大数据的并行分析已成为当前研究的热点。

传统 GIS 数据，主要以结构化的栅格影像和半结构化的矢量要素形式存储。对于这类空间数据的分析，经过长期的发展目前已形成较为成熟的串行算法库，并且对应的 GIS 软件平台非常成熟，如 ArcGIS、SuperMap、GRASS 等；然而这些串行算法及平台随着 GIS 数据量和计算规模的逐渐增大，难以满足实际的应用需求，因此并行空间分析算法受到越来越多的关注。作为 GIS 的两大基础数据结构，栅格和矢量具有不同的特征与优势，对于地理要素的表达形式不同，分析方法不同，因此栅格空间分析与矢量空间分析的并行化策略也各有侧重。

（1）对于栅格空间分析，每一个像元上的计算形式相同且相对独立，单个像元计算任务复杂度低，因此多采取数据并行的策略，即在数据分块的基础上利用并行计算技术进行处理分析。过去栅格空间分析往往采取 CPU 并行的方法，但随着 GPU 通用计算能力的发展及在数据并行上的良好适应性，越来越多的栅格分析方法开始采取基于 GPU 的并行化策略。在图像分类、融合和滤波等方面，杨靖宇等（2010）从 GPU 的并行性和流式编程模型出发，为图像的高效处理分析设计了一种流水线并行处理模式，实现了影像光谱角匹配算法的并行化；卢俊等（2009）充分发挥 GPU 可编程渲染器和并行处理数据的优势，提出了基于 GPU 的遥感影像 IHS 融合算法，其将 IHS 算法映射到 GPU 的流式计算中，结果显示该算法的处理速度明显优于传统基于 CPU 的算法；杨洪余等（2017）利用 CUDA 编程模型的特性，提出了面向 CPU/GPU 异构环境的图像协同并行处理模型，结果显示该模型在灰度图像处理中处理速度得到了较大提升。在 DEM 地形分析方面，Do 等（2011）为了提取 DEM 的排水网络以获取全局的流量累积，提出了一种并行生成树方法对集水盆地进行分层统计，结果显示该方法无需完整的 DEM，分析效率高，扩展性强；Qin 等（2012）提出了一种在 GPU 上兼容 CUDA 计算流量累积的并行方法，对 DEM 数据预处理在 GPU 上进行了并行化实现，针对递归 MFD 算法的并行化提出了基于图论的并行化策略，结果显示该策略在流量累积计算中处理速度得到了很大的提升。然而，这些并行化方法都是针对单个空间分析算法的具体实现，属于细粒度的线程级并行。与之相对的粗粒度并行编程模型如 MPI/MapReduce，则是通过栅格数据分割实现分布式计算，有效利用集群资源。Xu 等（2014）提出了一种基于 MPI 和 MapReduce 并行计算模式的栅格加权 Voronoi 图生成算法，该算法显著提高了利用大规模栅格数据生成 Voronoi 图的效率，并在城市公共绿地规划和最优路径规划中得到验证；程果等（2012）基于 MPI 并行计算模型提出了栅格地形分析中坡度坡向计算的并行化方法，有效降低了数据通信成本，充分利用了并行计算资源。更进一步，为了提高并行程序的可移植性，在栅格分析的通用并行框架研究方面，Qin 等（2014）提出了一种面向栅格空间分析的并行框架 PaRGO，该框架能够兼容 OpenMP、CUDA 及 MPI。

（2）对于矢量空间分析来说，由于矢量数据是不定长结构，且实体之间存在复杂的空间关系，尤其是空间实体之间的拓扑关系导致了传统基于任务的数据划分方法会造成数据量存在很大差异，从而导致并行任务负载不均衡、数据通信成本高等问题。因此，目前的研究大体上可以分成三个方向。①从矢量数据划分策略入手，将其转化为数据并行，涉及索引构建、负载平衡、通信调度等。贾婷等（2010）从空间数据的拓扑特征出发，在矢量空间数据划分策略中采用了 Hilbert 空间填充曲线，并改进了 k 均值聚类算法对矢量空间数据进行均衡划分；刘润涛等（2009）从矢量空间数据的查询和索引结构出发，对 k 均值聚类算法中基于 R 树和四叉树的空间索引结构进行优化，提高了矢量空间数据的查询和索引效率。②从矢量空间分析并行化算法本身入手，算法主要包括空间叠加分析、空间关系运算和网络分析等。在叠加分析方面，一般采用管道叠加、数据并行叠加和块式叠加这三种并行策略（Langendoen，1995；Wilson，1994），Qatawneh 等（2009）在管道网络配置中并行实施 Liang-Barsky 限幅算法，实现了大规模的多边形裁剪。在空间关系的运算方面，朱效民等（2013）基于线段求交和点面叠加这两个基础空间分析算法，采用 OpenMP 进行了并行化实现，该方法利用数据排序及 OpenMP 的动态调度特点优化了并行算法的内存管理，从而提高了并行算法的加速比；在网络分析方面，主要通过网络复制及网络分割实现并行化分析（卢照，2010；隽志才等，2006）；在大规模网络路径分析中，网络分割策略求解最短路径的性能更好，Lanthier 等（2003）给出了三角不规则网络上欧氏和加权度量的最短路径算法的并行实现；在空间插值方面，王鸿琰等（2017）以薄板样条函数插值为例，提出了一种 CPU/GPU 协同并行的插值算法以加速海量 LiDAR 点云生成 DEM，并行算法取得了 19.6 倍的加速比；Wu 等（2011）面向亿级的激光雷达点云提出了基于多核平台的 Delaunay 三角网并行构建算法 ParaStream，提高了数据吞吐量和降低了内存占用量。③从大规模集群的并行编程框架入手，主要是指基于 MapReduce/Spark 应用于海量非结构化或半结构化数据上的处理分析特点和优势，使得其在矢量空间分析并行化过程中被广泛应用。王凯等（2015）在 Hadoop 环境下对 GIS 大数据设计了一种更高效的并行处理模型，基于该模型进一步增强了 Hadoop 的空间计算能力；2013 年，ESRI ArcGIS 10.2 对 Hadoop 上的空间运算类库进行扩展，将 GIS 数据与 Hadoop 分析相结合，推出 GIS Tools for Hadoop 为空间大数据处理提供了基于 Hadoop 的并行分析环境，该框架充分利用了 MapReduce 进行并行数据计算，进一步提高了 GIS 空间计算效率和能力。未来，ESRI 的分布式并行计算会将重心从 MapReduce 转移到 Spark 上，进一步挖掘 Spark 的优势。Cheng 等（2016）基于超图模型，研究了海量空间数据分布式处理的调度策略的研究，并对 I/O 进行了优化，提升了海量数据的处理效率。

总的来说，GIS 数据的空间分析并行化策略已日趋成熟，学者们对栅格和矢量这两类数据的空间分析算法并行化策略进行了大量的研究，卓有成效。然而，目前大部分的策略是针对单一算法的数据并行，未形成通用、成熟的空间分析算法并行框架，扩展性不强。因此，开发出自适应多种硬件平台、同时支持矢量/栅格空间分析功能的 GIS 并行框架是目前迫切需要解决的问题。

1.4.3 时空大数据挖掘

时空数据分析，侧重于利用已有数据集进行数据转换、处理及简单的信息提取等操作，为用户决策提供依据。而相较于时空数据分析，时空数据挖掘综合了人工智能、机器学习、领域知识等交叉方法，旨在从大规模数据集中发现高层次的模式和规律，揭示时空数据中具有丰富价值的知识，为对象的时空行为模式和内在规律探索提供支撑。目前时空大数据挖掘作为一个新兴的研究方法，已在众多领域得到广泛应用，如交通监管、犯罪预测、环境监测、社交网络分析等。

传统的数据挖掘算法多基于小型数据集，研究更关注模型精度和规律识别能力，往往忽略模型执行效率和数据吞吐能力。然而，面对 TB 级别甚至是 PB 级别的非结构化海量数据时，基于单机处理的传统数据挖掘算法，数据处理效率低，其计算能力难以满足时空大数据挖掘的需求，因此如何在时空大数据时代下进行高效的数据挖掘是目前面临的一大难题。云计算技术的出现和迅速发展，为研究大数据时代下的高性能数据挖掘方法提供了更高的可能性。通过利用云平台动态资源分配及并行计算的能力，将传统的数据挖掘串行算法转化成并行算法，并有效移植到云平台中，从而实现数据挖掘的并行化和高效化。

1. 面向地理环境的时空大数据挖掘

随着遥感成像方式的多样化及遥感数据获取能力的增强，遥感领域进入了"大数据"时代。然而现有的遥感影像分析和处理技术与"遥感大数据"之间不匹配，难以采用已有技术对遥感大数据进行充分挖掘，因此基于遥感大数据的特点，进一步促进数据挖掘技术的发展和优化是目前遥感领域的前沿问题之一。

遥感大数据挖掘应用广泛，不仅可以发现不同尺度下的地理空间演变规律，还被应用于反映人类社会活动的社会经济估算、环境污染监测、城市化监测等方面。Li 等（2014）基于叙利亚 2008~2014 年的夜间灯光数据进行分析，结果显示各区域内流离失所者的数量与夜间灯光损失呈线性相关，相关系数达到 0.5 以上，说明了夜光遥感数据分析能对叙利亚战争危机进行有效监测。Zhang 等（2018）基于 GF-1 160 m 空间分辨率的气溶胶光学厚度（aerosol optical depth，AOD）数据、大气模式模拟数据，提出了嵌套线性混合效应模型，预测了超高分辨率的 $PM_{2.5}$ 日均浓度。Zhao 等（2018）利用东南亚国家 1992~2013 年的 DMSP/OLS 夜间灯光数据，基于像素级夜间灯光亮度与东南亚城市的相应空间梯度之间的二次关系，划分成低、中、高、极高这 4 种类型的夜间照明区域，对城市化发展进程进行动态分析，结果显示不同夜间照明区域之间的过渡模式描绘出城市化发展的不同模式。除上述典型案例外，李德仁等（2014，2013）提出了基于"OpenRS Cloud"的遥感大数据挖掘平台，充分利用分布式计算的优势对多源、海量遥感数据进行存储、分析等，实现了遥感大数据的高效存取，进而利用机器学习、人工神经网络、云模型等方法逐步探索遥感大数据间蕴藏的内在联系及知识，进一步实现从遥感数据到知识的转变。

2. 面向人类社会活动的时空大数据挖掘

面向人类社会活动的时空大数据挖掘中最具代表性的有移动轨迹大数据挖掘和社交媒体大数据挖掘。

移动轨迹大数据是在时空维度下对运动物体的移动过程进行数据收集所获得的数据信息，具有规模大、种类多、变化快、价值高但密度低、精度低等特点，包括浮动车轨迹数据、人类出行轨迹数据等。这些数据刻画了个体和群体在时空环境下的时空动态性，蕴含着人类、车辆等对象的移动模式和行为特征，对城市空间规划、交通状况预测、个性化服务等应用具有重要的价值。现阶段，云计算等新兴数据处理方法为移动轨迹大数据的高效分析、深度挖掘提供了新的发展方向。在时空关联规则挖掘方面，Chester 等[①]采用了MapReduce 并行计算模型对 FP-Growth 算法进行了并行化实现，同时还优化了数据挖掘并行策略，从而提高了时空挖掘的处理速度和能力。谢欢（2015）基于 Spark 框架实现了传统协同过滤算法和时空关联规则 FP-Growth 算法的并行化优化，并行化后的算法进一步提高了数据处理效率和数据挖掘能力。夏大文（2016）基于 Hadoop 中的 MapReduce 并行处理模型，搭建了面向移动轨迹大数据的分布式计算平台，提出了基于 MapReduce 的并行频繁模式增长算法和交通流量预测分布式建模通用框架，能有效挖掘出交通时空特征、实时交通流量等数据背后蕴藏的有价值信息。

社交媒体与地理位置服务的结合与应用，产生了包含丰富的空间、时间和语义等信息的海量社交媒体数据，如微博签到数据、点评数据等，具有数据量大、产生速度快、现势性高但数据质量参差不齐等特点。由于社交媒体数据与人类生活息息相关，社交媒体大数据挖掘受到越来越多的关注，探索用户的时空行为模式成为研究热点之一。罗俊（2016）提出了基于局部敏感哈希函数的 MapReduce 并行化 k 均值聚类的协同过滤算法，并应用于用户个性化推荐系统中，从而减少了传统 k 均值聚类算法处理海量高维数据时的计算量和迭代次数，提高了用户个性化推荐系统的可拓展性和实时性。廉捷（2013）针对网络爬虫数据大、效率低等问题，采用了 Fetch-List 索引模式对网络爬虫进行并行化优化，使得优化后的网络爬虫系统能多线程获取感兴趣的数据，减少了数据获取时间；同时基于爬虫获取的数据采用 SVM 模型权重优化算法进行并行化处理和分析，提高了利用网络数据预测信息的准确度，有效预测信息传播方向。

时空大数据挖掘在众多领域中得到广泛应用，基于云计算框架的分布式数据挖掘算法研究已成为热点。然而，数据挖掘算法并行化仍然受算法自身的限制较多，如挖掘任务数据使用模式、任务之间的相关性、任务执行流程等。而且，如今人工智能算法发展如火如荼，给大数据挖掘算法提供了新的模型和方法。人工智能算法多为"黑箱"模型，将底层数据挖掘过程隐藏起来，使大数据挖掘更方便，但也同时使得挖掘算法扩展性变差、并行难度加大。

---

① Chester S，Crowe J. Exploraions of parallel fp_growth[EB/OL]. 2011-08-13[2018-8-31]. http：//webhome.csc.uvic.ca/schester/.

1.5　当前研究发展趋势

综上，正是由于时空大数据相较过去在存储管理、处理分析、智能挖掘等方面日益增长的性能需求，时空大数据并行处理、分析、挖掘在面临上述问题的同时，也出现了新的发展趋势。这些并行化发展趋势可总结为以下三点。

（1）异构计算逐渐成为计算主流。大数据时代计算需求的多元化促进了 CPU/GPU 异构计算的快速发展（卢风顺 等，2011）。由于 CPU 和 GPU 在硬件设备和计算方式上具有显著差异，CPU 主要是面向复杂多任务逻辑，GPU 具有更高的通用计算能力，更适合用于海量结构化数据的并行化处理和分析。因此，异构计算平台具有很大的发展潜力，综合 CPU 和 GPU 两者的优势制订一个高效合理的协同方式，保证 CPU 和 GPU 之间的计算负载均衡，降低两者由于数据处理方式不同而带来的额外成本，促进双方资源的合理配置，使异构计算平台在时空数据处理分析和挖掘中发挥出最佳性能。

（2）时空计算与时空大数据存储融合一体化。时空大数据处理面临的挑战本质上是计算平台的处理能力与大数据处理的问题规模之间的矛盾。传统以计算为中心的数据处理模式将存储与计算相互分离，在实际处理操作中常常面临内存容量有限、I/O 压力过大等难题，使得数据处理体系难以达到最佳性能。目前在时空大数据环境下，面对数据量呈指数级别增长的趋势，研究者已经认识到数据的存储、传输成为制约算法/模型性能提升的另一个关键因素，因此将计算与存储相互融合是计算技术发展的重要方向，具有良好的发展前景（殷进勇 等，2015）。

（3）面向时空智能分析框架的成熟化。随着云计算框架的不断发展更新，分布式数据挖掘算法研究日趋成熟；同时如今人工智能发展迅速，人工智能与时空数据挖掘也逐步融合。然而，一方面，目前时空大数据的处理分析和挖掘是一个离散、迭代的过程，通常需要针对不同的应用需求场景提出不同的分析和挖掘算法并进行优化。因此，迫切需要一个集成众多时空分析和数据挖掘功能的通用时空智能分析框架，兼容多类模型和多源时空数据，从而实现时空大数据分析应用的统一化和高效化。另一方面，目前人工智能算法多为"黑箱模型"，算法的不透明性导致难以对其进行扩展和优化，并行难度进一步加大。因此，时空数据处理分析算法的并行与底层人工智能算法的并行需要进一步统一和融合。

参 考 文 献

程果, 景宁, 陈荦, 等, 2012. 栅格数据处理中邻域型算法的并行优化方法. 国防科技大学学报, 34(4): 114-119.

杜江, 张铮, 张杰鑫, 等, 2015. MapReduce 并行编程模型研究综述. 计算机科学, 42(s1): 537-541.

贾婷, 魏祖宽, 唐曙光, 等, 2010. 一种面向并行空间查询的数据划分方法. 计算机科学, 37(8): 198-200.

隽志才, 倪安宁, 贾洪飞, 等, 2006. 两种策略下的最短路径并行算法研究与实现. 系统工程理论方法应用, 15(2): 123-127.

雷德龙, 郭殿升, 陈崇成, 2014. 基于 MongoDB 的矢量空间数据云存储与处理系统. 地球信息科学学报, 16(4): 507-516.

李德仁, 李熙, 2015a. 论夜光遥感数据挖掘. 测绘学报, 44(6): 591-601.

李德仁, 马军, 邵振峰, 2015b. 论时空大数据及其应用. 卫星应用(9): 7-11.

李德仁, 王树良, 李德毅, 2013. 空间数据挖掘理论与应用. 北京: 科学出版社.

李德仁, 张良培, 夏桂松, 2014. 遥感大数据自动分析与数据挖掘. 测绘学报, 43(12): 1211-1216.

李建江, 崔健, 王聃, 等, 2011. MapReduce 并行编程模型研究综述. 电子学报, 39(11): 2635-2642.

李绍俊, 杨海军, 黄耀欢, 等, 2017. 基于 NoSQL 数据库的空间大数据分布式存储策略与实践. 武汉大学学报(信息科学版), 42(2): 163-169.

廉捷, 2013. 基于用户特征的社交网络数据挖掘研究. 北京: 北京交通大学.

廖理, 2015. 基于 Neo4J 图数据库的时空数据存储. 信息安全与技术, 6(8): 43-45.

刘润涛, 安晓华, 高晓爽, 2009. 一种基于 R-树的空间索引结构. 计算机工程, 35(23): 32-34.

卢俊, 张保明, 黄薇, 等, 2009. 基于 GPU 的遥感像数据融合 IHS 变换算法. 计算机工程, 35(7): 261-263.

卢照, 师军, 2010. 并行最短路径搜索算法的设计与实现. 计算机工程与应用, 46(3): 69-71.

卢风顺, 宋君强, 银福康, 等, 2011. CPU/GPU 协同并行计算研究综述. 计算机科学, 38(3): 5-10.

罗俊, 2016. 数据挖掘算法的并行化研究及其应用. 青岛: 青岛大学.

马林, 2009. 数据重现: 文件系统原理精解与数据恢复最佳实践. 北京: 清华大学出版社.

马义松, 武志刚, 2016. 基于 Neo4J 的电力大数据建模及分析. 电工电能新技术, 35(2): 24-30.

孟小峰, 慈祥, 2013. 大数据管理: 概念、技术与挑战. 计算机研究与发展, 50(1): 146-169.

彭晓明, 郭浩然, 庞建民, 2012. 多核处理器: 技术、趋势和挑战. 计算机科学, 39(z3): 320-326.

田帅, 2013. 一种基于 MongoDB 和 HDFS 的大规模遥感数据存储系统的设计与实现. 杭州: 浙江大学.

王凯, 曹建成, 王乃生, 等, 2015. Hadoop 支持下的地理信息大数据处理技术初探. 测绘通报(10): 114-117.

王鸿琰, 关雪峰, 吴华意, 2017. 一种面向 CPU/GPU 异构环境的协同并行空间插值算法. 武汉大学学报(信息科学版), 42(12): 1688-1695.

夏大文, 2016. 基于 MapReduce 的移动轨迹大数据挖掘方法与应用研究. 重庆: 西南大学.

谢欢, 2015. 大数据挖掘中的并行算法研究及应用. 成都: 电子科技大学.

闫密巧, 王占宏, 王志宇, 2017. 基于 Redis 的海量轨迹数据存储模型研究. 微型电脑应用, 33(4): 9-11.

杨洪余, 李成明, 王小平, 等, 2017. CPU/GPU 异构环境下图像协同并行处理模型. 集成技术, 6(5): 8-18.

杨靖宇, 张永生, 董广军, 2010. 基于 GPU 的遥感影像 SAM 分类算法并行化研究. 测绘科学, 35(3): 9-11.

殷进勇, 杨阳, 徐振朋, 等, 2015. 计算存储融合: 从高性能计算到大数据. 指挥控制与仿真, 37(3): 1-7.

尹芳, 冯敏, 诸云强, 等, 2013. 基于开源 Hadoop 的矢量空间数据分布式处理研究. 计算机工程与应用, 49(16): 25-29.

张飞龙, 2016. 基于 MongoDB 遥感数据存储管理策略的研究. 开封: 河南大学.

张景云, 2013. 基于 Redis 的矢量数据组织研究. 南京: 南京师范大学.

张晓兵, 2016. 基于 HBase 的弹性可视化遥感影像存储系统. 杭州: 浙江大学.

郑坤, 付艳丽, 2015. 基于 HBase 和 GeoTools 的矢量空间数据存储模型研究. 计算机应用与软件, 32(3): 23-26.

赵永华, 迟学斌, 2005. 基于 SMP 集群的 MPI＋OpenMP 混合编程模型及有效实现. 微电子学与计算机, 22(10): 7-11.

朱效民, 潘景山, 孙占全, 等, 2013. 基于 OpenMP 的两个地学基础空间分析算法的并行实现及优化. 计算机科学, 40(2): 8-11.

BEAVER D, KUMAR S, LI H C, et al., 2010. Finding a needle in haystack: Facebook's photo storage. Usenix Conference on Operating Systems Design and Implementation, Vancouver, BC: 1-8.

CHANG F, DEAN J, GHEMAWAT S, et al., 2008. Bigtable: A distributed storage system for structured data. ACM Transactions on Computer System, 26(2): 1-26.

CHENG B, GUAN X F, WU H Y, et al., 2016. Hypergraph+: An improved hypergraph-based task-scheduling algorithm for massive spatial data processing on master-slave platforms. ISPRS International Journal of Geo-Information, 5(8): 141-157.

DAGUM L, MENON R, 1998. OpenMP: An industry standard API for shared-memory programming. IEEE Computational Science & Engineering, 5(1): 46-55.

DEAN J, GHEMAWAT S, 2004. MapReduce: Simplified data processing on large clusters. Sixth Symposium on Operating System Design and Implementation, 51(1): 137-150.

DINAN J, BALAJI P, BUNTINAS D, et al., 2016. An implementation and evaluation of the MPI 3. 0 one-sided communication interface. Concurrency and Computation: Practice and Experience, 28(17): 4385-4404.

DO H T, LIMET S, MELIN E, 2011. Parallel computing flow accumulation in large digital elevation models. Procedia Computer Science, 4: 2277-2286.

GARLAND M, GRAND S L, NICKOLLS J, et al., 2008. Parallel computing experiences with CUDA. IEEE Micro, 28(4): 13-27.

GHEMAWAT S, GOBIOFF H, LEUNG S T, 2003. The Google file system. Proceedings of SOSP 2003, Operating Systems Review, 37(5): 29-43.

HECHT R, JABLONSKI S, 2012. NoSQL evaluation: A use case oriented survey. International Conference on Cloud and Service Computing (ICSC), Shanghai: 336-341.

HONG S, OGUNTEBI T, OLUKOTUN K, 2011. Efficient parallel graph exploration on multi-core CPU and GPU. International Conference on Parallel Architectures and Compilation Techniques, Galveston, Texas: 78-88.

JAVIER D, CAMELIA M-C, ALFONSO N, 2012. A survey of parallel programming models and tools in the multi and many-core era. IEEE Transactions on Parallel and Distributed System, 23(8): 1369-1386.

LANGENDOEN H F, 1995. Parallelizing the polygon overlay problem using Orca. Conference Proceedings, Oct: 1-19.

LANTHIER M, NUSSBAUM D, SACK J R, 2003. Parallel implementation of geometric shortest path algorithms. Parallel Computing, 29(10): 1445-1479.

LI X, LI D R, 2014. Can Night-time light images play a role in evaluating the syrian crisis? International Journal of Remote Sensing, 35(18): 6648-6661.

MANYIKA J, CHUI M, BROWN B, et al., 2011. Big data: The next frontier for innovation, competition, and productivity. The McKinsey Global Institute.

NICKOLLS J, DALLY W J, 2010. The GPU computing era. IEEE Micro, 30(2): 56-69.

QATAWNEH M, SLEIT A, ALMOBAIDEEN W, 2009. Parallel implementation of polygons clipping using transputer. American Journal of Applied Sciences, 6(2): 214-218.

QIN C Z, ZHAN L J, 2012. Parallelizing flow-accumulation calculations on graphics processing units-from iterative DEM preprocessing algorithm to recursive multiple-flow-direction algorithm. Computers & Geosciences, 43(6): 7-16.

QIN C Z, ZHAN L J, ZHU A X, et al., 2014. A strategy for raster-based geocomputation under different parallel computing platforms. International Journal of Geographical Information Science, 28(11): 2127-2144.

WALDROP M, 2008. Big data: Wikiomics. Nature, 455: 22-25.

WILSON G V, 1994. Assessing the usability of parallel programming systems: The cowichan problems. Programming Environments for Massively Parallel Distributed Systems, April: 183-193.

WU H Y, GUAN X F, GONG J Y, 2011. ParaStream: A parallel streaming delaunay triangulation algorithm for Lidar points on multicore architectures. Computers & Geosciences, 37(9): 1355-1363.

XU G H, 1999. Pay much attention to the digital earth by the social. Science News Weekly, (1): 7-8.

XU M, CAO H, WANG C Y, 2014. Raster-based parallel multiplicatively weighted voronoi diagrams algorithm with MapReduce//CAO B Y, MA S Q, CAO H H, eds. Ecosystem Assessment and Fuzzy Systems Management. Berlin: Springer Science & Business Media: 177-188.

ZAHARIA M, XIN R S, WENDELL P, et al., 2016. Apache spark: A unified engine for big data processing. Communications of the ACM, 59(11): 56-65.

ZHANG T, ZHU Z, GONG W, et al., 2018. Estimation of ultrahigh resolution $PM_{2.5}$ concentrations in urban areas using 160 m Gaofen-1 AOD retrievals. Remote Sensing of Environment, 216: 91-104.

ZHAO M, CHENG W, ZHOU C, et al., 2018. Assessing spatiotemporal characteristics of urbanization dynamics in southeast Asia using time Series of DMSP/OLS nighttime light data. Remote Sensing, 10(1): 47.

第 2 章　并行计算基础

2.1　并行计算概述

并行计算（parallel computing）是指同时使用多种计算资源加速计算问题解决的过程，是提高计算机系统计算速度和处理能力的一种有效手段。并行计算的基本思想是对待求解的问题"分而治之"，即将目标问题分解成若干个部分，各部分均由一个独立的处理器单元来并行计算，从而实现协同/加速的目的。

2.1.1　并行计算基本概念

并行计算有以下常用概念。

并行处理（parallel processing）：在同一时间段内，在多个处理器单元中执行同一任务的不同部分。类似概念还包括多道处理（multiprocessing）、并发处理（concurrent processing）等。

分布式计算（distributed computing）：强调利用分布式系统（distributed system）来实现并行计算。分布式系统是多个计算节点（node）通过高速网络互联，进而能够通过通信、控制形成统一整体，支持协同计算的系统或平台。

处理器单元（processing element）：拥有并行计算资源且可以独立执行任务的处理器单元，包括 CPU 处理器（processor）、处理器核心（processor core）等。特别地，处理器单元也可以指分布式系统的一个节点（node）。

域分解（domain decomposition）：指将计算区域分解为若干子区域，分别计算、求解再进行合并的一种并行计算方法。

功能分解（functional decomposition）：功能分解将一个复杂计算过程的不同步骤或功能分解成离散任务单元，从而实现并行执行。

数据并行（data parallelism）：利用多个处理器对目标数据集中的不同元素同时进行相同的操作，这种并行模式称为数据并行，常与域分解对应。

任务并行（function/task parallelism）：指每个处理器单元同时执行并行任务中的某个子任务，各个任务之间相互独立、不存在依赖，或者存在依赖关系但已通过依赖识别解决。

任务（task）：一个逻辑上离散可以调度到处理器单元执行的计算工作（如程序、指令集）。类似的概念包括作业（job）等。

粒度（granularity）：在并行计算中，粒度是用来定性描述离散任务中计算量的指标。通常用粗糙和精细来描述。①粗糙（coarse）：在两个通信事件之间可以完成相对数量多的计算工作；②精细（fine）：在两个通信事件之间只能完成相对较少量的计算工作。

任务调度（task scheduling）：将划分好的任务有序映射到相应的处理器单元。因此，任务调度首先需要根据任务之间的关联关系确定任务的优先级别，进而顾及任务的资源需求、处理器节点的负载情况将任务指定到合适的处理器单元运行，从而实现任务集合的最优执行。

负载平衡（load balancing）：通过调度策略制定、任务映射迁移来实现在多个处理器单元上的任务计算量均衡分配，以达到资源最优化使用，同时避免处理器过载的目标。

并行额外开销（parallel overhead）：指并行程序执行时，因并行协同而不是指定任务执行导致的额外处理器耗时。并行额外开销，在任务串行执行时是不需要的。具体包括多任务分配与启动、通信、同步、任务销毁、并行开发语言产生的开销等。

通信（communication）：并行任务执行时任务之间需要交换数据。通信方式包括共享内存总线、网络传输等。计算并行任务执行时，通信耗时与计算耗时的比例用于衡量通信对计算的影响，即计算/通信比（communication to computation ratio，C-to-C ratio）。

同步（synchronization）：并行任务通过通信来完成任务的一致与协同。例如同步中屏障（barrier），就需要通过建立一个程序内的同步点来完成，一个任务在这个程序点上等待，直到另一个任务到达相同的逻辑设备点时才能继续执行。同步至少要等待一个任务，致使并行任务的执行时间增加。

加速比（speedup）：指同一个任务在单处理器系统和并行处理器系统中运行消耗的时间的比值，用来衡量并行系统或程序并行化的性能和效果。线性加速比（linear speedup）指加速比总是等于并行执行所使用的处理器单元数量。另有"超线性加速比"（super linear speedup），即加速比比处理器单元数量更大的情况。

加速效率（efficiency）：并行获得的加速比与并行执行所使用的处理器单元数量的比率，常表示为百分数。

可扩展性（scalability）：也称可伸缩性，指并行程序（算法）的处理效率可以根据底层并行资源的扩增而平滑的线性增长，从而整体表现出一种高弹性（elasticity）。

水平扩展（scale out）：也称横向伸缩。分布式系统通常以单一映像的形式被访问和利用，系统架构的水平扩展通常是以节点为单位，增加更多的节点，系统的容量和性能会同步增长。

垂直扩展（scale up）：也称纵向伸缩。主要是不改变现有系统架构，通过不断升级系统节点硬件来满足对并行计算资源的增长需求。

2.1.2 并行计算环境分类

1966 年，Flynn 提出了著名的 Flynn 分类法（Duncan，1990；Flynn，1972）。在该分类法中，一个进程可以被认为是对一系列操作数（数据流）进行处理的一系列指令（指令流）的执行。所以根据计算机体系中指令流与数据流方式的组合方式可以将计算机系统分为四大类。

（1）单指令流单数据流（single instruction stream single data stream，SISD）。SISD 计算机典型例子是传统的单处理器计算机，如早期 PC。在 SISD 计算机中，指令顺序执行时，一次只执行一条指令并且只对一个操作数处理。SISD 计算机在指令流及数据流中都没有并行空间可以利用。

（2）单指令流多数据流（single instruction stream multiple data stream，SIMD）。SIMD 计算机比较常见的是向量处理机，还有 x86 序列 CPU 中部分指令，如 MMX 亦属于 SIMD。

在 SIMD 中计算机一次只执行一条指令时可以同时从多个数据流中获取操作数处理。SIMD主要是利用数据并行。

（3）多指令流单数据流（multiple instruction stream single data stream，MISD）。在 MISD计算机中，一次执行多条指令时只可以同时对一个操作数进行处理。到目前为止，很少见MISD 类型的计算机。

（4）多指令流多数据流（multiple instruction stream multiple data stream，MIMD）。在MIMD 计算机中，多个独立的处理器可以同时执行多条指令处理多个操作数。目前的并行计算机多属于 MIMD 类型。

四类计算机系统分类具体如图 2.1 所示。

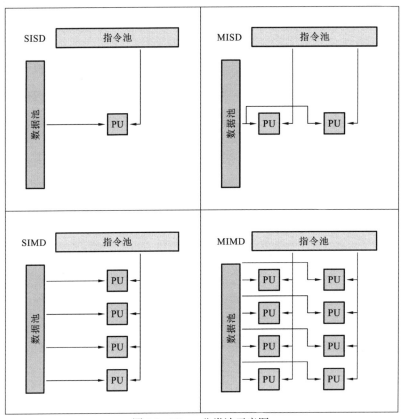

图 2.1　Flynn 分类法示意图

http://en.wikipedia.org/wiki/Flynn%27s_taxonomy

同时，根据并行计算机的存储访问模型，并行计算机结构又可以分为两大类（袁健美，2006）。

（1）共享内存访问模型（shared memory access，SMA）。系统内存空间可以被多个处理器共享访问，其结构如图 2.2 所示。SMA 又分为两类。①均匀访存模型（uniform memory access，UMA）。其中，内存与计算核心或节点分离，彼此通过系统总线、交叉开关和互联接口联通，因此也被称之为紧耦合系统（tightly coupled system）。所有计算核心或节点均匀共享物理存储器，且访问时间一致。基于均匀访存模型的并行计算机的典型例子包括对称多处理系统（symmetric multi-processing，SMP）等。②非均匀访存模型（non-uniform memory access，NUMA）。在非均匀访存模型中，各计算节点内部包含内存模块；所有局部内存模块则构成全局内存模块，即全局地址空间。计算节点可以访问全局地址空间，但访问时间取决于访问地址空间位置，若在本地则速度快，若是在远程则节点速度慢。其中，一类特殊的 NUMA 是 Cache 一致性非均匀访存模型（coherent-cache nonuniform memory access，CC-NUMA），特点在于该类并行计算机通过专用硬件设备保证在任意时刻，各节点 Cache 中数据与全局内存数据的一致。

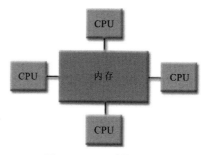

图 2.2　SMA 结构示意图

基于 SMA 的并行多处理机优点：①该类并行计算机将多个计算核心或计算节点通过各种互连（interconnect），可以共享访问统一的内存空间，彼此之间的通信和同步直接在共享的内存空间来实现；②由于存在共享访问的内存空间，并行程序开发难度小，对开发人员要求低；③由于处理器间通信和同步通过共享存储器直接进行，延迟较小，因此容易设计出细粒度、负载平衡、高效的并行程序。

基于 SMA 的并行多处理机缺点：①该类并行计算机中，所有计算核心或计算节点通过互连共享访问统一的内存空间，但互连总线带宽一定，当系统中处理器过多时，就存在共享内存的访问竞争，导致访问速度降低，严重影响并行效率；②该类并行计算机扩展性较差。当并行计算机配置确定并安装部署之后，用户一般无法自行进行升级扩展。同时，受带宽限制，共享存储系统中的处理器数一般不超过两位数，这也制约此类系统的发展。

（2）分布式内存访问模型（distributed memory access，DMA）。在分布式访存模型中，各计算节点都是一个完整且自治的计算机，内部包含私有内存模块，但各计算节点只能访问局部内存空间，无法直接访问其他计算节点私有的局部内存模块，因而称为分布式内存结构。计算节点之间的通信和内存访问只能通过消息传递模式来实现。

分布式内存访问模型结构如图 2.3 所示。

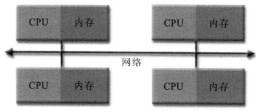

图 2.3　DMA 结构示意图

基于 DMA 的并行多处理机优点包括两点。①在该类并行计算机中，每个处理器都可以直接访问本地的内存和 I/O 设备，在其私有的内存空间执行并行程序；但每个处理器不能直接访问其他处理节点的存储器，各处理器运行的并行程序通过消息传递接口通信和同步。由于节点之间的互连网络只用于并行程序通信和同步，该类并行计算机能够拥有相对更高的通信带宽。②与基于共享存储模型的并行机比较，分布式存储并行机具有很好的可扩展性，用户可以根据实际需求相对自由地扩充处理节点的数量，因而目前世界上超大规模并行计算机基本都属于分布式存储并行机。

基于 DMA 的并行多处理机缺点包括两点。①该类并行计算机工作时，各计算节点往往同时独立运行相同的程序，彼此通过消息传递接口通信和同步。因此，这种并行模式只适合比较粗粒度的并行程序，若任务分解过细则会导致通信频繁，降低并行效率。②由于并行程序在其上面运行时需要依赖消息传递来通信，而消息传递模式相对于传统桌面开发模式来说，模型全新，且隐晦不透明，难于调试。因此，该类并行计算机系统的编程较基于共享存储的并行计算机复杂，开发难度大，对开发人员要求高。

2.2 并行程序设计方法

2.2.1 并行计算实现模式

基于上述并行硬件架构，并行程序的实现存在多种并行开发模式，辅助并行应用程序的开发，具体包括自动并行化、并行函数库、手动显式并行等。

1. 自动并行化

自动并行化主要适用于共享存储模型并行机中，编译器编译串行代码时智能地自动将之转换为多线程或向量化（vectorization）程序，从而减轻复杂易错的手动显式并行化任务（沈勤华，2009）。自动并行化始于 20 世纪 80 年代中期，主要使用基于依赖分析的自动向量化编译工具，将 Fortran 语言代码移植到向量计算机上进行并行计算。其中，自动向量化编译工具主要通过两步来实现自动并行化：循环数据依赖（data dependency analysis）和代码执行预测（workload estimation）（闫昭 等，2010）。尽管经过数十年的研究，自动并行化的质量已经提高许多，但是编译器自动并行化对于面向对象的高级语言编写的程序处理难度非常大，效率和质量还是非常低，其并行化还是依赖于程序员手动显式并行化。

2. 并行函数库

并行函数库的设计思想是对底层烦琐的并行任务相关实现隐藏，对用户提供面向具体业务功能的抽象。用户使用并行函数库开发并行程序，无须关心任务如何分解，以及分解任务如何映射到线程/进程，用户只需要根据自己的需求，调用相应的库函数，就可以编写出并行程序。而且库函数的实现经过抽象，并采用针对不同处理器编译优化，使得库函数的执行效率很高。

例如，在高性能数值计算领域，并行基础线性代数库（parallel basic linear algebra subprograms，PBLAS）、线性代数程序包（linear algebra PACKage，LAPACK）、ScaLAPACK 作为高性能的线性代数计算库，可用于计算诸如求解线性代数方程、线性系统方程组的最小二乘解、矩阵特征值/特征向量等问题，目前应用非常广泛（Dongarra，1993）。用户仅需将计算参数传递给调用函数接口，调用函数内部自动处理并行化，因此利用这类线性代数计算库编写并行数值计算程序非常方便。2007 年 Intel 针对多核平台推出了 Intel 线程库（Intel thread building blocks，TBB）。TBB 提供 C++模版库，将用户处理任务封装成 C++对象（如 Task、Pipeline 等）或模板函数（如 parallel_for、parallel_while 等），充分利用了 C++模板参数化特征，适应性非常强（Reinders，2007）。TBB 灵活地适用不同的多核平台，支持跨平台的移植，如 Linux、Windows、Mac 等。

3. 手动显式并行

将串行程序并行化需要针对算法中的可并行部分进行有效的并行算法设计。目前，常用的方法包括由 Ian Foster 提出的 PCAM 设计方法（Foster，1995）。PCAM 方法，即划分（partitioning）、通信（communication）、聚合（agglomeration）、映射（mapping），如图 2.4 所示。

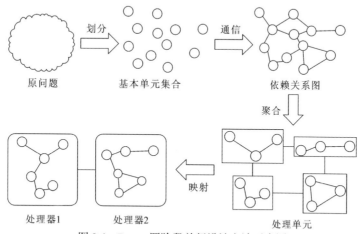

图 2.4　Foster 四阶段并行设计方法示意图

其中，划分阶段需要识别应用中可以被并行化的基本单元，常见的策略包括数据并行和任务并行；通信阶段识别出可并行单元之间的依赖，如任务之间的顺序依赖、数据之间的读写依赖等；聚合阶段需要将并行的基本单元按照彼此之间的依赖关系聚集成一组更大粒度的处理单元，尽量减少处理单元之间的通信；映射阶段将聚合后的处理单元分配给处理器执行，一般通过调度策略实现。

针对上面提出的三种并行开发技术进行综合比较，具体见表 2.1。

表 2.1　并行开发方式综合比较

特征	自动并行化	并行库	手动显式并行
典型代表	Intel Parallel Studio	LAPACK、Intel TBB	N/A
适应平台	共享存储	共享存储/分布存储	共享存储/分布存储
并行粒度	细粒度	细粒度/粗粒度	细粒度/粗粒度
任务分解方式	隐式	隐式	显式
开发难度	工具提供，容易	较易	难
并行扩展性	差	好	好
系统移植性	差	好	好

2.2.2　并行算法设计过程

本小节重点介绍 PCAM 设计方法中的任务分解、依赖识别及调度映射三方面。

1. 任务分解

任务分解指将一个问题划分成离散的若干份,有助于后续映射各个独立处理器单元去并行执行。常用的任务分解策略包括数据并行和任务并行。

1)数据并行

数据并行主要面向待处理的数据集合,不同的数据单元输入以并行方式运行同一个处理算法。最简单的情况,处理算法是一个并行的一对一映射函数,对集合中的每一项应用一个转换,结果形成一个新的集合。而且,这种方法具有天然的并行性(embarrassingly parallel),集合中单元分组自然就形成了任务分解。

若输入数据结构规则、数据密度分布均匀,则可采用均匀划分策略,如一维均匀分段、一维轮转划分,二维按行划分、按列划分、格网划分等,如图 2.5 所示。

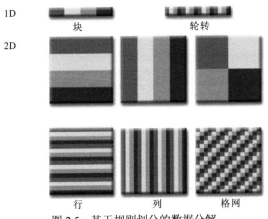

图 2.5　基于规则划分的数据分解

若输入数据密度分布不均,则可采用不均匀划分策略,如多层级四叉树、KD(k-dimensional)树等,如图 2.6 及图 2.7 所示。

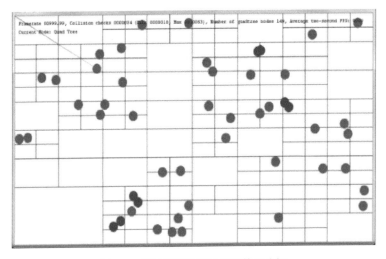

图 2.6　基于四叉树的不规则数据分解

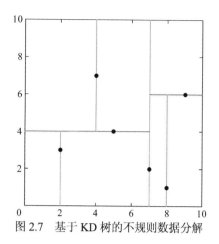

图 2.7　基于 KD 树的不规则数据分解

2）任务并行

任务并行是将一个复杂求解问题按照内蕴逻辑关系分解为离散的任务单元，然后映射到不同处理器单元进行并行执行。任务并行的粒度一般粗于数据并行，而且基于任务分解所得任务单元彼此有复杂的依赖关系，这需要后续的依赖识别进行处理。任务并行如图 2.8 所示。

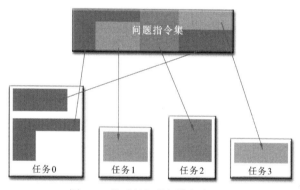

图 2.8　基于任务并行的任务分解

2. 依赖识别

任务依赖是指两个或多个任务需要使用同一个资源，但又不能同时使用，只能在一个任务完成后，资源才能释放出来被其他任务使用。任务之间依赖情况的识别是后续任务调度和映射的基础。并行计算中，常存在三类任务依赖需要识别：流依赖（flow dependency）、反向依赖（anti-dependence）、输出依赖（output dependence）[①]。

定义两个独立的任务 S_1 和 S_2。其中：S_1 的输入为 X_1，输出为 Y_1；S_2 的输入为 X_2，输出为 Y_2。

1）流依赖

如果 $Y_1 \bigcap X_2 \neq \varnothing$，说明如果任务 S_1 的输出是任务 S_2 的输入，那么显然任务 S_2 只有在

---

① https://en.wikipedia.org/wiki/Dependence_analysis.

任务 S_1 完成后才能开始，即任务 S_1 是任务 S_2 的前置任务。这种依赖关系称为流依赖，如图 2.9 所示。

2）反向依赖

如果 $X_1 \cap Y_2 \neq \varnothing$，说明如果任务 S_1 的输入和任务 S_2 的输出有重叠，那么显然需要保证任务 S_1 完成读取以后才能开始任务 S_2 写入。这种依赖关系称为反向依赖，如图 2.10 所示。

图 2.9　流依赖示意图　　　　　　　　图 2.10　反向依赖示意图

3）输出依赖

如果 $Y_1 \cap Y_2 \neq \varnothing$，说明如果任务 S_1 的输出和任务 S_2 的输出有重叠，那么显然需要保证任务 S_1 完成写入以后才能开始任务 S_2 写入。这种依赖关系称为输出依赖，如图 2.11 所示。

3. 映射与调度

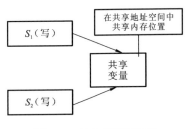

图 2.11　输出依赖示意图

任务调度策略的优劣决定了并行计算平台上并行程序执行性能的高低，因而任务调度策略选择与优化是并行计算研究的热点问题，也是最具挑战性的问题之一。任务调度问题是指在给定的计算执行环境中，对待分派执行的计算任务集合，按照某种决策分配策略确定一种分派和执行顺序，同时满足任务执行约束条件和最终完成须达到的性能指标，合理将集合中所有计算任务最优地分配到各处理机上有序执行。

根据 Graham 的定义，任务调度问题可用 $\alpha|\beta|\gamma$ 三要素表示法来描述（马丹，2007）：α 指任务执行环境，包括计算资源数量、类型、组织方式等；β 指任务属性特征，以及执行的约束条件等；γ 指调度优化所需达到的目标准则。

其中，β 要素重点描述了任务间的执行先后顺序关系约束。先后顺序关系约束通常可用有向无环图（directed acyclic graph，DAG）来建模。DAG 可定义为 $G = (V, E)$。DAG 的节点集合 V 中节点 v 对应任务集合中的一个处理任务 $P_j(|V| = n)$，它是调度中的最小单元，而且在调度时是不可抢占的，调度之后必须在该计算节点从头到尾执行完毕。节点的权重可描述对应处理任务 P_j 的计算成本。DAG 的有向边集合 E 中每一条边 e 表示处理任务 P_j 到 P_k 之间存在执行上的先后顺序和通信方向，有向边的权重为通信成本。利用 DAG 描述的待调度任务集合示例如图 2.12 所示。

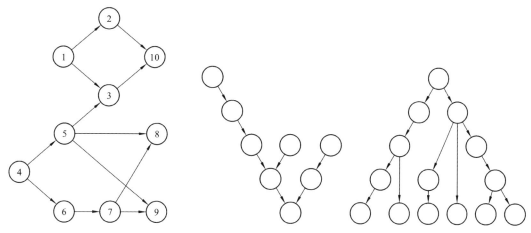

图 2.12 调度任务 DAG 示意图　　　　　　图 2.13 Tree 型调度任务示意图

特别地，先后顺序约束的一种特殊情况是树（tree），DAG 图退化成一个存在根节点（root）的树。在树中，所有节点的出自由度或入自由度皆为 1，如图 2.13 所示。

另外，γ 要素定义了调度的优化目标。其中常见的调度优化目标包括：调度长度 C_{max} 最小及最大延迟 L_{max} 最小。具体地，对于单个任务 J_j 实际执行完毕时，退出执行环境的时间为 C_j，延迟（lateness）为 L_j，且 $L_j = C_j - d_j$，则：

（1）调度长度 C_{max} 定义为 $C_{max} = max(C_1, C_2, \cdots, C_n)$，即所有的任务全部执行完成的最大时刻；另外，最小的调度长度通常表示计算资源的有效利用。

（2）最大延迟 L_{max} 定义为 $L_{max} = max(L_1, L_2, \cdots, L_n)$，即所有的任务全部执行完成其中最大的延迟；另外，最大延迟数值表示任务调度整体满足截止日期的情况。

根据任务调度问题可用 $\alpha|\beta|\gamma$ 三要素进行描述的基本原则，可制定对应的调度策略。常见的调度策略（兰舟，2009；杨博 等，2008；马丹 等，2004；章军，1999）包括以下三种。

（1）轮转法。对于完全无依赖的任务队列，可以使用轮转调度策略。轮转调度是一种最简单、最公平且使用最广的调度策略。每个任务依次被分配一个空闲的处理器单元。

（2）树遍历线性化访问。DAG 图退化成一个存在根节点的树后，可以首先通过树遍历，转化为一维线性队列，进而采用轮转调度进行调度。

（3）DAG 图划分。图划分问题指将构建的任务关系图划分为若干子图以便在分布式系统中运行（Kernighan et al.，1970）。图划分的优化目标包括两项：负载均衡和最小割。其中，负载均衡是为了使分布式系统中的多台计算机有相近的任务负载，避免少数计算机负载过高。最小割则是为了减少计算机之间的通信代价。另外，图划分较为常见的方法包括基于几何的方法、谱聚类方法、基于组合优化技术的方法等类型。其中，基于组合优化技术的方法中 Kernighan-Lin 算法（Fiduccia et al.，1982）、Fiduccia-Mattheyses 算法（Amdahl，1967）应用最为广泛。

2.3 并行程序性能评价

2.3.1 加速比及效率

衡量串行算法并行化有效性的方法主要包括正确性验证和并行效率指标计算。其中，正确性验证是指将并行算法的执行结果与串行版本的运行结果进行对比验证；并行效率是定量衡量并行版本的执行速度相对于串行版本提升比例的指标。并行程序性能评价，通常使用加速比、效率等指标来描述。

（1）加速比（speedup）：是同一个任务在单处理器系统和并行处理器系统中运行消耗的时间的比值，用来衡量并行系统或程序并行化的性能和效果。加速比的计算公式为

$$S_p = \frac{t_s}{t_p} \qquad (2.1)$$

式中：p 为 CPU 数量；t_s 为顺序执行算法的执行时间；t_p 为当有 p 个处理器时并行算法的执行时间。

特别地，当 $S_p = p$ 时，加速比可称为线性加速比（linear speedup），又称理想加速比。当某一并行算法的加速比为理想加速比时，若将处理器数量加倍，执行速度也会加倍，即"理想"之意。

（2）效率（efficiency），由加速比派生，其计算公式如式（2.2）所示。其中，效率 E_p 的值一般介于 0～1。由定义易见，拥有线性加速比的算法并行效率为 1。

$$E_p = \frac{S_p}{p} \times 100\% \qquad (2.2)$$

2.3.2 阿姆达尔定律

1967 年，计算机体系结构专家吉恩·阿姆达尔（Gene Amdahl）提出了一个计算机科学界的经验法则——阿姆达尔定律（Amdahl's law）[①]。该定律表示在并行计算中使用多处理器的应用加速受限于程序所需的串行时间百分比。阿姆达尔定律利用简单数学模型描述了串行算法并行化后所能实现的最大性能提升。

该定律首先假设并行程序 W 由不可并行部分 W_s 和可并行部分 W_p 组成。其中，W_p 可以通过增加处理器单元数量以减少运行时间。在理想情况下，利用 p 个处理单元执行可并行部分需要的时间为 $\frac{W_p}{p}$，并行总时间为 $W_s + \frac{W_p}{p}$，则加速比 S 可由式（2.3）计算得出。

$$S = \frac{W_s + W_p}{W_s + \dfrac{W_p}{p}} \qquad (2.3)$$

---

① http://en.wikipedia.org/wiki/Amdahl%27s_law.

同时，设 f 为给定计算任务中必须串行执行部分所占的比例，即 $f = \dfrac{W_s}{W} (0 \leqslant f \leqslant 1)$，则式（2.3）可进一步简化为式（2.4）的形式。

$$S = \frac{f + (1-f)}{f + \dfrac{1-f}{p}} = \frac{1}{f + \dfrac{1-f}{p}} \qquad (2.4)$$

$$S_{\max} = \lim_{p \to \infty} \frac{1}{f + \dfrac{1-f}{p}} = \frac{1}{f} \qquad (2.5)$$

由式（2.5）可得，随着 p 无限大，S 逼近上限 $\dfrac{1}{f}$，即 W_s 在总程序中所占比例为 f 的倒数。不同并行比例的阿姆达尔定律曲线如图 2.14 所示。

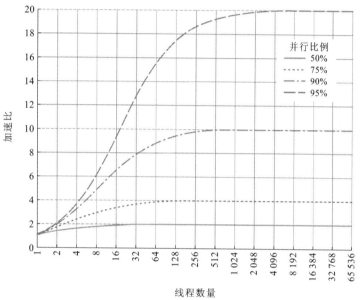

图 2.14　不同并行比例的阿姆达尔定律曲线

http://en.wikipedia.org/wiki/Amdahl%27s_law.

2.4　并行程序设计案例

π 的具体数值可由多种方法计算，如定积分逼近法、蒙特卡罗法等。本章以定积分面积逼近法计算 π 值为例，具体阐述并行程序的设计实现过程。

根据牛顿-莱布尼茨公式可知，一个连续函数在区间 $[a, b]$ 上的定积分等于它的任意一个原函数在区间 $[a, b]$ 上的增量。同时，根据式（2.6），该定积分的值为 π，而该定积分又可以转化为函数与 x 轴所夹图形的面积，如图 2.15 所示。

$$\int_0^1 \mathrm{d}x \frac{4}{1+x^2} = \int_0^{\frac{\pi}{4}} \frac{\mathrm{d}\theta}{\cos^2\theta} \frac{4}{1+\tan^2\theta} = \int_0^{\frac{\pi}{4}} 4\mathrm{d}\theta = \pi \qquad (2.6)$$

本案例采用逼近法近似计算定积分对应的面积，如图 2.16 所示。具体地，首先将区间 $[0,1]$ 均分为 n 等分。其次，对于每一等分，局部面积以柱状矩形面积近似。其中，矩形宽为 $\frac{1}{n}$，高为等分中点的函数值。最后，定积分对应的面积便可用 n 个柱状矩形的面积和近似。

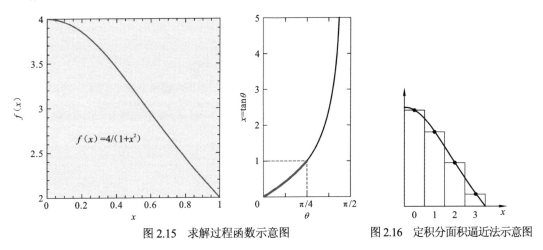

图 2.15　求解过程函数示意图　　　　图 2.16　定积分面积逼近法示意图

基于定积分面积逼近法计算 π 值的串行算法伪代码如下。

算法：基于定积分面积逼近法计算 π 值的串行算法

输入： 等分数 n

输出： π 数值 PI

```
1:sum=0
2:h=1/n                    //h 是一个间隔单位
3:for each i in n do
4:    xi=h*(i+1/2)         //间隔中心
5:    sum+=1/(1+xi*xi)*h   //f(xi)*h
6:end for
7:PI=4*sum
```

基于定积分面积逼近法计算 π 值的并行化过程如下。

（1）任务分解。通过将区间 $[0,1]$ 划分成 n 等分，进而将复杂图形的面积计算问题近似转化为求解 n 个长方形面积的和。其中，每个长方形的宽为 h，长为第 i 个等分中点的函数 f 值。因此，n 个离散长方形面积的计算可分解为 n 个独立的计算任务。

（2）依赖分析。经分析，n 个离散长方形面积的计算，是 n 个独立的计算任务，彼此之间不存在三种依赖关系的任何一种。

（3）调度映射。n 个独立的计算任务，可以组织成一维线性的任务队列，因此可通过均分法、轮转法实现。

基于定积分面积逼近法计算 π 值的并行化实验结果如图 2.17 所示。

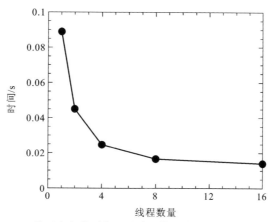

图 2.17 基于定积分面积逼近法计算 π 值的并行化实验结果

参 考 文 献

兰舟, 2009. 分布式系统中的调度算法研究. 成都: 电子科技大学.

马丹, 2007. 任务间相互依赖的并行作业调度算法研究. 武汉: 华中科技大学.

马丹, 张薇, 李肯立, 2004. 并行任务调度算法研究. 计算机应用研究, 21(11): 91-94.

沈勤华, 2009. 可扩展的自动并行化编译系统. 计算机工程, 35(8): 94-96.

闫昭, 刘磊, 2010. 基于数据依赖关系的程序自动并行化方法. 吉林大学学报(理学版), 48(1): 94-98.

杨博, 陈志刚, 2008. 网格任务调度的有向超图划分算法. 系统仿真学报, 20(15): 4112-4117.

袁健美, 2006. SGI 服务器并行计算环境建设及并行作业管理. 湘潭: 湘潭大学.

章军, 1999. 分布式内存多处理机上并行任务静态调度. 北京: 中国科学院研究生院.

AMDAHL G M, 1967. Validity of the single processor approach to achieving large scale computing capabilities. AFIPS Spring Joint Computing Conference, Atlantic City, New Jersey: April, 483-485.

DONGARRA J, 1993. Linear algebra libraries for high-performance computers: Apersonal perspective. IEEE Parallel & Distributed Technology: Systems & Applications, 1(1): 17-24.

DUNCAN R, 1990. A survey of parallel computer architectures. Computer, 23(2): 5-16.

FIDUCCIA C M, MATTHEYSES R M, 1982. A linear-time heuristic for improving network partitions. 19th design automation conference, Las Vegas, Nevada: 175-181.

FLYNN M J, 1972. Some computer organizations and their effectiveness. IEEE Transactions on Computers, 100(9): 948-960.

FOSTER I, 1995. Designing and building parallel programs: Concepts and tools for parallel software engineering. Hoboken: Addison-Wesley Longman Publishing.

KERNIGHAN B W, LIN S, 1970. An efficient heuristic procedure for partitioning graphs. The Bell System Technical Journal, 49(2): 291-307.

REINDERS J, 2007. Intel threading building blocks: Outfitting C＋＋ for multi-core processor parallelism. Sebastopol: O'Reilly Media.

第 3 章　多核计算支持的时空分析算法设计

3.1　多核计算概述

多核处理器（multi-core processor）是在单个计算芯片中加入两个或两个以上的独立实体中央处理核心（core），又通常称为片上多处理器（chip multiprocessors，CMP）。只有两个核心的多核处理器，称为双核处理器（dual-core processor）。多核处理器的核心可以分别独立地运行程序指令，利用并行计算的能力加快程序的运行速度。而多核计算指在具有多核处理器的环境下，充分利用多核并行计算资源，协同完成计算复杂的任务。

多核处理器环境具备以下特征。

（1）多个 CPU 核心集成在单个芯片上，每个 CPU 核心都是单独的计算单元，也拥有独立的缓存（cache），核心之间也有共享的 cache。

（2）CPU 核心一般是对称的（symmetric），彼此之间可以通过片上互联和系统总线进行通信。每个 CPU 核心都可以访问系统内存，访问成本也一致。

正是因为多核处理器环境具备上述特征，因此多核平台常被归纳为共享内存结构（shared memory architecture）。另外，多核计算主要采用多线程开发模型，包括操作系统原始线程 API、PThreads、OpenMP、Intel TBB 等。

3.2　多核 CPU 发展

1960 年，一种新型晶体管——金属氧化物半导体（metal-oxide-semiconductor，MOS）诞生，发展到 1964 年，相较于双极型集成电路，在 MOS 晶体管基础上制作的集成电路拥有更高的密度和更低的生产成本，从而开创了大规模集成电路的新时代（Voinigescu，2013）。后续，Intel 公司创始人之一 Gordon Moore 在 1965 年提出了著名的摩尔定律，预测每隔 18 个月单芯片上集成的晶体管数目就会翻一番，处理器的性能就会随之提高一倍（Moore，1975）。随后 Intel 公司在 1971 年推出第一款微处理器 4004，它的结构包括执行单元和总线接口单元。执行单元负责对指令和数据运算和处理工作，总线接口单元负责取指、数据的 I/O（Input/Output，I/O）传递工作[①]。

此后，伴随着集成电路技术和计算机技术的迅猛发展，通过增加芯片中晶体管的数目和主频，单芯片上集成的晶体管数量呈现出几何级数的爆炸式增长，集成电路芯片的特征尺寸发展到现在的几十纳米，处理器主频已达到 4 GHz 甚至更高，市场上涌现出许多高性能处理器结构。但是，受到芯片设计和制作工艺的限制，单芯片上晶体管的数目不可能总是按照摩尔定律无限制的增长下去，芯片的集成度已经达到了瓶颈；另一方面，如果通过增加主频的方式提高处理器的性能，其生产成本会大大增加，很难从根本上解决由于提高

---

① https://www.intel.com/content/www/us/en/history/museum-story-of-intel-4004.html?iid=about+spot_4004.

主频而导致的功耗和散热问题。而人们对 CPU 计算能力的需求越来越大，远远超过了处理器的发展，单核处理器的局限性越来越明显。要想增加处理速度，一个途径是增加单位面积的处理能力，另一个途径则是并行化计算，增加处理器的数量。在这种情况下，多核处理器应运而生（Kunle et al.，2005）。多核 CPU，通过将多个处理器集成在一个芯片上，实现处理器体系结构的层次化、模块化和分布化，大幅提高运算速度，同时极大程度减少处理器的成本（么大伟 等，2009）。

1996 年，斯坦福大学首次研制出 Hydra 片上多处理器；2001 年 IBM 发布了双核 RISC（reduced instruction set computing，精简指令集计算）处理器 Power4，标志着采用多核设计的处理器开始进入市场[①]；2005 年 4 月，Intel 发布简单封装双核的奔腾 D 和奔腾 4 处理器；2006 年 7 月，Intel 推出基于酷睿（Core）架构的处理器，随后一系列的至强（Xeon）和酷睿双核、四核的处理器诞生；与此同时，AMD 也推出了双核、三核和四核的"皓龙"处理器，处理器正式进入了多核时代。

根据同一芯片上集成的各个处理器核结构是否一致，可将多核处理器划分为两大类，即同构多核处理器与异构多核处理器。

（1）同构多核处理器。同构多核处理器由相同结构的核心构成，每个核心的功能和层级完全相同。同构多核处理器的每个核心可以并行执行相同的代码，也可以每个核心执行不同的代码。核心之间可以通过共享存储器或 cache 缓存的方式进行互联。同构多核处理器常见于通用的多核处理器架构，如 Intel、AMD 推出的多核处理器等。例如，Comet Lake 是 Intel 采用第四代 Skylake 微架构改进的 14nm 工艺处理器代号，作为第 10 代酷睿产品发售。Intel 于 2019 年 8 月 21 日正式发布该微架构的处理器[②]。该架构的 CPU 结构如图 3.1 所示。

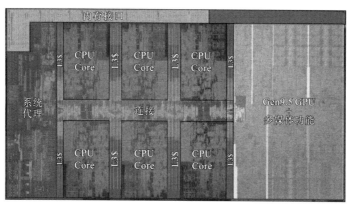

图 3.1　Intel Comet Lake 架构 CPU 结构图

（2）异构多核处理器。异构多核处理器常见于部分特殊应用场景，如移动端芯片等。通常由一个或多个通用处理器核和多个针对特定领域的专用处理器核构成，以实现处理器性能的最优化组合，同时有效降低功耗。异构多核处理器设计时，主要考虑了处理器核心的功耗、性能和可编程性等因素。异构多核处理器工作时，一般是主核心负责管理调度，辅助核心负责特定的性能加速，核心之间通过共享总线、交叉开关互联和片上网络进行通

---

① https: //en.wikipedia.org/wiki/POWER4.

② https: //en.wikipedia.org/wiki/Comet_Lake_（microprocessor）.

信。典型的异构多核处理器包括 Sony 公司的 Cell 处理器和 ARM 公司推出的 big.LITTLE 处理器等。

　　Cell 处理器是索尼、IBM 和东芝研发的处理器，主要用于流媒体应用中，也有案例将其应用于科学计算中[①]。在逻辑规格上，Cell 处理器包含一个 Power 主处理器（power processor element，PPE），它可以支持同步多线程技术（simultaneous multi-threading，SMT），同步执行两个独立的线程；此外 Cell 内部还拥有 8 个基于单指令流多数据流（single instruction multiple data，SIMD）的协处理器（synergistic processor element，SPE）。因此，Cell 处理器可支持多达十条线程的同步运行。Cell 处理器的物理规格为：Cell 集成了 2 亿 3 400 万个晶体管，它采用 IBM 的 90 nm 工艺制造，核心面积为 221 mm^2，芯片规模与 Intel 的双核 Pentium D 相当，两者的制造成本处于同一条水平线上。另外，Cell 还整合了 XDR 内存控制器，可配合 25.6 GBps 带宽的内存系统，同时它的前端总线还采用了 96 位、6.4 GHz 频率的 FlexIO 并行总线。

　　Sony Cell 处理器结构如图 3.2 所示。

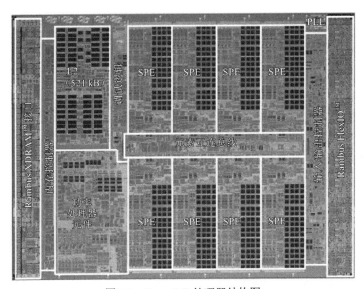

图 3.2　Sony Cell 处理器结构图

　　异构多核处理器相较同构多核处理器，可以更加灵活高效地均衡资源配置，提升系统性能，有效降低系统功耗。同构多核处理器因其受对称性质的约束，内部核心数目达到某一极限后将无法再通过增加处理器核心数目来提升性能。因此，异构多核处理器的特点符合未来计算机系统发展的要求，将成为未来多核处理器发展的一个重要趋势。

3.3　多线程开发模型

　　多核处理器并行资源的利用主要采用操作系统提供的多线程技术。线程（thread）有别于常见的进程（process）概念。具体，进程是计算机中应用程序的一次运行活动，是系统

---

① https://en.wikipedia.org/wiki/Cell_（microprocessor）.

进行资源分配和调度的基本单位，是程序的运行实体。而线程是操作系统能够进行运算调度的最小单位，其被包含在进程之中，是进程中的实际任务载体。一个进程中可以并发多个线程，每条线程并行执行不同的任务。这种计算模式，称之为多线程（multithreading）。多线程技术具体实现包括操作系统原始线程 API、PThreads、OpenMP、Intel TBB 等。

3.3.1 PThreads

POSIX 线程（POSIX threads，PThreads）是 POSIX 的线程标准，定义了一套创建和操纵线程的 API[①]。PThreads 作为 IEEE 标准，目前常见操作系统均有实现，包括 Linux、Solaris、Microsoft Windows 等。Pthreads 指定 API 来处理线程相关的操作，包括创建、终止、等待、销毁及线程间的交互管理等。

Pthreads 定义了一套基于 C 语言的数据类型、函数与常量，具体由 pthread.h 头文件和一个线程库实现。Pthreads API 中共有约 100 个函数可供调用，均以 "pthread" 开头，大致可以分为四类。

（1）线程管理：创建、终止、等待、查询线程状态等操作。

（2）互斥锁（mutex）：创建、摧毁、锁定、解锁、设置属性等操作。

（3）条件变量（condition variable）：创建、摧毁、等待、通知、设置与查询属性等操作。

（4）使用了互斥锁的线程间的同步管理。

其中，常用的核心 API 包括以下 5 个。

（1）pthread_create（）：创建一个线程。

（2）pthread_exit（）：终止当前线程。

（3）pthread_cancel（）：请求中断另外一个线程的运行。被请求中断的线程会继续运行，直至到达某个取消点。其中，取消点是线程检查是否被取消并按照请求进行动作的一个位置。具体地，POSIX 的取消类型包括两类：①延迟取消（PTHREAD_CANCEL_DEFERRED），其是系统默认的取消类型，即在线程到达取消点之前，不会出现真正的取消；②异步取消（PHREAD_CANCEL_ASYNCHRONOUS），使用异步取消时，线程可以在任意时间取消。

（4）pthread_join（）：阻塞当前的线程，直到另外线程运行结束。

（5）pthread_kill（）：向指定 ID 的线程发送一个信号，如果线程不处理该信号，则按照信号默认行为作用于整个进程。信号值 0 为保留信号，作用是根据函数的返回值判断线程是不是还活着。

典型的 PThreads 程序如下。

程序：典型的 PThreads 程序

```
1: #include <stdio.h>
2: #include <stdlib.h>
3: #include <time.h>
```

---

① https://en.wikipedia.org/wiki/POSIX_Threads.

```
 4: #include <pthread.h>
 5: static void wait(void){
 6:        time_t start_time=time(NULL);
 7:        while(time(NULL)==start_time){
 8:
 9:        }
10:  }
11: static void *thread_func(void *vptr_args){
12:        int i;
13:        for(i=0;i<20;i++){
14:               fputs("b\n",stderr);
15:               wait();
16:        }
17:        return NULL;
18: }
19: int main(void){
20:        int i;
21:        pthread_t thread;
22:        if(pthread_create(&thread,NULL,thread_func,NULL) != 0){
23:            return EXIT_FAILURE;
24:        }
25:        for(i=0; i<20;i++){
26:            puts("a");
27:            wait();
28:        }
29:        if(pthread_join(thread,NULL)!=0){
30:            return EXIT_FAILURE;
31:        }
32:        return EXIT_SUCCESS;
33: }
```

  该示例程序演示了如何创建一个新线程，打印含有"b"的行，主线程打印含有"a"的行。由示例程序易知，当两个线程相互切换执行时，输出结果中'a'和'b'将会交替出现。线程的核心是工作函数，如 int pthread_create（pthread_t*ptid, const pthread_attr_t*attr, void*（*start_routine）（void*），void *arg）等。其中，ptid 是一个 pthread_t*类型的指针，表示线程 ID；attr 指明了线程创建属性，若 attr 为 NULL 就使用系统默认属性；start_routine 是线程的工作函数，它的参数是 void*类型的指针，返回值也是 void*类型的指针；arg 是线程创建者传递给新建线程的参数，也是 start_routine 的参数，如果需要向 start_routine

函数传递的参数不止一个，则需要把这些参数放到一个结构中，然后把这个结构的地址作为参数传入。

3.3.2　OpenMP

OpenMP（open multi-processing，共享存储并行编程）是由 OpenMP Architecture Review Board 牵头提出，并已被广泛接受，用于共享内存并行系统下多线程程序设计的并行开发模型（Chapman et al.，2008）。OpenMP 提供了并行算法的高层抽象描述，程序员通过在源代码中加入专用的预编译指令来指明自己的意图，编译器可以自动将程序进行并行化，并在必要之处加入同步互斥及通信。当选择忽略这些预编译指令，或者编译器不支持 OpenMP 时，程序又可退化为通常的串行程序，程序仍可以正常运作。常见的编译器都支持 OpenMP，包括 Microsoft Visual Studio、Intel Compiler 及开放源码的 GCC 编译器等。OpenMP 支持的编程语言包括 C 语言、C++及 Fortran。

OpenMP 具体包括一套预编译指令、函数库和相关辅助的环境变量[①]。

1. 预编译指令

预编译指令为编译之前的预编译阶段编译器需要处理的内容，最常用于 C 和 C++中。预编译指令如果不能被编译器识别，则其将被忽略，因此 OpenMP 将指定的编译指令放入代码中是安全的，不需要担心不同编译器编译会将代码破坏。OpenMP 预编译指令语法为"#pragma omp <directive> [clause[[,] clause]…]"。其中，OpenMP 定义的预编译指令共 11 个，常用的预编译指令见表 3.1。

表 3.1　OpenMP 常用的预编译指令

预编译指令	作用
barrier	线程在此等待，直到所有的线程都运行到此 barrier，以同步所有线程
critical	后续代码块为临界区，任意时刻只能被一个线程运行
for	用在 for 循环之前，把 for 循环并行化由多个线程执行（注：循环变量只能是整型）
master	指定由主线程来运行后续代码块的程序
ordered	指定在接下来的代码块中，被并行化的 for 循环将依序运行（sequential loop）
parallel	代表接下来的代码块将被多个线程并行各执行一遍
sections	将接下来的代码块包含将被并行执行的 section 块
single	之后的程序将只会在一个线程（未必是主线程）中被执行，不会被并行执行

预编译指令还包括 clause。OpenMP 提供了 13 个 clause，其中常用的 clause 见表 3.2。

---

① "OpenMP Application Program Interface，Version 4.0"（PDF）. http：//openmp.org. July 2013.

表 3.2　常用的 clause 类型

类型	作用
private	指定变量为线程局部存储
shared	指定变量为所有线程共享
reduction	对指定变量进行规约操作，如 Sum、Average、Max、Min 等
schedule	设置 for 循环的并行调度方法，包括 dynamic、guided、runtime、static 4 种方法

2. 库函数

OpenMP 定义了 20 余个库函数，其中常用的库函数见表 3.3。

表 3.3　OpenMP 常用库函数

库函数	作用
void omp_set_num_threads（int_Num_threads）	在后续并行区域设置线程数，此调用只影响调用线程所遇到的同一级或内部嵌套级别的后续并行区域
int omp_get_num_threads（void）	返回当前线程数目
int omp_get_max_threads（void）	如果在程序中此处遇到未使用 num_threads（）子句指定的活动并行区域，则返回程序的最大可用线程数量（说明：可以在串行或并行区域调用，通常这个最大数量由 omp_set_num_threads（）或 OMP_NUM_THREADS 环境变量决定）
int omp_get_thread_num（void）	返回当前线程 id
int omp_get_num_procs（void）	返回程序可用的处理器数

　　OpenMP 的多线程模式采用 fork-join 模型。在并行计算中，fork-join 模型是设置和执行并行程序的一种方式，使得程序在指定点上"分叉"（fork）而开始并行执行，在随后的一点上"合并"（join）并恢复顺序执行，这是一个递归的过程，直到达到特定的任务粒度（Granularity）。Fork-join 并行模式如图 3.3 所示。

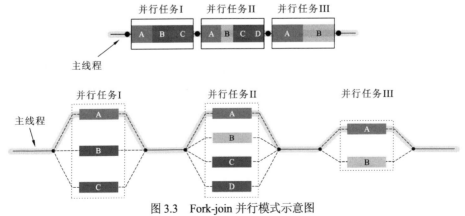

图 3.3　Fork-join 并行模式示意图

典型 OpenMP 程序示例如下。

程序： 典型 OpenMP 程序示例

```
1: #include <omp.h>
2: #define N 1000
3: #define CHUNKSIZE 100
4: main(int argc,char *argv[]){
5:   int i, chunk;
6:   float a[N],b[N],c[N];
7:   /* 初始化 */
8:   for(i=0;i<N; i++){
9:       a[i]=b[i]=i*1.0;
10: }
11: chunk=CHUNKSIZE;
12: #pragma omp parallel shared(a,b,c,chunk)private(i){
13:     #pragma omp for schedule(dynamic,chunk)nowait
14:     for(i=0;i<N;i++){
15:         c[i]=a[i]+b[i];
16:     }
17: }
18: }
```

该示例程序演示了两个 N 维矢量并行求和过程，即 $C[\ ] = A[\ ]+B[]$。其中，#pragma omp parallel 定义紧接着花括号包含的代码块为并行执行区域；#pragma omp for 定义后续循环将被分解映射到 $\dfrac{N}{\text{chunk}}$ 个线程中进行并行求解。

3.3.3　Intel TBB

Intel TBB 是一个使用 ISO C++代码实现的面向多线程开发的多平台、可扩展并行编程库。Intel TBB 通过任务抽象，形成 Algorithms、Containers、Synchronization、Memory Allocation、Timing、Task Scheduling 6 个模块，用户不必关注线程，而专注任务本身。同时 Intel TBB 基于泛型计算提供的 C++模板库，具有非常好的适应性，可以灵活地适应不同的多核硬件环境，支持跨平台移植（如 Linux、Windows、Mac）及多种 C++编译器（如 Microsoft、GNU、Intel）（Voss et al., 2019；胡斌 等，2009）。

TBB 各模块包括以下抽象类。

（1）算法（algorithms）：算法模块包括典型的循环并行，如 parallel_for、parallel_reduce、parallel_scan、parallel_do 等。

（2）容器（containers）：容器模块包含线程安全的并行容器，如 concurrent_hash_map、concurrent_vector、concurrent_queue 等。

（3）同步（synchronization）：同步模块包含典型的同步原语，如 atomic、mutex、spin_mutex、queuing_mutex、spin_rw_mutex、queuing_rw_mutex 等。

（4）内存申请（memory allocation）：TBB 的 allocator 可以代替 C 语言标准库提供的 malloc/realloc/free 函数，也可以代替 C++语言的 new/delete 操作。

（5）计时器（timing）：目前操作系统提供的 API 无法在多线程运行场景下提供精确的运行时间。TBB 的类 tick_count 提供一个简单的接口精确测量运行时间。tick_count 包含一个静态方法 tick_count::now（），表示当前的绝对时间，2 次 tick_count 相减就可以得到相对时间间隔（tick_count::interval_t），进而可以转换成秒。

（6）任务调度（task scheduling）：Intel TBB 提供基于任务（task）驱动的任务调度，隐藏线程调度的复杂度。任务是一个逻辑概念，相较线程是更高级的抽象。任务在编程时使程序员更能专注业务实现而不是底层细节（如线程创建、销毁等）。

典型 Intel TBB 程序示例如下。该示例程序演示了利用 Intel TBB 库的 parallel_for 实现并行的 100 次 for 循环。

程序：典型 Intel TBB 程序示例

```
1: #include <iostream>
2: #include <tbb.h>
3: void f(int i){
4:    std:: cout<<i<<std:: endl;
5: }
6: int main(){
7:    tbb:: parallel_for(0,100,1,f);
8:    //for(int i=0;i<100;i++){
9:        //std:: cout<<i<<std:: endl;
10: }
11:    system("pause");
12:    return 0;
13: }
```

3.4　应用 1：基于并行流水线的 IDW 空间插值

3.4.1　空间插值

空间插值（spatial interpolation）是 GIS 软件常见的一种空间分析手段。空间插值常用于将离散分布的采样点集合转换为连续光滑的数据曲面，以方便空间分析人员了解地理现象（如高程、降水、地下水污染成分等）在空间的展布情况、发展趋势（邓财，2009；李启权，2006；姚卫华，2005）。空间插值所得的连续光滑的数据曲面，通常使用规则格网数据（grid）表示，格网数据的每个像元值（cell）都是通过周围邻近的已知采样点数据空间内插而得。

根据像元值空间内插时所需的邻近采样点数据使用情况，可以将空间插值算法分为全局插值算法（global interpolation）和局部插值算法（local interpolation）两类。全局插值算法使用全部的采样点数据来推求每个像元值。局部插值算法在推求单个像元值时仅使用像元所在位置周围邻域范围的采样点数据。特别地，全局插值算法和局部插值算法是相对的，对于局部插值算法若搜索邻域足够大包含整个采样点数据时就等同于全局插值算法。处理海量空间数据时，使用全局插值算法一般不现实，主要使用局部插值算法，而且搜索邻域范围远小于海量数据覆盖范围，这也为后续插值算法并行化建立了理论基础。

根据像元值的推求方法，空间插值算法又可分为两大类，确定性方法和地理统计方法。确定性插值方法包括最近点（nearest neighbour）、IDW（inverse distance weighted，反距离权重），径向基函数（radial basis function），局部多项式插值（local polynomial）等（Pouderoux et al.，2004）。地理统计插值方法包括 Kriging 插值算法（Chiles et al.，2009）等。其中，最近点和 IDW 方法主要利用了空间现象的邻近相似性，径向基函数和局部多项式插值利用了插值曲面的连续光滑性，而 Kriging 插值算法则是对采样点的空间自相关性进行量化来预测插值。

本应用所选取的 LiDAR 点云数据空间插值算法为 IDW 插值算法（Shepard，1968）。IDW 插值算法原理简单，但应用广泛。IDW 插值算法中，对于二维空间的 n 个取样点 $(X_1, X_2, \cdots, X_n)$，某插值点 x 的值 Z 可用式（3.1）估计。

$$\begin{cases} Z_i = Z(X_i), \qquad X = (X_1, X_2, \cdots, X_n) \subset R^2 \\ Z(x) = \sum_{i=1}^{n} \lambda_i Z_i \\ \lambda_i = \dfrac{d_{(x,X_i)}^{-\beta}}{\sum_{i=1}^{n} d_{(x,X_i)}^{-\beta}} \\ \sum_{i=1}^{n} \lambda_i = 1 \end{cases} \qquad (3.1)$$

式中：$Z(X)$ 为插值点 x 的空间内插值；Z_i 为插值点 x 周围 n 个采样点 x_i 的观测值；$d_{(x,X_i)}$ 为估值点 x 与周围采样点 X_i 的欧几里德距离；β 为加权平均指数，一般为正数。在各种 IDW 实现中 β 可以固定也可以空间自适应（Lu et al.，2008），一般可将之设为 2。

IDW 插值方法是一个加权平均插值法，它直观地反映了地理学第一定律，插值点估计值与周围邻域的采样点观测值相关，而且相关性随着空间距离的增大而逐渐减小，即加权平均系数与空间距离的倒数呈正比。其中，β 控制着加权平均系数如何随插值点与采样点间空间距离的变化而变化，因此，若 β 设定为一个较大的值，则表示距离插值点越近的采样点的观测值对值估计影响越大；若 β 设定为一个较小的值，则表示周围邻域采样点的观测值对值估计影响较为平均。需要注意的是，插值点值估计时，赋予各采样点观测值的加权平均系数总和等于 1。

对于海量点数据，IDW 插值方法一般将之实现为局部插值算法，即插值估计时仅使用邻域采样点。对于邻域的定义通常有两种方法，一种是固定搜索半径法，一种是固定数目最近点法。在固定搜索半径法中，以插值点为圆心，搜索半径为 D 的圆圈内的所有采样点都参与插值运算。在固定数目邻近点法，逐步扩大搜索半径，选择插值点周围最近的 k 个采样点参与插值运算。

实际的 IDW 插值算法，除了核心的插值估算步骤以外，一般还包括三个辅助步骤。第一步是将外部存储的采样点数据，读取到内存为后续处理做准备。第二步是因为实现的 IDW 插值方法为局部插值算法，插值估计时仅使用邻域采样点，所以需要对空间数据点进行空间索引构建，以减少邻近点搜索时间，提高搜索效率。插值计算的最后一步，是将插值所得的规则格网数据以一定格式输出到外部存储设备，如 GeoTIFF、BIL 等。

3.4.2 基于并行流水线的 IDW 插值

本应用设计的并行 IDW 插值算法主要在传统插值算法的基础上进行了三处改动。

1. IDW 插值邻域确定

IDW 插值算法的邻域搜索设计为混合搜索方法。在该混合搜索方法中，固定搜索半径法优先，固定数目最近点法为辅。首先，需要划定以插值点为圆心，半径为 D 的圆圈。若该圆圈内的点数目大于给定数据 k，那么最近的 k 个采样点被选中；若点数目大于 0 且小于等于 k，那么圈内所有点都参与插值计算；若点数目等于 0，估计值设为 NODATA。该混合搜索方法的优势在于可以将搜索半径限制在插值点的一定范围内，不会因某处点云数据过于稀疏，而导致搜索半径无限扩大，进而产生计算误差。同时，混合搜索方法对搜索半径的限定亦符合地理学第一定律，因此邻域范围内的采样点才对估值有意义。

2. 采样点数据分解

对于采样点数据的划分，本应用采用了带重叠的数据划分方法。划分方法关键在于划分的分块大小和重叠宽度。分块的宽度可以使用经验值，其大小决定了插值分解子任务的粒度大小。由于混合开发模型比较适合粗粒度任务，分块宽度一般可以设置为插值格网像元分辨率的 100 倍以上，但也不宜过大，不然易导致数据调度时间过长，处理 CPU 等待处于空闲状态，计算资源浪费。综上易知，中等尺度分解是最佳的选择，可以保证快速数据调度，实现计算和 I/O 重叠。

另外，为了保证分块内部像元插值邻域搜索结果和分块前搜索结果保持一致，将邻域搜索限制在分块内部，分块之间需要一定的数据重叠，记为 w。重叠宽度 w 不能太大，太大会导致数据内容重复冗余，浪费内存空间。因此，重叠宽度 w 一般稍大于上面设计的混合搜索方法的固定半径宽度 D。根据经验统计，参与插值运算的采样点数目达到 10~30 时，插值结果一般就可以收敛（Danne et al.，2007；Mitas et al.，1999）。本应用采用经验公式（3.2）来估计 w 和 D。

$$w \geqslant D \geqslant \sqrt{\frac{k}{\pi \rho}} = \sqrt{\frac{k}{\pi(N/A)}} = \sqrt{\frac{kA}{\pi N}} \tag{3.2}$$

式中：k 为预先设定的参与插值计算最多的邻近点数据；ρ 为采样点数据的平均点密度，可由总点数 N 除以点云总覆盖面积 A 计算。由于采样点的不均匀分布，经过式（3.2）估

计的 w 和 D 值往往偏小，以至于某些稀疏分布区域很难在半径 D 的范围内有 k 个最近点，因此可以将 w 和 D 适当扩大。实际分块如图 3.4 所示。

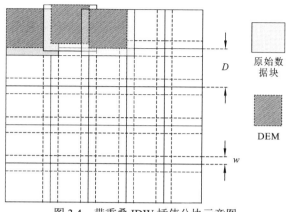

图 3.4　带重叠 IDW 插值分块示意图

3. 邻域搜索算法

分块之后，需要为分块数据构建空间索引，以减少邻近点搜索时间。本应用采用规则格网索引的空间索引方法。这里提出了一种传统 bucketing 搜索改进算法，可以快速过滤无关的 bucket。传统 bucketing 搜索算法是从插值点所在 bucket 向外一圈一圈地扩大，搜索一圈就对该圈内的所有点排序再进入下一圈，直至搜索目标完成退出搜索。本应用设计的邻域搜索算法为：首先对同一圈的 bucket 按照到插值点的最短距离进行排序，并依次从小到大编号，这样可以将同一圈的 bucket 分成多组。如图 3.5 所示，第二圈就可以分成三组，编号为 3、4、5。其次，在同一圈搜索时，首先从最小的编号组开始，如第二圈的 3 号，当搜索完编号为 3 和 4 的组时，可发现第 5 组的最短距离已经大于给定的搜索半径 D，因此就不需要对第 5 组进行搜索，搜索结束。整个邻域搜索算法如图 3.5 所示。

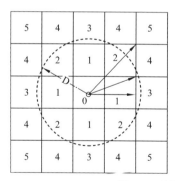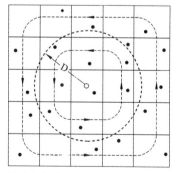

图 3.5　改进的邻域搜索方法

串行的 IDW 插值任务可以分解为 n 个分块插值子任务和 1 个分块 DEM 合并子任务。算法的重点在于将分块插值子任务实现为并行多级流水线。传统的 IDW 插值算法包括输入、索引、IDW、输出 4 个步骤，将 4 个步骤头尾串联起来便可形成一条 4 级的流水线。若集群的一个节点包含 m 个 CPU，一个粗粒度并行任务则可生成 m 条这样的流水线。

并行多级流水线 IDW 插值算法如图 3.6 所示。

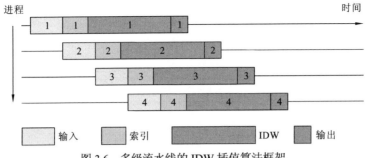

图 3.6　多级流水线的 IDW 插值算法框架

并行多级流水线 IDW 插值算法基于 Intel TBB 的 parallel_pipeline 实现，并使用 Intel TBB 动态调度算法进行任务调度。

3.4.3　实验结果

实验环境采用一台浪潮高性能工作站，CPU 为双路四核 Intel Xeon E5405（2 000 MHz 单核），内存为 8GB DDR2-667 ECC SDRAM，硬盘为 1 TB hard disk（7 200 r/min，32 MB cache），操作系统为 Windows Server 2000，开发编译环境为 Visual Studio 2008。

整个 Gilmer County 点云数据用于测试并行 IDW 算法的扩展性和数据吞吐量。插值 DEM 分辨率设为 1.5～6 m，分块分辨率设置为 1 000 m。同时根据经验公式，w 计算为 8 m。具体实验结果见表 3.4 及图 3.7。

表 3.4　不同输出分辨率并行处理使用执行时间

分辨率/m	1 进程/ms	2 进程/ms	4 进程/ms	6 进程/ms
1.5	1 504.1	746.8	411.5	290.5
3	486.3	279.8	175.2	137.3
6	187.7	138.3	107.4	104.1

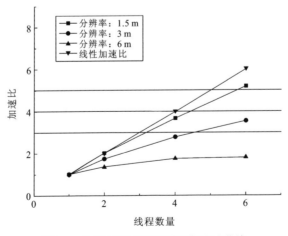

图 3.7　并行 IDW 插值算法的加速比曲线

最终插值生成的 DEM 如图 3.8 所示。表 3.4 及图 3.7 显示，随着工作线程的增加，IDW 插值时间逐步减少，但减少比例逐步下降，加速比增加也变缓。这现象符合阿姆达尔定律，因为算法中串行计算部分占据了一定比例。同时随着分辨率从 6 m 变为 1.5 m，加速比显著提升，接近线性加速比。这是因为串行的数据 I/O 耗时几乎不变，而可并行的插值计算量增加了 16 倍（分辨率变小为原来的 1/4），进而导致算法串行比例显著下降。

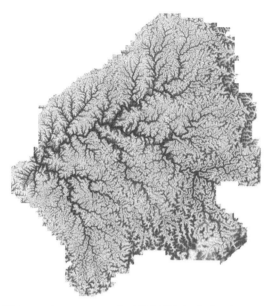

图 3.8　Gilmer County 点云数据并行插值生成的 DEM

3.5　应用 2：大规模点云的并行不规则三角网构建

LiDAR 点云数据经过滤波分类后，可以对其三角网化，以构建不规则三角网（triangulated irregular network，TIN），从而近似逼近地形表面或建筑物表面。相较传统的规则格网数据，TIN 作为数字地形模型（digital terrain model，DTM），其以不同层次的分辨率来描述地形表面，避免了平坦部分的数据冗余。

在目前的三角网化算法中，Delaunay 三角网化（Delaunay triangulation，DT）的研究最多，最为成熟（Van Kreveld et al.，2000）。这是由于 Delaunay 三角网化无论在数学上还是在工程上都具有良好的性质，生成的 TIN 也具有整体最优特性。

3.5.1　Delaunay 三角网

Delaunay 三角网由俄国数学家 Boris Delaunay 在 1934 年提出。R^d 空间的点集 S 的 DT 是满足如下特征的三角网，即在该三角网中任一单体（simplex）的外接圆（circum-hypersphere）不能包含点集 S 的其他任何点。

DT 是其空间点集 S 的 Voronoi 图的伴生图形（dual graph）。对于 R^d 空间的 n 个空间点构成的点集 S，其 Voronoi 图将 R^d 空间划分成 n 个单元，一个单元对点集 S 中的一个空间点 p。对于点集 S 中某空间点 p 所在的 Voronoi 单元可用数学表达式（3.3）描述。

$$V(p) = \{x \in R^d : \|x - p\| \leqslant \|x - q\|, \forall q \in S\} \tag{3.3}$$

Voronoi 图也称 Voronni 多边形。在二维空间，DT 与伴生的 Voronni 多边形如图 3.9 所示。

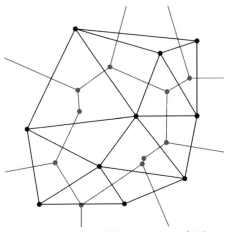

图 3.9   Voronni 图与 Delaunay 三角网

DT 在很多领域应用非常广泛，例如地形建模、科学可视化、空间插值、机器人学、计算机视觉、计算图形学、模式识别、数值模拟等。常见的串行 DT 构建算法包括分治算法（divide-and-conquer，D&C）、扫描线算法（sweepline）、随机增量算法（incremental insertion）、生长算法（incremental construction）、高维凸包转化算法（higher dimensional embedding）等（Su et al.，1997）。本应用采用分治 DT 算法，具体介绍如下。

1985 年，Guibas 提出了一种基于分治的二维 DT 算法（Guibas et al.，1985）。该算法采用了 quad-edge 数据结构，同时只使用了 CCW orientation 和 in-circle test 两个几何判定函数，这两个几何判定函数可分别通过 3×3 和 4×4 的行列式快速计算。首先，该算法对排序的点集递归二分，直到划分的每组只有 2~3 个点。其中，2 个点可以直接生成直线，3 个点生成三角形。其次，对分组 DT 结果递归合并，直至得到最终的 DT。分治 DT 算法如图 3.10 所示。

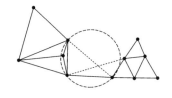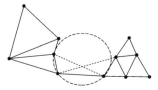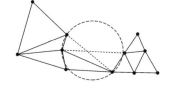

图 3.10   分治 DT 算法示意图

1986 年，Dwye 对该算法进行了简化，得到了对于均匀分布点集，计算复杂度为 $O(n\log n)$ 的 DT 算法（Dwyer，1987）。该算法的基本原理是将点集分成条带，然后生成条带 DT，最后对条带进行合并。

3.5.2 基于分治和并行流水线计算的并行 Delaunay 三角网构建

本应用设计了基于分治和并行多级流水线计算的并行 Delaunay 三角网构建方法，其核心是将传统递归实现的分治 DT 算法转化为多级流水线。

Delaunay 三角网中的每个三角形都必须满足空外接圆准则。基于空外接圆准则和 Isenburg 提出的概念，可以导出两个后续并行化所需的事实（Isenburg et al.，2006）。

定义：在二维 Delaunay 三角网构建过程中，对于任意给定时刻，三角网中的三角形可以分为 finalized 和 unfinalized 两类。若某个三角形已经满足空外接圆准则，属于最终 Delaunay 三角网一部分，那么这个三角形称为 finalized 的三角形。若某个三角形只是暂时满足空外接圆准则，但随着构建过程继续后被删除，不出现在最终的 Delaunay 三角网中，那么这个三角形称为 unfinalized 的三角形，如图 3.11 所示。

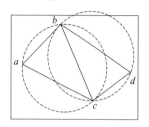

图 3.11 finalized 三角形（△abc）与 unfinalized 三角形（△bcd）

对于给定的某 DT，其外包矩形记为 B，现将矩形 B 范围外的点插入已有 DT 扩充。在插入之前，已有 DT 的每个三角形都和矩形 B 做相交检测。根据检测结果，已有 DT 的三角形可以分为相交和不相交两类。

（1）事实 1：上述检测的不相交的三角形是 finalized。证明：当矩形 B 外的新数据点插入时，那些外接圆与 B 不相交的三角形依然满足空外接圆准则，因为新插入的不在矩形 B 范围内。相反，那些外接圆与 B 相交的三角形可能因为插入的新数据点正好落入其外接圆内，违背空外接圆准则，而被删除掉。

（2）事实 2：对于给定的某 DT，若内部包含一个 finalized 三角形，必然存在一个或多个封闭的由 DT 边组成的区分折线，如图 3.11 中的折线 ab、bc 及 ca。

本应用设计的并行 DT 算法主要基于传统分治算法（D&C）进行了三处改动。

首先，LiDAR 点云按照 kd 树划分策略划分成大小相等且无重叠的矩形块，同时利用 kd 树排序命名。

其次，传统 D&C DT 算法采用的是递归执行方式，这点与流水线线性执行方式是不匹配的。D&C 算法的分解和合并步骤与二叉树类似，所以递归执行的算法可以通过二叉树广度优先遍历分解，转变为线性执行。

最后，本应用为满足流水线处理的需要，同时减少节点间的通信，在传统 D&C DT 算法的基础上插入了两个删除步骤，分别为 InnerErase 和 InterErase。其中，InnerErase 在对单个数据分块使用串行的 D&C DT 算法之后进行；InterErase 在对两个单独的 DT 进行合并之后进行。在对单个数据分块 DT 或者对两个数据分块的 DT 合并之后，对其内部的每个三角形进行其外接圆与分块数据最小包围矩形做相交检测，然后根据检测结果将所有 finalized 三角形从现有 DT 中挖除，不再参与后续的 DT 过程，同时释放其消耗内存。InnerErase 和 InterErase 具体实现细节在下文中会详细描述。所有 finalized 三角形挖除后直接输出，在文件中保存。值得注意的是，由于输出的连续进行，所以只保存三角形的结点信息，不保存三角形之间的连接信息。

算法设计的 DT 流水线如图 3.12 所示。

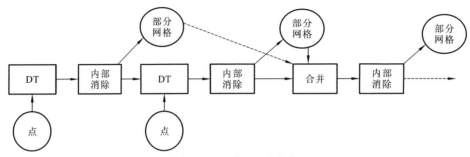

图 3.12　改造 DT 流水线

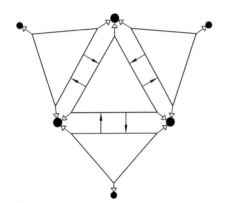

图 3.13　Shewchuk 的基于三角形的
三角网表示方法

本应用设计的并行 DT 算法使用了 Shewchuk（1996）提出的基于三角形的数据结构来表征二维三角网，如图 3.13 所示。在设计的数据结构中，除了原有的 6 个指针（分别指向三个结点和三个邻接三角形）外，添加了一个额外的标识符用于标识该三角形是否为 finalized 三角形。另外，算法还使用了 Shewchuk 提出的两个几何判定函数，即顶点逆时针测试和外接圆快速计算。

根据事实 2，两个 Erase 步骤的关键在于区分折线，这关系 finalized 三角形与 unfinalized 三角形是否能够快速分离。下面分别描述 InnerErase 步骤和 InterErase 步骤的区分折线搜索流程。

InnerErase 步骤的区分折线搜索过程如下。

（1）从单个分块 DT 凸包边界任意选择一条边，从该边的中点到分块的中心生成一条直线，作为三角网遍历的导向。

（2）在三角网中沿着导向直线遍历三角网，遍历方式使用 Devillers 等提出的 "straight walk" 方法。遍历的同时进行三角形外接圆与分块最小包围矩形的相交检测。若检测结果从相交变为不相交，那么这个刚好不相交的三角形就是 finalized 三角形，该三角形的底边是区分折线的一条起始边。若整个遍历过程都是相交检测结果，结束该搜索过程。

（3）步骤（2）中得到的三角形的底边作为搜索起始边，绕起始边的终结点顺时针旋转，搜索下一条区分折线的边，如图 3.14（b）所示。

（4）重复执行步骤（3）直到搜索到的区分折线封闭，如图 3.14（a）所示。

InterErase 步骤的区分折线搜索过程如下。

（1）在两个分块 DT 结果合并的过程中，将合并生成的新的三角形全部保存在一个双端链表中以便后续步骤使用。

（2）从上述链表的两端开始，对每个三角形进行三角形外接圆与分块最小包围矩形的相交检测，若检测结果正好从相交变为不相交，那么这两个三角形就代表上下两个区分折线的边。若上述两个边没有搜索到，整个搜索过程结束。

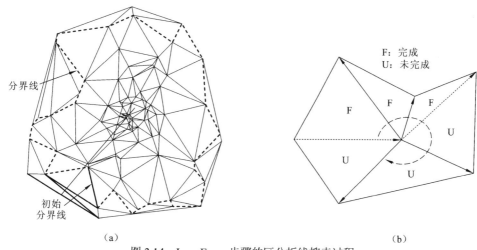

（a）   （b）

图 3.14　InnerErase 步骤的区分折线搜索过程

（a）中虚线为搜索所得折线，（b）展示了下一条区分折线边的搜索过程

（3）若上述两个边搜索到，首先从最下面的起始边开始，向左向右分别搜索下一个区分折线的边，方式同图。搜索过程执行步骤（2），直到遇到因 InnerErase 步骤生成的空腔，如图 3.14（b）所示。

（4）从搜索到最上面的起始边开始，执行步骤（3），如图 3.15 所示。

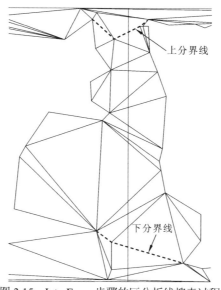

图 3.15　InterErase 步骤的区分折线搜索过程

若原始点云分解构建的 KD 树为高度为 n 的满二叉树，串行的点云 DT 任务可以分解为 $2n$ 个分解 DT 子任务和 $2n$-1 个合并子任务。与 IDW 插值算法相同，DT 子任务和合并子任务对应混合处理模型的 SPMD 模式，作为粗粒度并行任务。DT 子任务和合并子任务根据上述设计，只能实现一级流水线，单独的 DT 和 Merge，作为细粒度子任务。同样若集群的一个节点包含 m 个 CPU，一个分块可以再细分生成 m 条这样的流水线。

3.5.3 实验结果

实验环境配置与应用 1IDW 空间插值一致。同时应用 1 中整个 Gilmer County 点云数据用于测试并行 DT 算法的扩展性和数据吞吐量。考虑最终三角网输出文件量非常大，实验使用了两种输出模式，直接输出和压缩输出模式。对于 Gilmer County 点云数据，利用单精度浮点数存储三角形结点坐标，整个输出的数据量达 230 GB 之多。对于压缩输出模式，单个分块的 finalized 三角形利用 zlib 压缩输出为单个二进制文件，对于余下的三角形依然采用直接输出。实验结果见表 3.5。

表 3.5　不同输出模式并行 DT 算法的加速比

进程数量	直接输出		压缩输出	
	时间/ms	加速比	时间/ms	加速比
1	4 692.8		10 633.1	
2	2 976.1	1.58	5 655.3	1.88
4	2 398.6	1.96	2 890.8	3.68
6	2 354.5	1.99	2 145.1	4.96

表 3.5 显示，随着工作线程的增加，DT 时间显著减少，但减少比例逐步下降，加速比增加也变缓。然而相比直接输出，压缩输出显著提升了加速比，这是因为压缩输出增加了压缩计算工作量，这部分是可并行的，同时减少了串行的 I/O 时间，所以整体上算法并行比例显著增加，进而导致加速比显著提升。并行 DT 算法得到的 TIN 如图 3.16 所示。

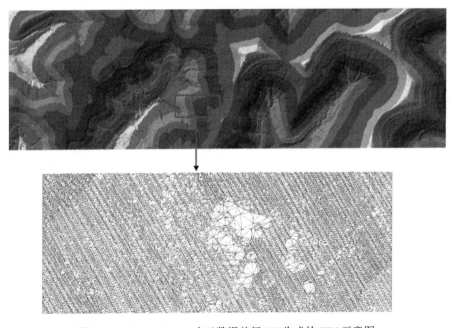

图 3.16　Gilmer County 点云数据并行 DT 生成的 TIN 示意图

参 考 文 献

邓财, 2009. 不同空间插值、等高线及分辨率下微地貌 DEM 地形因子对比研究. 乌鲁木齐: 新疆师范大学.

胡斌, 袁道华, 2009. TBB 多核编程及其混合编程模型的研究. 计算机技术与发展, 19(2): 98-101.

李启权, 2006. 基于 RBF 神经网络的土壤属性信息空间插值方法研究. 成都: 四川农业大学.

么大伟, 陈卿, 2009. 微处理器的发展现状及趋势. 中国科技信息(21): 94.

姚卫华, 2005. 空间插值技术在地球化学图制作过程中的应用. 西安: 长安大学.

CHAPMAN B, JOST G, VAN DER PAS R, 2008. Using OpenMP: Portable shared memory parallel programming. Cambridge: MIT Press.

CHILES J P, DELFINER P, 2009. Geostatistics: Modeling spatial uncertainty. Hoboken: John Wiley & Sons.

DANNER A, MØLHAVE T, YI K, et al., 2007. TerraStream: From elevation data to watershed hierarchies. Proceedings of the 15th Annual ACM International Symposium on Advances in Geographic Information Systems, Seattle, Washington: 1-8.

DWYER R A, 1987. A faster divide-and-conquer algorithm for constructing Delaunay triangulations. Algorithmica, 2(1-4): 137-151.

GUIBAS L, STOLFI J, 1985. Primitives for the manipulation of general subdivisions and the computation of Voronoi. ACM Transactions on Graphics (TOG), 4(2): 74-123.

ISENBURG M, LIU Y, SHEWCHUK J, et al., 2006. Generating raster DEM from mass points via TIN streaming. International Conference on Geographic Information Science, Münster: 186-198.

KUNLE O, LANCE H, 2005. The future of microprocessors. Queue, 3(7): 26-29.

LU G Y, WONG D W, 2008. An adaptive inverse-distance weighting spatial interpolation technique. Computers & geosciences, 34(9): 1044-1055.

MITAS L, MITASOVA H, 1999. Spatial interpolation. Geographical Information Systems: Principles, Techniques, Management and Applications, 1(2): 481-492.

MOORE G E, 1975. Progress in digital integrated electronics. IEEE, 21: 11-13.

POUDEROUX J, GONZATO J C, TOBOR I, et al., 2004. Adaptive hierarchical RBF interpolation for creating smooth digital elevation models. Proceedings of the 12th Annual ACM International Workshop on Geographic Information Systems, Arlington, VA: 232-240.

SHEPARD D, 1968. A two-dimensional interpolation function for irregularly-spaced data. Proceedings of the 1968 23rd ACM national conference, New York, United States: 517-524.

SHEWCHUK J R, 1996. Triangle: Engineering a 2D quality mesh generator and Delaunay triangulator. Workshop on Applied Computational Geometry, Philadelphia: 203-222.

SU P, DRYSDALE R L S, 1997. A comparison of sequential Delaunay triangulation algorithms. Computational Geometry, 7(5-6): 361-385.

VAN KREVELD M, SCHWARZKOPF O, DE BERG M, et al., 2000. Computational geometry algorithms and applications. New York: Springer.

VOINIGESCU S, 2013. High-frequency integrated circuits. Cambridge: Cambridge University Press.

VOSS M, ASENJO R, REINDERS J, 2019. Pro TBB: C＋＋ parallel programming with threading building blocks. Berkeley: Apress.

第4章 基于集群的时空分析算法设计

4.1 集群计算概述

集群（cluster）是指多台同构或异构的计算机，通过高速的通信网络互联，实现统一调度、协同工作、高效计算的分布式系统（Bookman，2003；Halkich et al.，2001）。集群相较单台计算机，其计算性能、可用性、可扩展性显著提升。集群计算，概念上近似于分布式计算（distributed computing）。分布式计算，也是强调利用离散的、独立分布的计算节点通过网络相互消息传递、通信后实现协同计算。分布式计算的节点"分布"有多种模式，有彼此处于同一机房内通过局域网连接，也有彼此跨网段跨部门但仍处于同一内部网络，还有彼此空间距离很远通过广域网连接。因此，集群计算更多指局域网内多机紧耦合的协同工作模式。

4.2 集群的体系结构

计算机集群发明于20世纪60年代，因其具有高扩展性、高性价比、高可靠性、高可用性，目前已经成为世界上并行处理的主流方式，广泛应用于商业服务系统、工业控制系统、互联网系统平台、科学计算环境等。集群作为多机分布式系统的一种，通常由独立节点、互联网络组成（Buyya，1999），架构如图4.1所示。

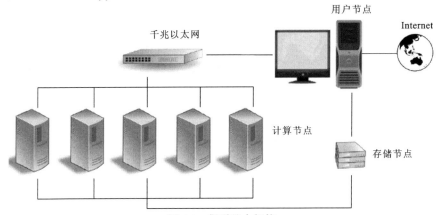

图4.1　集群基本架构

（1）节点：它们是集群的核心，通过各节点的协调工作，实现集群高性能的分布式计算。根据功能的不同，将节点分为用户节点、控制节点、管理节点、存储节点和计算节点（杨宁 等，2013）。其中，用户节点是外部用户访问集群系统的入口，实现对内部存储和计算资源的调用；控制节点是集群系统的关键节点，运行集群的作业调度程序，负责调度用户节点提交的作业，分配到各计算节点；管理节点是用来监控管理集群中各节点及其互联网络的健康状况，以保证整个集群的正常运行；存储节点是集群中的数据存放中心，为上层应用和决策提供数据支撑；计算节点是整个集群系统的计算核心，执行用户提交的计算任务。

（2）互联网络：它们是集群的基础，采用统一的网络通信协议实现各节点间的互联和通信，直接决定着集群的整体性能，常用的有 Myrinet（Yu et al.，2004）、InfiniBand（谢向辉 等，2005）和千兆以太网（Ohata et al.，2019）等。千兆以太网由 IEEE 802.3 以太网标准定义，传输速度为每秒 1 000 兆位（即 1 Gbps），传输介质一般为五类或六类非屏蔽双绞线。InfiniBand（IB）是一个用于高性能计算的计算机网络通信标准，它具有极高的吞吐量和极低的延迟，用于节点之间的数据互连。InfiniBand 网络也用作服务器与存储系统之间的互连，或者存储系统之间的互连。InfiniBand 网络可提供远程直接内存访问（remote direct memory access，RDMA），极大降低 CPU 负载，支持链路聚合从而实现上百 Gbps 传输速度。

4.2.1　集群的分类

按照不同用途将集群分为高可用性集群、负载均衡集群和高性能计算集群（陈国良 等，2004）。通常情况下，在实际应用中集群往往并不是以单一类型呈现，可能同时具有多种用途属性，例如新闻门户网站集群兼具高可用性和负载均衡作用。

（1）高可用性集群。高可用性集群（high availability cluster）通常由很多个计算机节点组成，采用冗余机制，一旦某个节点出现故障，其他空闲的节点会代替故障节点，减少服务中断宕机时间，保证集群系统的不间断运行。目前，高可用性集群已广泛应用于银行业务系统、工业控制系统、军事监测系统等。

（2）负载均衡集群。负载均衡集群（load balance cluster）是具有负载均衡功能的集群系统，以实现集群的横向扩展。集群在执行计算任务时，通过负载均衡的策略，将整体的负载尽量均摊到各个节点上，使得每个节点不会因为负载过重而崩溃，也不会有节点出现空闲的状况，以提高整个集群系统资源的利用率。这种集群广泛应用于提供大规模并发访问量的互联网业务系统。

（3）高性能计算集群。高性能计算集群（high performance computing cluster）由大规模的普通计算机组成，具有高性价比、快速事务处理能力，广泛应用数值天气预报、基因测序、分子模拟等高性能科学计算。

4.2.2　集群开发模型

按照不同的编程运行环境，集群开发模型可分为消息传递、共享存储和数据并行三种并行编程模型（Heroux et al.，2008）。

1. 消息传递模型（message passing model）

在消息传递模型（Attiya et al.，1995）中，通过消息传递来实现不同节点进程间的相互通信。运行的进程分配有各自的内存地址空间，彼此显式地传递消息和接收消息，可以是指令、数据、信号等消息的传递。

消息传递模型具有以下特点。

（1）多进程：消息传递模型是由多个进程来实现的，进程间彼此是相互独立的，可以各自执行相同或不同的指令操作。

（2）异步并行性：消息传递模型以异步的方式并行地执行任务，当接收到同步的信号时，需要所有进程全部执行到设置的同步点后，才能继续后面的操作。

（3）独立的地址空间：消息传递模型中各进程享有独立的地址空间，用于存放、读写各自的变量，彼此间变量的互访通过传递消息来实现。

（4）显式交互：消息传递模型中进程间数据、任务的交互是显式的。

（5）显式数据分配：消息传递模型中进程间的数据分配是显式的，在消息的发送和接收过程中完成。

消息传递模型的实现在开放软件库中使用最为广泛的是 MPI（message passing interface）。MPI 是一种消息传递接口实现的并行编程规范，提供的消息传递接口库具有高性能、通用性、灵活的优点（Gropp et al.，1999）。

2. 共享存储模型（shared memory model）

在共享存储模型中，所有运行的进程共享同一个内存地址空间，进程间可以直接使用彼此的变量数据，数据共享是持久性的（Adve et al.，1993）。与此同时，这也给共享数据的操作带来困扰，需要建立同步机制，确保变量调用的顺序不会出现问题。此类模型典型代表是 PVM（parallel virtual machine）。

PVM（Geist et al.，1994）通过统一的网络通信协议和软件层将异构、分布的计算节点串联起来形成一个虚拟化的大型计算机，从而实现分布计算资源的汇聚和使用。PVM 目前支持 Fortran、C＋＋等主流语言，具有可伸缩性、容错性高等特点。

3. 数据并行模型（data parallel model）

在数据并行模型中，选择合适的粒度，事先将数据集分解，待各进程接收到相应的数据块后对其并行地执行相同的指令操作，最终对执行的结果汇总（Guan et al.，2010）。数据并行模型的关键是粒度的求解和数据的分解，根据节点计算的能力尽量使数据负载均衡，使集群的性能发挥最优。数据并行模型实现简单，往往在程序编译阶段完成数据并行操作的同步，依赖编译器环境，灵活性和可移植性较低。

4.3　MPI 并行编程

4.3.1　MPI 简介

20 世纪中期，面向高性能计算的大规模集群不断涌现，因生产商各异，其架构也彼此差异很大，集群节点间通信模式也彼此不兼容，为了保证高性能程序的可移植性，集群通信标准化越来越迫切。标准化工作起始于 1992 年 4 月在美国威吉尼亚威廉姆斯堡召开的分布存储环境中消息传递标准讨论会，这个会议由美国并行计算研究中心（Center for Research on Parallel Computing，CRPC）资助。与会人员讨论了消息传递标准接口的核心要素，并成立了一个工作组持续推进标准化工作。同年 11 月，Jack Dongarra、Tony Hey、David W. Walker 等人提出了集群通信标准化草案初稿，也就是 MPI-1。MPI-1 经过不断修改和讨论，最终 1994 年得以正式发布。这期间大约有来自 40 多个组织 80 余人参与了 MPI 标准化讨论和制定，这些组织包括主要生产商、大学、政府实验室、工业界大型企业等。

因此，MPI（message passing interface）是一种面向集群并行计算的实现节点消息传递的开发接口规范，目前被众多科研机构和行业厂商支持（Dongarra et al., 1995；Forum, 1994）。MPI 提供一种与具体的语言/平台无关、用于指导具体实现的标准规范，它只定义了接口函数及其语义，不特指某一具体实现。截至 2020 年，MPI 稳定版本为 3.1，最新版本 4.0 草案仍在讨论过程中。迄今为止，各厂商或组织都遵循这些标准实现自己的 MPI 软件包，典型的实现包括开源的 MPICH、OpenMPI，以及 HP、Intel、Microsoft 等公司的商业版本。

MPI 其主要特点包括以下三点。

（1）跨平台性。MPI 兼容了多种不同的操作系统（包括 Linux、Unix、Windows），同时支持共享内存和分布内存的并行计算环境，这使得 MPI 具有很好的可移植性，基于 MPI 编写的并行程序可以不用修改地在各类并行计算机上正常运行。

（2）良好的通信性能。MPI 支持点对点通信和群集通信，也提供了阻塞通信和非阻塞通信，使得进程间能够实现良好的通信性能。

（3）功能丰富，易实现。MPI 提供了一整套功能丰富的标准，有基本数据类型、函数及其语法的规定，可用来实现并行计算的消息传递。

1. MPI 并行程序基本结构

MPI 并行程序基本结构如图 4.2 所示，按执行顺序依次为预处理阶段、并行程序执行阶段和结果汇总阶段。在预处理阶段，首先需要引用 MPI 相关的头文件，以调用 MPI 基本库；其次在申请的内存空间中定义和声明并行程序的变量；最后初始化 MPI 的运行环境，为并行程序执行做好初始化准备。

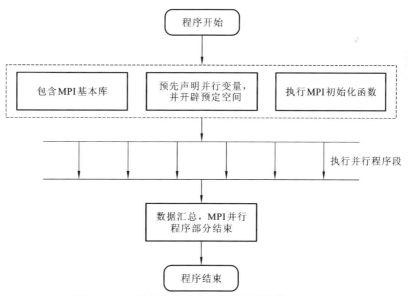

图 4.2　MPI 并行程序基本结构（张翠莲 等，2006）

MPI 并行程序执行模式采用单程序多任务（single program multiple data，SPMD）模式，也就是在集群每个节点都部署和执行相同的可执行程序，数据拆分到不同节点并行处理。主节点执行的 MPI 程序叫主进程，ID 为 0，其他节点执行的程序叫子进程。在并行程序执行阶段，主进程将数据块发送给各子进程，之后各进程并行地执行相应的指令操作。在结果汇总阶段，主进程接收、汇总各子进程的执行结果，最后结束 MPI 程序的运行。

2. MPI 的数据类型

MPI 针对 FORTRAN 和 C 语言的实现，定义了基本的数据类型，大多数在 C 语言中能够找到对应的数据类型，如表 4.1 所示。

表 4.1　MPI 基本的数据类型

MPI 预定义数据类型	相应的 C 数据类型
MPI_CHAR	signed char
MPI_SHORT	signed short int
MPI_INT	signed int
MPI_LONG	signed long int
MPI_UNSIGNED_CHAR	unsigned char
MPI_UNSIGNED_SHORT	unsigned short int
MPI_UNSIGNED	unsigned int
MPI_UNSIGNED_LONG	unsigned long int
MPI_FLOAT	float
MPI_DOUBLE	double
MPI_LONG_DOUBLE	long double
MPI_BYTE	无对应类型
MPI_PACKED	无对应类型

除了上述数据类型，MPI 还定义了一个特殊结构——通信域（communicator）。通信域包括进程组（process group）和通信上下文（communication context）等内容，用于描述通信进程间的通信关系。通信域定义了一组能够互相发消息的进程。在一个通信域中，每个进程会被分配一个序号，称作秩（rank），进程间显性地通过指定秩来进行通信。通信域分为组内通信域和组间通信域，分别用来实现 MPI 的组内通信（intra-communication）和组间通信（inter-communication）。MPI 包括了预定义的通信域，例如，MPI_COMM_WORLD 是所有 MPI 进程的集合，在执行了 MPI_Init 函数之后自动产生。

3. MPI 的基本函数

MPI 主要包括 6 个基本函数，包括初始化、结束、消息发送、消息接收等函数，下面是其 C 形式的函数结构。

1）MPI 初始化的函数

函数原型：int MPI_Init（int*argc，char**argv）

参数说明：argc 和 argv 是主程序的参数。

MPI 初始化函数的调用，标志着 MPI 程序执行开始。

2）MPI 结束的函数

函数原型：int MPI_Finalize（void）

当 MPI 程序结束时，需要调用 MPI_Finalize 函数。

3）获取当前进程标识的函数

函数原型：int MPI_Comm_rank（MPI_Comm comm，int*rank）

参数说明：comm 表征该进程所处的通信域，rank 返回当前进程的标识号。

在同一通信域中，为了对不同的进程进行区分，每个进程都分配有唯一的进程标识号。当需要获取当前进程的标识号，可以调用 MPI_Comm_rank 函数。

4）获取通信域中所含进程数目的函数

函数原型：int MPI_Comm_size（MPI_Comm comm，int*size）

参数说明：comm 是给定的通信域，size 返回所在通信域 comm 的进程数目。

通过 MPI_Comm_size 函数的调用，获取所在通信域内所含进程的数目。

5）消息发送的函数

函数原型：int MPI_Send（void*buf，int count，MPI_Datatype datatype，int dest，int tag，MPI_Comm comm）

参数说明：当前进程向目的进程发送消息，需调用 MPI_Send 函数。其中，buf 表示待发送缓冲区的起始地址；count 是发送数据块的数量；datatype 是待发送数据的数据类型；dest 是目的进程的标识号；tag 表示消息标签，用来对消息进行标记；comm 表征当前进程所在的通信域。

6）消息接收的函数

函数原型：int MPI_Recv（void*buf，int count，MPI_Datatype datatype，int source，int tag，MPI_Comm comm，MPI_Status*status）

参数说明：当前进程接收源进程的消息，需调用 MPI_Recv 函数。其中，buf 表示接收缓冲区的起始地址；count 表示待接收数据块的数量；datatype 是待接收数据的数据类型；source 表示源进程的标识号；tag 表示消息标签，用来对消息进行标记；comm 表示当前进程所在的通信域；status 返回接收消息时的状态。通常情况下，MPI_Send 函数和 MPI_Recv 函数是成对出现的，实现进程间的彼此通信。

4.3.2　消息通信模式

按照参与通信的对象不同，将 MPI 进程间通信分为点对点通信和群集通信。其中，点对点通信涉及的是两个进程间的通信，而群集通信在点对点通信的基础上，实现了两个以上进程间的通信。

MPI 进程间通信主要是消息传递的过程，包括接收和发送消息的操作。消息是由源进程通过网络将数据内容传输给目的进程的过程，其中，消息的数据内容包括缓冲区的起始地址、数据块的数目、数据类型，此外，消息还要包含源进程及目的进程的地址、通信域和消息标识等。

1. 点对点通信

点对点通信（point-to-point）中，一个进程（发送者）可以通过指定另一个进程的秩及一个独一无二的消息标签（tag）来发送消息给另一个进程（接收者）。接收者可以发送一个接收特定标签标记的消息的请求（或者也可以完全不包含标签，接收任何消息），然后依次处理接收到的数据。点对点通信是 MPI 程序的基础，MPI_Send 和 MPI_Recv 是点对点通信中最常用的两个函数，两者成对出现。

MPI 点对点通信包括阻塞通信和非阻塞通信两种通信方式，如图 4.3 所示。MPI_Send 函数和 MPI_Recv 函数，就是阻塞式点对点通信函数。阻塞式通信在消息传递的过程中，发送进程处于等待状态时无法执行其他的指令操作，直到消息发送任务完成所使用的缓冲区方可被重用。而非阻塞式通信在等待消息传递的过程中，发送进程可以执行其他的指令操作，允许通信和计算的重叠，但在以后的某个时间节点，需要查询来判断消息发送或接收操作是否完成，以表明发送缓冲区或接收缓冲区能否被重用。

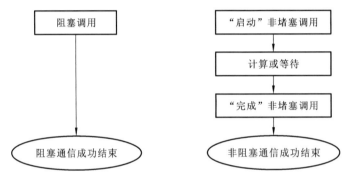

图 4.3　阻塞式和非阻塞式点对点通信调用的对比（程君，2013）

2. 群集通信

与两两进程间点对点通信不同的是，群集通信（collective）涉及通信域内的所有进程。群集通信是在点对点通信的基础上，对多个进程间的彼此通信进行优化，提升并行程序的性能和效率。例如，当进程需要将消息发送给通信域内的所有进程时，直接采用群集通信的广播模式，不仅使并行程序简单化，还可以减少通信带来的时间开销。群集通信中消息发送进程称之为 Root 进程。

如表 4.2 所示，按照不同的功能，将 MPI 群集通信函数分为通信、计算和同步三类。其中：通信类函数提供进程间消息传递的功能；计算类函数提供数据处理分析的功能；而同步类函数提供进程间彼此同步的功能。

表 4.2　MPI 群集通信函数

功能	函数名	含义	解释
通信	MPI_Bcast	广播	标记为 root 的进程向组内其他的进程发送相同的消息
	MPI_Scatter（v）	散播/散播的向量化（v）	从组内的 root 进程向组内其他的进程散发不同的消息
	MPI_Gather（v）	收集/收集的向量化（v）	MPI_Gather 是 MPI_Scatter 的逆操作，root 进程从其他进程收集不同的消息

功能	函数名	含义	解释
通信	MPI_Allgather（v）	全局收集/全局收集的向量化（v）	每个进程都向组内其他的进程发送相同的消息，相当于每个进程都执行一次 MPI_Bcast 操作
	MPI_Alltoall（v）	全局交换/全局交换的向量化（v）	一个组内所有进程都执行散发操作，每个进程向组内其他进程发送不同的消息
计算	MPI_Reduce	规约	该操作对组内所有进程的数据进行某种规约后，比如取最大值、最小值等，并将结果保存在 root 进程中
	MPI_Allreduce	全局规约	组内所有进程的数据执行规约操作后，将结果发送给组内的所有进程
	MPI_Reduce_Scatter	规约散播	
	MPI_Scan	扫描	该操作对组内所有进程的数据进行同一操作
同步	MPI_Barrier	同步	设置了一个同步点，直到所有进程都执行到该同步点后才能继续操作

按照通信的对象不同，群集通信分为一对多通信、多对一通信和多对多通信三种模式。在一对多通信模式下，Root 进程将其消息发送给通信域内其他所有进程，其常用的通信接口包括广播（broadcast）和散发（scatter）等；在多对一通信模式下，通信域内的其他进程将消息统一汇总到某一特定进程，常用的通信接口有收集（gather）和规约（reduce）等；而多对多通信模式下，每个进程都可以与其他所有进程发送和接收消息，典型的有全通信（alltoall）、全收集（allgather）和全规约（allreduce）等，如图 4.4 所示。

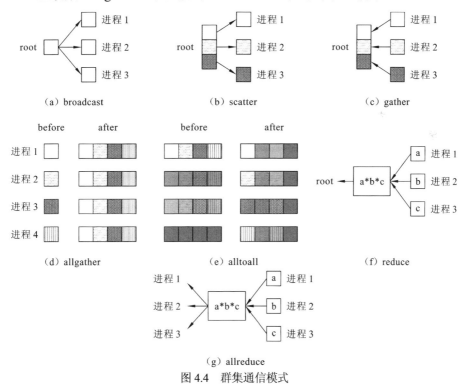

图 4.4 群集通信模式

4.4 应用1：基于MPI的k-均值聚类算法

4.4.1 k-均值聚类（k-means）算法简介

k-means 聚类算法是一种基于划分的非监督聚类算法，基本思想是采用距离来量化相似性，将每个数据点划分到距离其最邻近的中心，从而形成独立的聚类簇，迭代求解直到所有的数据点与其中心点的距离之和满足给定的聚类目标。k-means 聚类算法具有无监督性、易实现性、高效性等特点，应用最为广泛。

k-means 聚类算法通常是采用最小误差平方和作为目标函数，刻画聚类簇内的紧密程度，用来衡量聚类结果的质量，如下：

$$E = \sum_{i=1}^{K} \sum_{d \in D_i} \| d - c_i \|^2 \tag{4.1}$$

式中：K 为聚类簇的数目；D_i 为第 i 个聚类簇；d 为划分到第 i 个聚类簇 D_i 的数据点；c_i 为第 i 个聚类簇 D_i 的中心。

k-means 聚类算法通过迭代求解不断优化聚类簇内的相似程度和聚类簇间的离散程度，其算法流程如下。

输入：数据集 $D = \{X_1, X_2, \cdots, X_N\}$，包含 N 个数据点；

第 i 个数据点 X_i 的维数 M，即 $X_i = \{x_1, x_2, \cdots, x_M\}$，聚类簇数 K。

步骤1：从数据集 D 中随机选择 K 个数据点，作为初始聚类簇的中心点。

步骤2：计算数据集 D 中各数据点与 K 个聚类簇中心点之间的距离，将数据点划入距离最近的中线点代表的聚类簇中。

步骤3：取均值计算新的聚类簇中心点，更新 K 个聚类簇的中线点信息。

步骤4：迭代执行步骤2和3，直到式（4.1）中的目标函数不再改变或 K 个聚类簇的中心点信息均未更新。

输出：聚类簇划分 $C = \{C_1, C_2, \cdots, C_K\}$。

假设迭代次数为 L，则 k-means 聚类算法的时间复杂度为 $O(L \times N \times K \times M)$，受聚类簇个数、数据点个数、数据点维数和迭代次数的影响，随它们增加而增大，其时间复杂度相对较大。本应用基于 MPI 并行计算提高 k-means 聚类算法的性能。

4.4.2 基于 MPI 的 k-means 聚类

基于 MPI 的 k-means 聚类流程被归纳为 4 个步骤。

（1）MPI 初始化及数据分发。主进程负责读取数据集，并分发给所有子进程，伪代码如下所示。代码第 1~3 行，MPI 程序初始化，并读取进程数。代码第 4~6 行，主进程将聚类的数目 K、数据量 N、数据的维数 D 等参数广播到所有子进程；代码第 7~15 行，主进程与子进程间进行数据通信，发送和接收数据块；代码第 16 行，所有进程进行同步。

算法：基于 MPI 的 k-means 聚类流程-MPI 初始化及数据分发

```
1:   MPI_Init(&argc,&argv);

2:   MPI_Comm_rank(MPI_COMM_WORLD,&rank);

3:   MPI_Comm_size(MPI_COMM_WORLD,&size);

4:   MPI_Bcast(&K,1,MPI_INT,0,MPI_COMM_WORLD);

5:   MPI_Bcast(&N,1,MPI_INT,0,MPI_COMM_WORLD);

6:   MPI_Bcast(&D,1,MPI_INT,0,MPI_COMM_WORLD);

7:   if (!rank){

8:       for(i=0;i<N;i+=(N/(size-1)))

9:           For(j=0;j<(N/(size-1));j++)

10:              MPI_Send(data[i+j],D,MPI_FLOAT,(i+j)/(N/(size-1))+1,
                         99,MPI_COMM_WORLD);

11:  }

12:  else {

13:      for(i=0;i<(N/(size-1));i++)

14:          MPI_Recv(data[i],D,MPI_FLOAT,0,99,MPI_COMM_WORLD,&status);

15:  }

16:  MPI_Barrier(MPI_COMM_WORLD);
```

（2）随机选择 K 初始的中心点，并进行初始聚类簇的划分。主进程从数据集中随机选择 K 个数据点，作为初始聚类簇的中心点，同时将中心点数据广播给各子进程，伪代码如下所示。

算法：随机选择 K 初始的中心点

```
1:   center=array(K,D);

2:   if(!rank){

3:     srand((unsigned int)(time(NULL)));

4:       for(i=0;i<K;i++)

5:        for(j=0;j<D;j++)

6:           center[i][j]=data[(int)((double)N*rand()/(RAND_MAX+
                      1.0))][j];

7:   }

8:   for(i=0;i<K;i++)

9:     MPI_Bcast(center[i],D,MPI_FLOAT,0,MPI_COMM_WORLD);
```

各进程采用距离度量相似性，进行初始聚类簇的划分，最后将划分结果汇总给主进程，同时将数据集中各数据点与其中心点的距离之和规约至主进程，实现的伪代码如下所示。

算法：采用距离度量相似性，进行聚类划分

```
1:   if(rank){
2:     for(i=0;i<n;++i){
3:       for(j=0;j<k;++j){
4:         distance[i][j]=Distance(data[i],center[j],d);
5:         if(distance[i][j]<min){
6:           min=distance[i][j];
7:           local_in_cluster[i]=j;}
8:       }
9:     }
10:  }
11:  MPI_Gather(local_in_cluster,N/(size-1),MPI_INT,all_in_cluster,
     N/(size-1),MPI_INT,0,MPI_COMM_WORLD);
12:  MPI_Reduce(sum_diff,global_sum_diff,K,MPI_FLOAT,MPI_SUM,0,
             MPI_COMM_WORLD);
```

（3）更新聚类簇的中线点信息，并迭代求解优化聚类簇的划分结果。取均值计算新的聚类簇中心点，更新 K 个聚类簇的中心点数据，并将新的中心点信息广播给各进程，伪代码如下所示。

算法：更新聚类簇中心点信息

```
1:   if(!rank){
2:     float **sum=array(k,d);
3:     int i,j,q,count;
4:     for(i=0;i<k;i++)
5:       for(j=0;j<d;j++)
6:         sum[i][j]=0.0;
7:     for(i=0;i<k;i++){
8:       for(j=0;j<n;j++){
9:         if(i==in_cluster[j])
10:          for(q=0;q<d;q++)
11:            sum[i][q]+=data[j][q];}
12:     }
13:     for(q=0;q<d;q++)
14:       center[i][q]=sum[i][q]/count;
15:  }
16:  MPI_Bcast(center[i],D,MPI_FLOAT,0,MPI_COMM_WORLD);
```

根据更新的中心点数据，迭代执行聚类簇的划分，直到式（4.1）中的目标函数不再改变或 K 个聚类簇的中心点信息均未更新，k-means 聚类的 MPI 程序才结束，伪代码如下所示。

```
 1:  do {
 2:      if(rank){
 3:          for(i=0;i<n;++i){
 4:              for(j=0;j<k;++j){
 5:                  distance[i][j] = Distance(data[i],center[j],d);
 6:                  if(distance[i][j] < min){
 7:                      min=distance[i][j];
 8:                      local_in_cluster[i]=j;}
 9:              }
10:          }
11:      }
12:      MPI_Gather(local_in_cluster,N/(size-1),MPI_INT, all_in_
             cluster,N/(size-1),MPI_INT,0,MPI_COMM_WORLD);
13:      if(!rank)
14:          for(i=0;i<K;i++)
15:              global_sum_diff[i]=0.0;
16:      MPI_Reduce(sum_diff,global_sum_diff,K,MPI_FLOAT,MPI_SUM,0,
                 MPI_COMM_WORLD);
17:      MPI_Bcast(&temp2,1,MPI_FLOAT,0,MPI_COMM_WORLD);
18:      MPI_Barrier(MPI_COMM_WORLD);
19:  } while(fabs(temp2-temp1)!=0.0);
20:  MPI_Finalize();
```

4.4.3　实验结果及分析

1. 并行环境与数据

　　并行环境拥有三个计算结点，每个结点有 8 个 Intel Xeon Platinum 8163 处理器（33 M 缓存，4 核，2.50 GHz），32 GB 内存和 500 G 的硬盘，其操作系统是 Ubuntu（4.15.0-52-generic），节点间通过 40 GB/s 的 InfiniBand 网络连接。

　　实验数据为随机生成的 1 000 000 个二维点数据，采用 k-means 聚类算法将其分为 5 类，即数据集中数据点的数目 N：1 000 000，数据点的维数 M：2，聚类簇数 N：5。k-means 聚类后的结果如图 4.5 所示。

2. 性能评价

　　如图 4.6 所示，随着使用 CPU 核数增加，k-means 聚类并行算法运行时间呈现出先增加后减少的变化趋势。当 CPU 核数为 11 时，运行时间最短，但随着 CPU 核数继续增加，进程间带来了额外的通信开销，导致运行时间也在缓慢增加。

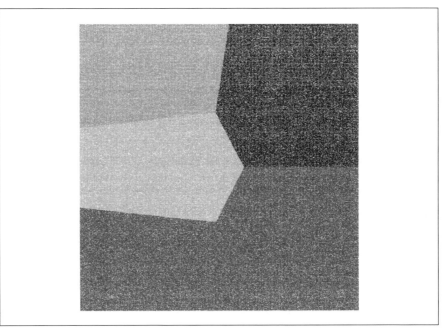

图 4.5　k-means 聚类并行算法运行结果

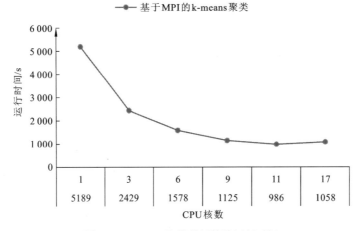

图 4.6　k-means 聚类并行算法运行时间

　　并行算法的性能和效果通常是用加速比来度量的，而并行进程间带来的通信开销和负载不均衡是影响加速比的关键因素（Guo et al.，1990）。k-means 聚类并行算法的加速比，如图 4.7 所示。随着 CPU 核数的增加，算法运行的加速比呈现出先上升后降低的趋势，基本上与线性加速比曲线偏离越来越大。每次进行迭代求解时，主进程都需要及时汇总、规约各子进程的聚类簇结果，并进行同步，一旦进程增多，必然会带来额外的通信开销，使得 k-means 聚类并行算法的性能下降。

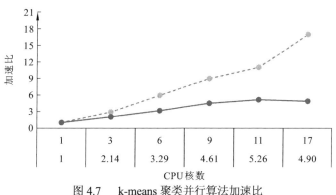

图 4.7　k-means 聚类并行算法加速比

4.5　应用 2：基于 MPI 的克里金插值

4.5.1　克里金插值简介

克里金插值作为常用的空间局部插值方法，是地统计学的主要研究内容之一。本应用以普通克里金插值为例，利用 MPI 模型实现并行化计算，并进行性能评价。

克里金插值法基于区域化变量理论，以变异函数为工具，能够对空间未采样点的属性值进行无偏最优估计。与其他的插值方法相比，克里金插值法的显著特点是使误差的方差最小。克里金插值法主要包括：简单克里金、普通克里金、泛克里金和协同克里金等。普通克里金法是一种较为常用的方法。

普通克里金法可以为满足固有假设的区域化随机变量提供局部最优无偏估计，待插值点的属性值通过已知采样点线性加权估计得到，如下：

$$\widehat{Z_0} = \sum_{i=1}^{n} \lambda_i Z_i \tag{4.2}$$

式中：$\widehat{Z_0}$ 为待插值点估计值；Z_i 为第 i 个已知点属性值；λ_i 为其权重。

为了得到无偏估计，已知点权重系数之和必须等于 1，同时根据最优条件，估计的误差的方差必须最小，可以建立如下所示的线性方程组：

$$\begin{bmatrix} \gamma_{11} & \cdots & \gamma_{1n} & 1 \\ \vdots & & \vdots & \vdots \\ \gamma_{n1} & \cdots & \gamma_{nn} & 1 \\ 1 & \cdots & 1 & 0 \end{bmatrix} \begin{bmatrix} \lambda_1 \\ \vdots \\ \lambda_n \\ \mu \end{bmatrix} = \begin{bmatrix} r_{01} \\ \vdots \\ \gamma_{0n} \\ 1 \end{bmatrix} \tag{4.3}$$

式中：γ_{ij} 是已知点 i 和已知点 j 之间的变异函数值；μ 是拉格朗日常数。

普通克里金插值方法可以归纳为以下 5 个步骤。

（1）计算先验不同滞后距离上的先验变异函数值，然后拟合得到最优的理论变异函数模型（如球状模型）。

（2）计算样本点的变异函数系数矩阵，并且进行 LU 分解。

（3）计算待插值点与已知点之间的变异函数向量。

（4）求解分解后的线性方程组，得到权重向量，然后估计待插值点属性值。

（5）重复步骤（3）和步骤（4），计算下一个待插点，直到估计完所有未知点。

如果 M 和 N 分别表示待插值点和已知采样点的数量，步骤（2）中 LU 分解的时间复杂度为 $O(N^3)$，步骤（4）会重复 M 次，所以求解线性方程组的时间复杂度为 $O(M \times N^2)$。实际中，如果要插值出一个光滑连续的曲面，待插值点的数量将远远超过已知点数量。步骤（4）的时间复杂度将超过 $O(N^3)$。通过对已有串行算法的分析，也证明步骤（4）中计算权重和估值消耗了绝大部分的运行时间。整个算法的数据输入输出及前两个步骤的计算先验变异函数值和拟合理论变异函数模型耗时较少。所以整个克里金插值算法的并行重点将是步骤（3）和（4），求解线性方程组及估值。

4.5.2　基于 MPI 的分布式克里金插值

基于 MPI 的克里金插值并行算法流程被归纳为 4 个步骤。

1. 读取数据及预定义的变异函数模型

主进程负责读取站点数据和待插栅格数据及变异函数模型参数。然后将已知点数据和模型参数广播到所有子进程。待插栅格数据先被分块，然后循环分发到各个子进程。

首先在 MPI 程序中自定义数据类型 struct_type，它包含有点的 x、y 空间坐标值和属性值。如下所示，在代码第 5 行，MPI_Type_struct 函数衍生出数据类型 struct_type，它包含有 3 个元素，每个元素都是 MPI_DOUBLE 类型。在代码第 6 行，为了使数据类型 struct_type 生成，还需要在声明后执行 MPI_Type_commit 函数。

算法：自定义数据类型

```
1:   MPI_Datatype struct_type;

2:   MPI_Datatype type[3]={MPI_DOUBLE,MPI_DOUBLE,MPI_DOUBLE};

3:   int blocklen[3]={1,1,1};

4:   MPI_Aint disp[3]={0,sizeof(double),2*sizeof(double)};

5:   MPI_Type_struct(3,blocklen, disp,type,&struct_type);

6:   MPI_Type_commit(&struct_type);
```

其次主进程通过 GDAL 库读取站点数据和待插栅格数据，分别存放在 vector 类型的变量 Known_Point 和 UnKnown_Point 中。

最后将已知点数据和模型参数广播到所有子进程，伪代码如下所示。待插栅格数据先被分块，然后循环分发到各个子进程。例如，在第 1 和 2 行代码中，被标记为 0 的主进程分别将已知点的数量 M 和待插值点的数量 N 广播给其他的进程；在第 3 行，定义 Known_Point 的长度为 M；在第 4 行，被标记为 0 的主进程将已知点数据 Known_Point 广播给其他的进程，Known_Point 有 M 个数据，其数据类型为前面自定义的数据类型 struct_type。

```
1:   MPI_Bcast(&M,1,MPI_INT,0,MPI_COMM_WORLD);
2:   MPI_Bcast(&N,1,MPI_INT,0,MPI_COMM_WORLD);
3:   Known_Point.resize(M);
4:   MPI_Bcast(Known_Point.data(),M,struct_type,0,MPI_COMM_WORLD);
```

2. 建立线性方程组并求解权重系数

根据广播得到的已知点的数据和分发得到的待插栅格数据，利用 Intel MKL 实现的 ScaLAPACK 库，每个子进程负责建立和求解本地的线性方程组，伪代码如下所示。代码第 1～5 行，建立线性方程组；在代码第 6 行，所有进程进行同步；在第 7 行，用 pdgesv 函数来求解线性方程组。

算法：建立线性方程组并求解权重系数

```
1:   int ia=1,ja=1,ib=1,jb=1,info;
2:   int PM=M+1;
3:   auto a=block_cyclic_mat_t::symmetric(grid,Known_Point,Point,M+1,M+1);
4:   auto x = block_cyclic_mat_t::outcome(grid,Known_Point,Point,M+1,N);
5:   vector<int> ipiv(a->local_rows()+ a->row_block_size()+100);
6:   MPI_Barrier(MPI_COMM_WORLD);
7:   pdgesv(PM,N,a->local_data(),ia,ja,a->descriptor(),ipiv.data(),
              x->local_data(),ib,jb,x->descriptor(),info);
```

3. 收集权重系数并估值

主进程负责收集所有子进程计算出来的权重系数并分发到相应子进程，每个子进程依据式（4.1）负责本地的栅格数据插值，伪代码如下所示。代码第 1～3 行，初始化中间变量，提取求解局部线性方程组得到的权重系数及返回全局行号向量；代码第 5～11 行，每个子进程负责计算某一待插值点部分加权平均和；在第 9 行，利用 MPI_Reduce 函数将部分和全部相加得到最终的插值结果，并将值保存到被标记为 0 的主进程中。

算法：收集权重系数并估值

```
1:   double val = 0;
2:   double*p=x->local_data();
3:   glorow=x->global_row_num();
4:   for(int j=0;j<locols;j++)
5:   {
```

```
6:       for(int k=0;k<locrows;k++)
7:          if(glorow[k]!=M+1)
8:             val+=*(p+j*locrows+k)*Known_Point[glorow[k]-1].value;
9:       MPI_Reduce(&val,EstVal.data()+j,1,MPI_DOUBLE,MPI_SUM,0,myComm);
10:      val=0;
11: }
```

4. 收集估值结果并输出

主进程负责从所有子进程收集待插值点的估值结果，并将估值重新写入原始栅格数据，伪代码如下所示。代码第 1～2 行，被标记为 0 的进程收集其他进程的待插值点的估值结果；代码第 3～9 行，被标记为 0 的进程利用 GDAL 库将估值重新写入原始栅格数据。

算法：收集估值结果并输出

```
1:  if(myrow==0)
2:     MPI_Gatherv(EstVal.data(),locols,MPI_DOUBLE,AllEstVal.data(),
             uncols.data(),idisp.data(),MPI_DOUBLE,0,newComm);
3:  if(rank==0)
4:  {
5:     GDALRasterBand*poBand;
6:     poBand=poDataset->GetRasterBand(1);
7:     poBand->RasterIO( GF_Write,0,0,nXSize,nYSize,AllEstVal.data(),
         nXSize,nYSize,GDT_Float64,0,0 );
8:     GDALClose((GDALDatasetH)poDataset);
9:  }
```

4.5.3　实验结果及分析

1. 并行环境与数据

并行环境拥有两个计算结点，每个结点有两个 Intel Xeon E5-2620 处理器（15 M 缓存，6 核，2.00 GHZ），32 GB 内存和 500 G 的硬盘，其操作系统是 Centos6.2，节点间通过 40 GB/s 的 InfiniBand 网络连接。

在并行实验中，已知点的数据为澳大利亚维多利亚省的 1 165 个气象站点的年平均降水值，如图 4.8 所示，待插栅格分辨率为 500 m×500 m，共有 680 行和 980 列。

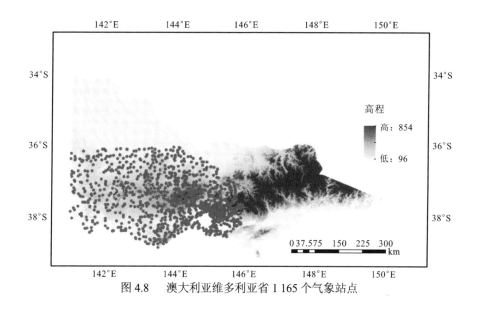

图 4.8　澳大利亚维多利亚省 1 165 个气象站点

2. 性能评价

如图 4.9 所示，随着 CPU 核数的增加，克里金插值并行算法运行时间不断下降，但是下降幅度越来越小。这是由于运行时间能够减少的只是算法的并行部分，串行部分基本维持不变，进程之间的额外通信开销却会增加。

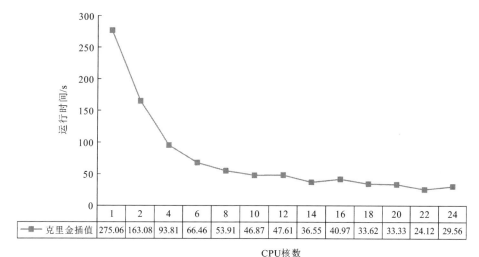

图 4.9　克里金插值并行算法运行时间

如图 4.10 所示，随着 CPU 核数的增加，克里金插值并行算法加速比基本呈现上升趋势，但也会有一定波折。同时，加速比曲线离线性加速曲线偏离越来越大。这是由于整个算法主要的运行时间都用于 ScaLAPACK 求解线性方程组得到权重，工作进程之间频繁的矩阵元素交换会带来额外的通信负担，当工作进程数增加，通信负担也会相应增加，从而带来整体并行算法的效率下降。

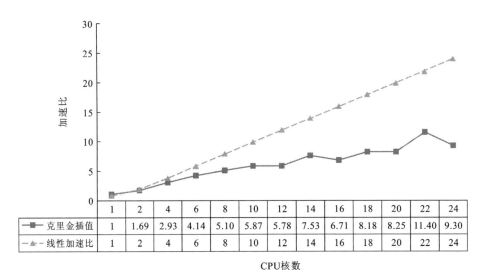

图 4.10　克里金插值并行算法加速比

参 考 文 献

陈国良, 安虹, 陈峻, 等, 2004. 并行算法实践. 北京: 高等教育出版社.

程君, 2013. 多集群环境下 MPI 群集通信算法的研究. 长春: 吉林大学.

谢向辉, 彭龙根, 吴志兵, 等, 2005. 基于 InfiniBand 的高性能计算机技术研究. 计算机研究与发展, 42(6): 905-912.

杨宁, 韩林生, 李彦, 等, 2013. 基于海洋数值模式的高性能计算集群性能评价. 海洋技术, 32(2): 133-136.

张翠莲, 刘方爱, 王亚楠, 2006. 基于 MPI 的并行程序设计. 计算机技术与发展, 16(8): 72-74.

ADVE S V, HILL M D, 1993. A unified formalization of four shared-memory models. IEEE Transactions on Parallel and Distributed Systems, 4(6): 613-24.

ATTIYA H, BAR-NOY A, DOLEV D, 1995. Sharing memory robustly in message-passing systems. Journal of the ACM, 42(1): 124-142.

BOOKMAN C, 2003. Linux clustering: Building and maintaining Linux clusters. Hoboken: Sams Publishing.

BUYYA R, 1999. High performance cluster computing. New Jersey: Prentice Hall.

DONGARRA J J, OTTO S W, SNIR M, et al., 1995. An introduction to the MPI standard. Communications of the ACM: 18.

FORUM M P, 1994. MPI: A message-passing interface standard. Tennessee: University of Tennessee.

GEIST A, BEGUELIN A, DONGARRA J, et al., 1994. PVM: Parallel virtual machine: a users' guide and tutorial for networked parallel computing. Cambridge: MIT Press.

GROPP W, GROPP W D, LUSK E, et al., 1999. Using MPI: Portable parallel programming with the message-passing interface. Cambridge: MIT Press.

GUAN Q, CLARKE K, 2010. A general-purpose parallel raster processing programming library test application using a geographic cellular automata model. International Journal of Geographical Information Science, 24(5): 695-722.

GUO Q P, PAKER Y, 1990. Concurrent communication and granularity assessment for a transputer-based multiprocessor system. Journal of Computer Systems Science & Engineering, 5(1): 18-20.

HALKICH M, VAZIRGIANNIS M, 2001. A data set oriented approach for clustering algorithm selection. European Conference on Principles of Data Mining and Knowledge Discovery, Freiburg: 165-179.

HEROUX M, WEN Z, WU J, et al., 2008. Initial experiences with the BEC parallel programming environment. 2008 International Symposium on Parallel and Distributed Computing, Krakow: 205-212.

OHATA N, BINKAI M, KAWAMOTO Y, et al., 2019. A compact integrated LAN-WDM EML TOSA for 400 Gbit/s Ethernet over 10 km Reach. 45th European Conference on Optical Communication (ECOC 2019), Dublin: 1-3.

YU W, PANDA D K, BUNTINAS D, 2004. Scalable, high-performance NIC-based all-to-all broadcast over Myrinet/GM. 2004 IEEE International Conference on Cluster Computing (IEEE Cat. No. 04EX935), San Diego, California: 125-134.

第 5 章　基于 GPGPU 的时空分析算法设计

5.1　众核计算概述

随着半导体工艺、微电子等技术的不断发展，GPU（graphical processing unit，图形处理器）凭借其强大的计算能力、巨大的存储器带宽及低能耗、高性价比等特点已经成为新型高性能计算平台，而基于 GPU 的通用计算也已广泛应用于天气预报（Michalakes et al.，2008）、地质勘探（刘国峰 等，2009）、数值计算（Bell et al.，2009；Bolz et al.，2003）、分子动力学模拟（Stone et al.，2007）、数据库操作（Govindaraju et al.，2005）、频谱变换滤波（Nukada et al.，2008；Govindaraju et al.，2008）、图像处理（李勇，2007）等领域。

回顾通用图形处理器（general purpose graphic processing unit，GPGPU）发展历程，最初的图形处理芯片专为图形处理设计，图形渲染天生的并行性使得 GPU 可以通过增加晶体管的方式实现计算能力的快速升级。当 GPU 的处理能力开始超越 CPU 之后，研究者们开始尝试将 GPU 应用于非图形学问题的求解。基于 GPU 的通用计算是指利用 GPU 来实现原本在 CPU 上执行的计算和分析（吴恩华 等，2004）。早期的 GPGPU 编程只能借助图形学 API 将问题转化为图形学中的纹理渲染过程，从而实现利用图形硬件来执行非图形的计算任务。这种开发方式学习门槛太高，要求算法设计者深入了解图形学接口和硬件架构，这就限制了 GPGPU 的发展和推广。随后，虽然更多的研究者在各自研究领域尝试使用 GPU 解决通用计算问题，各种通用算法和计算框架不断涌现，如斯坦福大学的 Brook，但此时 GPU 的大部分计算潜力仍处于未发掘状态，直到计算统一设备体系架构（compute unified device architecture，CUDA）的诞生改变了这一现状。2007 年，NVIDIA 推出全新的通用计算软件平台 CUDA 及配套的 GPU 硬件产品。CUDA GPU 硬件架构的若干革新使得 GPU 更加适合通用计算，而 CUDA 编程语言和环境的完善则极大地降低了 GPU 通用计算编程的难度。在产业界，Adobe、Autodesk、HP、联想、浪潮等国内外企业陆续推出了基于 CUDA 的产品；在学术界，哈佛、伯克利、清华等国内外高校也开设了相关高性能计算课程。CUDA 在产业界和学术界受到热烈追捧并迅速流行，极大地促进了 GPGPU 的推广和发展。随后，OpenCL 的推出和发展致力于屏蔽不同加速硬件的异构性，以便在不同架构的 GPU 及其他协处理器（如 FPGA、DSP）上开发通用计算软件。

在近似的价格和功率范围，GPU 提供的指令吞吐量和内存带宽比 CPU 高得多。由于 GPU 和 CPU 的设计目标不同，CPU 被设计为擅长以最快的速度执行一系列操作，并且可以并行执行数十个线程，但 GPU 被设计为擅长并行执行数千个线程（摊销降低单线程性能以实现更高的吞吐量）。GPU 专用于高度并行计算，因此设计为使更多的晶体管专用于数据处理，而不是数据缓存和流控制。图 5.1 示意了 CPU 和 GPU 的芯片资源分配示例，Core 为核心，Control 为控制器，Cache 为缓存，DRAM 为内存/显存。

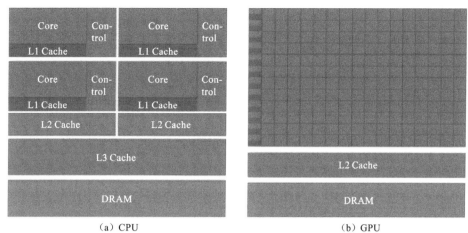

（a）CPU   （b）GPU

图 5.1　CPU 和 GPU 的芯片资源分配示意图①

目前，GPU 浮点计算能力和存储器带宽已经数倍于同期多核 CPU，同时 GPU 也实现了对 IEEE 754 浮点数算术标准和 ECC 纠错技术的支持，这就使得 GPU 通用计算可以应用于更多的、对数值精度要求非常严格的科研领域。而在 GIS 领域，基于 GPGPU 的地理计算实例不断涌现，在诸如高分辨率遥感图像处理、高性能数据库应用及空间统计分析等方面已有不少研究成果。未来，为应对进一步膨胀的海量数据规模及进一步实现 GIS 问题的快速求解，研究基于 GPGPU 的高性能地理计算已经成为一个非常重要的研究方向。

另外在 CPU-GPU 异构并行系统，GPU 作为 CPU 的众核协处理器，其本身作为外设并不具备进程控制能力，CPU 和 GPU 是一种主从工作模式，CPU 控制程序的串行逻辑部分，不做数据计算，计算任务交给 GPU。但随着 CPU 多核化发展，其计算能力也越来越强，如果只负责控制程序而不参与数据计算，这对 CPU 的计算资源来说将是一个极大的浪费。因此，CPU-GPU 的异构计算也将成为高性能计算领域的热门研究方向之一。

5.2　GPU 技术发展

5.2.1　GPU 体系架构变迁

GPU 的发展历史可分为 4 个阶段：前 GPU 时代、固定功能架构时代、分离渲染架构时代和统一渲染架构时代。每一代 GPU 的更新都使得 GPU 的体系架构和计算模型都比上一代更好地适应于通用计算。

在前 GPU 时代（1998 年以前），最早的图形处理芯片，即 Geometry Engine（GE）芯片，诞生于 20 世纪 80 年代初。GE 芯片通过寄存器的定制码定制出不同功能，并分别用于图形流水线中的裁剪计算、几何变换和投影缩放等操作。该时代另一典型图形系统是北卡罗莱大学所设计的 Pixel Planes 系列图形系统，Pixel Planes 是当时最强的图形绘制系统，绘制能力可达每秒一百万多边形，依赖于单指令流多数据流（single instruction multiple data，SIMD）并行处理机实现它的高度并行能力，每个绘制部件可以并行对 128×128 像素阵列

---

① https://docs.nvidia.com/cuda/cuda-c-programming-guide/index.html

中的每个像素实施二次多项式计算。

由于在前 GPU 时代图形芯片功能的不断增强和完善，图形处理任务不断从 CPU 向 GPU 转移，随后 GPU 进入固定功能架构时代（1998～2000 年）。1998 年，NVIDIA 研制成功了历史上第一个晶体管现代 GPU。此时的 GPU 已经可以不依赖 CPU 进行纹理操作、光栅化三角面片及进行像素缓存区的更新，但是仍然缺乏空间坐标变换能力。从 1999 到 2000 年，现代 GPU 技术发展到可以进行空间坐标转换和光照计算，并且出现了 OpenGL 和 DirectX 库，支持应用程序使用基于硬件的坐标变换。

2001 年，GPU 发展进入分离渲染架构时代（2001～2006 年），GPU 发展出灵活的顶点和像素渲染器从而取代了固定流水级，并实现了顶点多指令流多数据流（multiple instructi stream multiple data stream，MIMD）级的可编程化，允许用一系列指令进行顶点操作控制，GPU 第一次进入了可编程时代。与此同时，OpenGL 和 DirectX 都提供了支持顶点渲染器可编程扩展接口。2003 年末，NVIDIA 的 GeForce FX 和 ATI Radeon 9700 同时增加支持像素级编程，并且由于 OpenGL 和 DirectX 接口技术的不断发展，基于 GPU 的通用计算和编程正式宣告诞生。

2006 年底，统一渲染架构时代（2006 年至今）到来，典型代表为 NVIDIA 发布的 GeForce 8800GTX。此时的 GPU 使用统一的渲染硬件取代传统顶点和像素渲染管线分离的结构，并提供了几何渲染的能力。更为重要的是，GPU 首次进行了特殊的体系架构设计以更好适用于通用计算市场，提供了多级多层次存储器模型、线程通信机制、支持除浮点数以外的整型、字符型等通用计算常用的数据类型及逻辑运算。此时的 GPU 不再只是图形处理器，而呈现了并行处理器特性。

5.2.2 现代 GPU 体系架构

进入统一渲染时代后，为追求更高的性能和更低的功耗，现代 GPU 体系架构仍在继续演变之中。在现代的 CPU 和 GPU 设计中都能看到集群技术的应用。图 5.2 是典型的集群层次结构，每个处理器节点拥有各自的内存和本地存储，并通过网络开关实现不同处理器节点与网络存储互联。如果把图中的每个处理器节点作为 CPU 核，内存作为二级缓存，网络开关作为三级缓存，将大容量的网络存储作为内存，就可以得到一个类似于集群微缩模型的典型 CPU 缓存层次结构（图 5.3）。

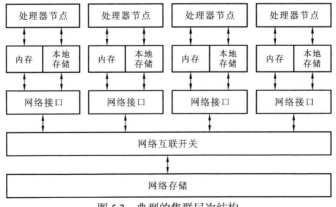

图 5.2 典型的集群层次结构

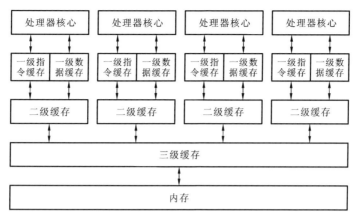

图 5.3　典型的 CPU 缓存组成结构

如图 5.4 所示,GPU 的体系架构也类似于集群。一个 GPU 包含许多流处理器簇(streaming multiprocessor,SM)。这些 SM 与共享存储器（一级缓存）相连,然后又与相当于网络互联开关的二级缓存连接在一起,而全局存储器则类似于 CPU 体系架构中的内存。

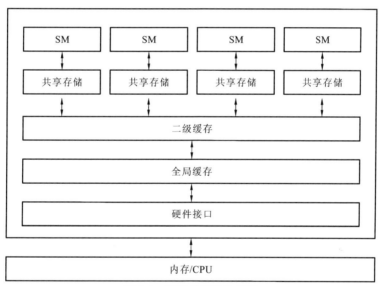

图 5.4　GPU 体系结构简图

在 SM 内部,其核心部件为流处理器（streaming processor,SP）,也称为核心（core）。SP 只是执行单元,并非完整核心。一个 SM 除包含若干流处理器外,还包括特殊功能单元,如加载/存储单元、共享存储器、线程束调度器等,这些功能单元共同构成了一个完整的处理核心。

因此,GPU 中的存储器有以下 6 种。

（1）寄存器（register）。它是所有存储器中最快的（Rvoo et al.,2008）,大部分线程会预设使用寄存器,但是在占满的情况下会使用较慢的本地存储器替代。寄存器为每个线程私有,只要线程执行结束,寄存器就会失去作用。为了维持效能通常会避免将寄存器使用完的状况。

（2）共享存储器（shared memory）。只有同一线程块的线程才能使用,存取前后需同步化,以避免数据存取顺序混乱（Yang et al.,2008）。使用上有大小的限制,效能仅次于寄存器。

（3）全局存储器（global memory）。全局存储器某种意义上等同于 GPU 显存。全局皆可存取的存储器，在显卡 DRAM 中所有线程皆可存取的存储器。全局存储器是储存空间最大，同时也是延迟最高的存储器。

（4）纹理存储器（texture memory）。它是一种只读存储器，GPU 由纹理渲染的专用存储单元发展而来。通过纹理存储器存取的数据是只读状态。

（5）常量存储器（constant memory）。常量存储器在硬件上没有特定的存储单元，只是全局存储器虚拟地址。因为它是只读的，硬件无须管理复杂的回写策略。常量存储器能够被所有线程读取（Su et al.，2012）。

（6）本地存储器（local memory）。本地存储器本身在 GPU 硬件中也没有特定的存储单元，是从全局存储器虚拟出来的地址空间。本地存储器是为了当寄存器无法满足存储需求的情况而设计的，主要是用于存放单线程的大型数组和变量。本地存储器是线程私有的，线程之间是不可见的。

总体来说，存储器存取速度是寄存器快于共享存储器，共享存储器快于只读存储器，只读存储器快于全局存储器，而存储空间则是依次增加。

英伟达 2018 年 8 月发布了全新一代 GPU 架构——Turing（图灵）架构（图 5.5）。它在架构上，包含 SM 流处理器阵列、RT Core、Tensor Core 及多边形引擎在内的基本模块 TPC（texture processing cluster），向上多个 TPC 组成一整个 GPC（graphics processing cluster），再结合显存控制器、缓存、Hub、NVLink 总线、PCIe 总线等组成一个完整的 GPU。

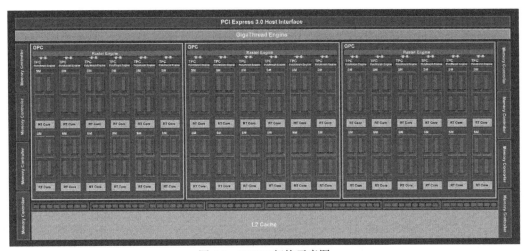

图 5.5　TU106 架构示意图

图灵架构加入了专门用于加速光线追踪的 RT Core，用专有的硬件来加速传统光线追踪算法中的光线在加速结构 BVH（bounding volume hierarchy）的遍历，以及光线和三角形的求交测试（ray triangle intersection test）。因为 RT Core，光线追踪在图灵架构上的效率大大提高。除了 RT Core，图灵架构提供的另一种加速硬件就是 Tensor Core。Tensor Core 专门用于加速深度学习所需要的大规模矩阵运算操作，最早在 Volta 架构上就加入了这个硬件。图灵则是第一个有 Tensor Core 消费级别的 GeForce 显卡。Nvidia Turing 架构和 Pascal 架构硬件参数对比见表 5.1。

表 5.1 **Nvidia Turing 架构和 Pascal 架构硬件参数对比**

产品	RTX 2080 Ti	GTX 1080 Ti
架构	Turing	Pascal
核心代号	TU102-300	GP102-350
晶体管数目/亿	186	120
核心面积/mm^2	754	471
制程/nm	12	16
GPC	6	6
SM	68	28
CUDA Cores	4 352	3 584
Tensor Cores	544	N/A
RT Cores	68	N/A
纹理单元	272	224
光栅单元	88	88
核心频率/MHz	1 350	1 480
Boost 频率/MHz	1 545/1 635	1 582
显存频率/Gbps	14	11
单精度浮点性能（TFLOPS）	13.4/14.2	10.6
RTX-OPS（TOPS）	76/78	11.3
Rays Cast 性能/（Grays/s）	10	1.1
Tensor INT4 性能（TOPS）	430.3/455.4	N/A
纹理填充率/（GT/s）	420.2/444.7	354.4
L2 缓存/kB	5 632	2 816
显存	11 GB GDDR6	11 GB GDDR5X
显存位宽	352 bit	352 bit
显存带宽/（GB/s）	616	484
TDP/W	250/260	250
供电接口	8＋8 Pin	6＋8 Pin

因此，GPU 硬件体系结构已经从专门为图形渲染而设计的单核固定功能硬件发展到一组可用于通用计算的高并行和可编程的核心。GPU 技术的趋势无疑是在 GPU 核心体系结构中不断增加更多的可编程性和并行性，而 GPU 核心体系结构一直朝着更像 CPU 的通用核心发展，例如 Turing 架构基本上可以被认为是一个 72 核 CPU，每个核具有 64 路超线程。未来 GPU 发展将越来越接近多核 CPU，最终两者可能完美地结合在一起（Lindholm et al.，2008）。

5.2.3 GPGPU 开发模型

GPU 硬件的飞速发展及支持通用计算的软件技术的不断改善极大地促进了 GPU 通用算法的研究、实现和应用。目前 GPGPU 开发模型包括斯坦福大学的 brookGPU（Liu et al.，2008），PeakStream 公司的开发包（Papakipos et al.，2007），AMD 公司的 APP（Bayoumi et al.，2009），NVIDIA 公司的 CUDA（Nukada et al.，2008），业界共同支持的 OpenCL（open computing language），微软公司的 DirectCompute。其中，CUDA 作为一种面向 GPGPU 开发的并行编程模型和软件环境，目前使用最为广泛（刘金硕 等，2013）。

总体上，GPGPU 软件技术的发展大致可以分成三个阶段，即图形学 API、高级绘制与实时绘制语言及面向流处理机的编程语言。

在 GPU 通用计算的发展初期，研究者们只能通过图形学 API 实现通用计算，而其中最重要的两个图形处理 API 是 OpenGL 和 DirectX。OpenGL 从针对 GE 图形芯片设计的 GE 语言发展而来，如今已成为工业标准。DirectX 则在微软的推动下成为民用级消费市场（如游戏）的视窗界面标准。经过不断完善，OpenGL 已经发展到 5.1 版本，而 DirectX 目前已经发展到 DirectX 12。虽然 OpenGL 的版本更替远落后于 DirectX，但 OpenGL 的优点在于具备扩展机制，这就使得硬件厂商能够针对自家的 GPU 进行特殊扩展。因此，OpenGL 相比 DirectX 更多地用于通用计算。

基于图形学 API 的通用计算学习难度大，使用非图形高级语言对 GPU 进行直接编程一直是图形界和通用算法设计者追求的目标。在学术界和工业界的共同努力下，出现了 4 种实时绘制语言，即 OpenGL Shading Language、微软的 HLSL、斯坦福大学的 RTSL 及 NVIDIA 的 Cg。由于传统 GPU 专为图形渲染而设计，为了实现通用计算，必须使得 GPU 中的顶点着色单元和像素着色单元可编程化。通用计算首先将问题需要的数据打包成纹理，转化为能够用矢量表示的问题，将并行计算任务映射为图形学中的纹理渲染过程。这种借助实时绘制语言实现的通用计算摆脱了图形学 API，但本质上仍需要映射到图形学的相关概念上。GPU 编程不同于传统 CPU 编程，算法设计者不仅要对自己设计的算法非常熟悉，同时还要对 GPU 硬件和编程接口有深入的了解，因此加大了 GPU 并行编程的难度。基于实时绘制语言的 GPU 通用计算只是 GPU 从专业图形处理转向通用计算的初步尝试，此时的 GPU 架构在数据精度、数据格式和功能上没有对通用计算进行支持，而 GPU 通用程序的编译、调试和分析工具同样相差甚远，有些在逻辑上行得通的程序经过实时绘制语言编译器的编译竟然得不到正确的结果，必须在汇编级别再进行修改，这无形中大大增加了 GPU 通用算法的实现难度和成本。

基于实时绘制语言的 GPU 通用计算仍然面临着可编程性低和开发难度大的问题，为了提高 GPGPU 的可用性，斯坦福大学的 Ian Buck 等人于 2003 年对 ANSI C 进行扩展，开发了基于 NVIDIA Cg 的 Brook 源到源编译器。Brook 将类 C 语言 Brook C 通过编译器 brcc 编译为 Cg 代码，从而隐藏利用图形学 API 实现的细节，有效简化了开发过程（Owens et al.，2007）。然而，早期的 Brook 有许多不足，比如编译效率很低、只能使用像素着色器运算、受限于 GPU 架构因而缺乏有效的数据通信机制。随后，基于 Brook 发展出了 Brook＋，虽然其改进了编译器的工作方式，提升了编译效率，但在语法和编程模型上没有明显改进，同样缺乏有效的线程间数据通信。

2006 年底，NVIDIA 推出了针对 GPU 通用计算的一个全新软件平台——CUDA，并且同步推出了专门面向通用计算市场的 Tesla GPU 系列产品。作为面向流处理机的编程语言，CUDA 相比传统 GPGPU 彻底摆脱了图形学束缚，使得 GPU 通用计算编程难度骤降。CUDA 编程语言及环境 NVIDIA 开发针对 GPU 通用计算的 C/C++语言环境，屏蔽硬件工作流程，使得开发人员不再需要考虑图形环境 API 的实现方法，而是采用通用计算的流行语言 C 和 C++等即可完成。与以往的可编程环境相比，CUDA 实现了两个显著的改进：一是采用了统一处理架构，使得分布在顶点着色器和像素着色器的计算资源能够被更有效地利用；二是引入片内共享存储器，支持随机读写和线程间通信。两方面的改进使得 GPU 架构更加适合进行通用计算。CUDA 的诞生和推广极大地促进了 GPU 通用计算的发展，目前 CUDA 已广泛应用于流体力学、应用数学、模式识别、图像处理等诸多领域，并在很多应用中实现了几倍、几十倍甚至上百倍的加速比。

虽然 CUDA 取得了空前的成功，但其最大的不足在于硬件的不兼容性，只能应用于 NVIDIA 自家生产的 GPU 之上。为了给开发 GPU 通用计算软件提供通用 API，苹果公司于 2008 年首先提出 OpenCL 规范，并将这一草案提交给了 Khronos 组织。随后，Khronos 组织于 2009 年初公布了面向异构系统的通用并行编程标准 OpenCL，用于统一 CPU、GPU、Cell 架构及数字信号处理器（digital signal processor，DSP）等其他并行处理器。在 OpenCL 中，所有处理器都被当作统一的设备，不再进行显式的区分，这就屏蔽了不同并行处理器的底层硬件异构性。然而，统一与灵活性本身是一对矛盾，OpenCL 在更高的层次上屏蔽了架构的差异，由此不可避免地带来了效率和灵活性的下降。目前，OpenCL 最新版本为 2.1 版本，相比初版已经有了不少革新和进步，基于 OpenCL 编写的 GPU 并行程序其性能也逐渐与 CUDA 靠拢。

此外，微软公司的 DirectCompute 是另一项重要的 GPGPU 软件技术。作为 CUDA 和 OpenCL 的替代产品，DirectCompute 是由微软开发并集成在 Windows 操作系统中的专用产品，该产品使得开发者只需掌握一个 API 库，就可以对所有显卡进行编程，而不必为每个主要的显卡生产厂商编写或发布驱动程序。但由于以 Windows 操作系统为核心，DirectCompute 技术被排除在各种版本的 Linux/UNIX 占主导地位的高性能计算系统之外。

5.3 CUDA 模型

5.3.1 CUDA 编程模型

CUDA 是 Nvidia 开发的通用图形处理器（GPGPU）模型。CUDA 并不受限于图形流水线的特定步骤，再加上 CUDA 基于 C 语言开发，使用者能方便地调配、控制图形处理器的运算资源。所以，开发者只要有 C 或 C++的语言基础，在不具备图形处理器开发经验的情况下，也能通过 CUDA 实现图形处理器通用计算的目的（Zeller，2011）。

1. 编程结构

在 CUDA 编程模型中，CPU 作为主机（host）负责逻辑性强的事务处理和串行计算，而 GPU 则作为设备（device）负责计算密度高、逻辑分支简单的大规模数据并行任务。CPU、GPU 各通过主机端的内存和设备端的显存存取数据。CUDA 对内存的操作与一般的 C 程序基本相同，但由于 CUDA 并未封装底层存储系统的异构性，操作显存需要显式调用 CUDA API 中的存储器管理函数。

一个程序可能包含串行部分和可并行部分，其中的并行计算部分可考虑交由 GPU 完成。在 CUDA 编程模型中，并行计算部分定义在一个被称为 Kernel 的函数中。如图 5.6 所示，一个完整的 CUDA 程序包含主机端的串行处理步骤和一系列的设备端 Kernel 函数。其中，主机端的串行处理步骤主要包含数据准备、设备初始化及 Kernel 启动和 Kernel 之间的一些串行计算，而在设备端，Kernel 以线程网格（grid）的形式组织。一个 Kernel 函数中存在两个层次的并行，即 grid 中线程块（block）间并行和线程块中线程（thread）间并行，且 grid 可以组织为一维、二维形式，而 block 可以组织为一维、二维、三维。程序中的一个 block 会映射到一个 SM 上，block 中的 thread 则会分配到该 SM 上的 core 上，CUDA 程序执行时是以线程束 warp 为单位。目前 CUDA 一个 warp 里面有 32 个线程，若是一次没有用满会造成不必要的浪费，所以最佳的程序通常会以 32 个线程为一组避免造成浪费。warp 是典型的单指令多线程（single instruction multiple threads，SIMT）的实现，也就是 32 个线程同时执行的指令是一模一样的。

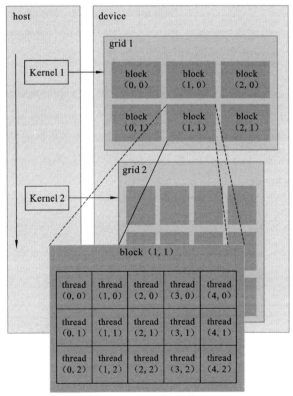

图 5.6　CUDA 编程模型

CUDA C 通过允许程序员定义称为内核的 C 函数来扩展 C，这些函数在被调用时由 N 个不同的 CUDA 线程并行执行 N 次，而不是像常规 C 函数那样仅执行一次。Kernel 函数必须通过_global_类型限定符来定义，且只能在主机端代码中调用。下面是一个简单的向量相加的例子。Kernel 函数中首先定义了整型变量 i 以表征线程 ID，而后各个线程各司其职，第 i 个线程负责向量中第 i 个元素的加法。主函数中 Kernel 函数的调用使用执行配置符<<<>>>以配置执行线程，作为说明，以下示例代码使用内置变量 threadIdx，将大小为 N 的两个向量 A 和 B 相加，并将结果存储到向量 C 中，其中每个线程都执行了一次 VectorAdd（）函数：

代码：向量相加示例代码

```
1:  // Kernel definition
2:  __global__ void VectorAdd(float*A,float*B,float *C)
3:  {
4:      int i=threadIDx.x;
5:      C[i]=A[i]+B[i];
6:  }
7:  int main()
8:  {
9:      // Kernel call
10:     Vector<<<1,N>>>(A,B,C);
11:     return 0;
12: }
```

2. 线程管理

threadIdx 是一个三分量向量，因此可以使用一维、二维或三维线程索引来标识线程，从而形成一个一维、二维或三维块，称为线程块。这提供了一种自然的方式来调用跨域（例如向量，矩阵或体积）中的元素的计算。

线程的索引及其线程 ID 以直接的方式相互关联：对于一维块，它们是相同的；对于尺寸为 (D_x, D_y) 的二维块，索引为 (x, y) 的线程的线程 ID 为 $(x+y\times D_x)$；对于尺寸为 (D_x, D_y, D_z) 的三维块，索引为 (x, y, z) 的线程的线程 ID 为 $(x+y\times D_x+z\times D_x\times D_y)$。例如，以下代码将大小为 $N\times N$ 的两个矩阵 A 和 B 相加，并将结果存储到矩阵 C 中。

伪代码：线程管理应用-矩阵相加

```
1:  // Kernel definition
2:  __global__ void MatAdd(float A[N][N],float B[N][N],
3:  float C[N][N])
4:  {
5:      int i=threadIdx.x;
6:      int j=threadIdx.y;
```

```
7:      C[i][j]=A[i][j]＋B[i][j];
8:    }
9:    int main()
10:   {
11:       ...
12:       //Kernel invocation with one block of N*N*1 threads
13:       int numBlocks=1;
14:       dim3 threadsPerBlock(N,N);
15:       MatAdd<<<numBlocks,threadsPerBlock>>>(A,B,C);
16:       ...
17:   }
```

每个块的线程数是有限制的，因为一个块的所有线程都应驻留在同一处理器内核上，并且必须共享该内核的有限内存资源。这个限制由 GPU 对应的 CUDA 所支持的计算能力（compute capability）决定。

但是，内核可以由多个形状相同的线程块执行，因此线程的总数等于每个块的线程数乘以块数。块被组织为线程块的一维、二维或三维网格，如图 5.7 所示。网格中线程块的数量通常由所处理数据的大小决定，该数据通常超过系统中处理器的数量。

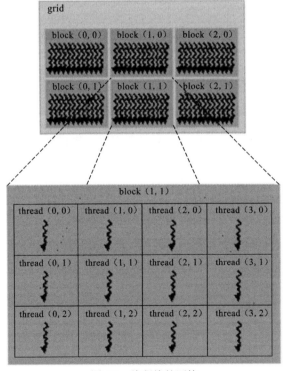

图 5.7　线程块的网格

在<<< ... >>>语法中指定的每个块的线程数和每个网格的块数可以是 int 或 dim3 类型。可以像上面的示例一样指定二维块或网格。可以通过内置的 blockIdx 变量在内核中访问的一维、二维或三维唯一索引来标识网格内的每个块，线程块的尺寸可通过内置的 blockDim 变量获得。

扩展前面的 MatAdd() 示例以处理多个块，代码如下所示。

代码：多线程块执行

```
1:   // Kernel definition
2:   __global__ void MatAdd(float A[N][N],float B[N][N],
3:   float C[N][N])
4:   {
5:       int i=blockIdx.x*blockDim.x+threadIdx.x;
6:       int j=blockIdx.y*blockDim.y+threadIdx.y;
7:       if(i<N&&j<N)
8:           C[i][j]=A[i][j]+B[i][j];
9:   }
10: int main()
11: {
12:     ...
13:     // Kernel invocation
14:     dim3 threadsPerBlock(16,16);
15:     dim3 numBlocks(N/threadsPerBlock.x,N/threadsPerBlock.y);
16:     MatAdd<<<numBlocks,threadsPerBlock>>>(A,B,C);
17:     ...
18: }
```

线程块需要独立执行：必须可以以任何顺序（并行或串行）执行它们。这种独立性要求允许线程块在任意数量的内核之间以任意顺序进行调度，从而使程序员可以编写随内核数量扩展的代码。

块中的线程可以通过共享内存共享数据并同步它们的执行以协调内存访问，从而进行协作。更准确地说，可以通过调用 __syncthread() 内在函数来指定内核中的同步点。__syncthreads() 充当屏障，在该屏障中，块中的所有线程必须等待，然后才能继续执行任何线程。

3. 内存层次结构

CUDA 并未封装底层存储器模型的异构性，而是强调显式地操纵这些存储器，这就给 GPU 通用计算编程带来了极大的灵活性。程序员可以根据不同算法的需要操纵相应的存储器并进行访存优化。CUDA 程序在访存优化前后其性能可能相差数十倍，故而访存优化是 CUDA 编程中至关重要的一步，这也要求程序员对 CUDA 存储器层次结构有清楚的认识。

CUDA 线程可以在执行期间访问多个内存空间的数据，如图 5.8 所示。每个线程都有只属于自己的本地内存。每个线程块共享一个存储器，称为共享内存，并且具有与该块相同的生存期。全局内存可被所有线程访问。常量存储空间和纹理存储空间作为只读存储器可被所有线程访问。全局、常量和纹理内存空间针对不同的内存访问进行了特定优化。纹理存储器还提供了不同的寻址模式及数据过滤。如图 5.8 所示，共享存储器（shared memory）和寄存器（register）位于流多处理器内，因此称为片内存储器。纹理存储器（texture memory）和常量存储器（constant memory）可以作为 GPU 片内缓存平衡对片外显存的访问速度，而本地存储器（local memory）和全局存储器（global memory）则位于 GPU 片外的显存中。

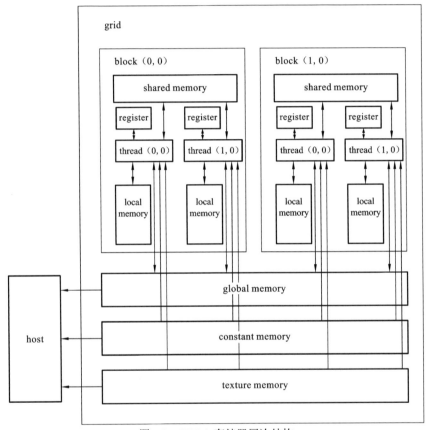

图 5.8　CUDA 存储器层次结构

每个线程都有私有寄存器。寄存器容量很小，如 GT200 的每个 SM 拥有 64 kB 的寄存器文件（register files），而 G80 中每个 SM 只有 32 kB 的寄存器文件。线程块中寄存器是 CUDA 运行环境动态分配的，而每个线程块中的线程占用的寄存器大小则是静态分配的，在线程块生命周期中都不会更改。每个独立线程首先将数据存储在私有寄存器单元中，如果寄存器被消耗完，数据将被存储在本地存储器。本地存储器对每个线程也是私有访问的，但和寄存器不同的是，其中的数据被保存在显存中，而不是片内存储空间中，因而速度很慢。寄存器或者本地存储器保存线程的输入和中间输出变量。

在 CUDA 编程模型中，共享存储器是进行线程间低延迟数据通信的唯一方法，因此其地位至关重要。共享存储器可以被同一线程块中的所有线程访问，是用于线程间通信的可读写存储器，且访问速度几乎与访问寄存器一样快，是实现线程间通信延迟最小的方法。共享存储器可以实现共享访问，如用于保存共用的计数器（例如计算循环迭代次数）或者线程块的公用结果（例如计算 128 个数的平均值，并用于以后的计算）。

全局存储器通称显存。所有线程都能对显存的任意位置进行存取操作，并且既可以从 GPU 访问，也可以从 CPU 访问。由于对全局存储器的访问没有缓存，显存的性能对数据访问至关重要。对显存的数据存取为了保证高效性，要求读取和存储必须对齐。

常量存储器和纹理存储器是 GPU 中用于图形计算的专用单元，本质是通过全局处理器虚拟而出，而且两者都是只读类型。其中，常量存储器存储容量较小，主要用来加速对常数的访问。纹理存储器用于实现图像处理或查找表，并且对大数据量下的随机数据访问和非对齐访问有良好的加速效果，主要功能是节省带宽和功耗。

5.3.2　CUDA 加速库

CUDA 同时提供一系列的加速库来支持不同领域应用开发，具体包括以下 4 种。

1. 信号与图像处理

快速傅里叶变换（fast Fourier transform，FFT）是一种分治算法，用于有效地计算复杂或实值数据集的离散傅里叶变换。它是计算物理和通用信号处理中最重要且应用最广泛的数值算法之一。cuFFT 库提供了在 NVIDIA GPU 上计算 FFT 的简单接口，使用户可以在经过高度优化和测试的 FFT 库中快速利用 GPU 的浮点功率和并行性。

NVIDIA NPP 是用于执行 CUDA 加速 2D 图像和信号处理的功能库。该库中的主要功能集中于图像处理，并且广泛被这些领域的开发人员使用。NPP 将随着时间的推移而发展，逐步涵盖各种问题领域中更多的计算繁重任务。编写 NPP 库可最大程度地提高灵活性，同时保持高性能。

nvJPEG 库为深度学习和超大规模多媒体应用中常用的图像格式提供了高性能、GPU 加速的 JPEG 解码功能。该库提供单次和批处理 JPEG 解码功能，可有效利用可用的 GPU 资源以获得最佳性能。用户可以灵活地管理解码所需的内存分配。nvJPEG 库启用的功能包括使用 JPEG 图像数据流作为输入，从数据流中检索图像的宽度和高度，并使用此检索到的信息来管理 GPU 内存分配和解码。nvJPEG 库提供了专用的 API，用于从原始 JPEG 图像数据流中检索图像信息。

2. 线性代数

cuBLAS 是一个轻量级的线性代数库，包括和 BLAS 库接口一致的 API。该库在矩阵数据布局、输入类型、计算类型及通过参数可编程性选择算法实现和启发式方法方面增加了灵活性。

cuSPARSE 库包含一组用于处理稀疏矩阵的基本线性代数函数库，旨在从 C 和 C++ 进行调用。库例程可以分为四类：稀疏格式的向量和密集格式的向量之间的操作、稀疏格式的矩阵与密集格式的向量之间的运算、在稀疏格式的矩阵和一组密集格式的向量之间进行运算（通常也可以将其视为密集格式的矩阵）、允许在不同矩阵格式之间进行转换及对稀疏矩阵进行按行压缩操作。

cuSolver 库是基于 cuBLAS 和 cuSPARSE 库的高级软件包。它由对应于两组 API 的两个模块组成：单个 GPU 上的 cuSolver API、单节点多 GPU 上的 cuSolverMG API。每个工具都可以独立使用，也可以与其他工具箱库一起使用。为了简化表示法，cuSolver 表示单个 GPU API，而 cuSolverMg 表示多 GPU API。cuSolver 是提供类似于 LAPACK 功能，例如用于稠密矩阵的通用矩阵分解和三角求解例程、稀疏最小二乘法求解器和特征值求解器。此外，cuSolver 还提供了一个新的重构库，可用于求解具有共享稀疏模式的矩阵序列。

cuRAND 库提供的功能集中于简单有效地生成高质量的伪随机数和准随机数。伪随机数序列满足真正随机序列的大多数统计特性，但由确定性算法生成。

3. 并行数据分析算法

数据分析是高性能计算中不断增长的应用。许多高级数据分析问题可以转为图形问题。反过来，当今许多常见的图形问题也可以转为稀疏线性代数。NVIDIA CUDA 8.0 中新增的 nvGRAPH，该功能利用 GPU 的线性代数功能来处理基于图论的数据分析问题。此版本提供了图形构造和操作原语，以及为 GPU 优化的一组有用的图形算法。核心功能是稀疏矩阵向量乘积（sparse matrix-vector multiplication，SPMV），该模型使用半环模型并针对任何稀疏模式自动进行负载平衡。

Thrust 是基于标准模板库（standard template library，STL）的 CUDA 的 C＋＋模板库。Thrust 可以通过与 CUDA C 完全互操作的高级接口，以最少的编程工作来实现高性能并行应用程序。Thrust 提供了丰富的数据并行原语集合，例如扫描、排序和规约，可以将它们组合在一起以使用简洁、可读的源代码来实现复杂的算法。

4. 深度学习

cuDNN 是基于 CUDA 的深度学习 GPU 加速库，有了它才能在 GPU 上完成深度学习的计算。NVIDIA cuDNN 可以集成到更高级别的机器学习框架中，如谷歌的 Tensorflow、加州大学伯克利分校的流行 Caffe 软件。简单的插件式设计可以让开发人员专注于设计和实现神经网络模型，而不是简单调整性能，同时还可以在 GPU 上实现高性能迭代并行计算。

TensorRT 是一个高性能的深度学习推理（inference）优化器，可以为深度学习应用提供低延迟、高吞吐率的部署推理。TensorRT 可用于对超大规模数据中心、嵌入式平台或自动驾驶平台进行推理加速。TensorRT 现已能支持 TensorFlow、Caffe、Mxnet、Pytorch 等几乎所有的深度学习框架，将 TensorRT 和 NVIDIA 的 GPU 结合起来，能在几乎所有的框架中进行快速和高效的部署推理。

5.4 应用 1：基于 CUDA 的河网提取

5.4.1 河网提取算法

河网提取是一种典型的地形分析算法，该算法利用高精度的 DEM（digital elevation model，数字高程模型）数据来有效提取与现实接近的河流网络。河网提取过程，包括无洼地 DEM 生成、流向计算、汇流累积计算、河网生成。

无洼地 DEM 生成通过洼地填平（fill）处理掉 DEM 中存在的假的水流积聚地。流向提取算法认为各栅格点本身的流量及其上游都会最终流向周围的唯一相邻栅格，具备代表性的算法是 D8 算法，如图 5.9 及图 5.10 所示。此算法假定各个栅格点的水流情况仅仅有一种可能流向，由最徒坡度的水流方式确定其流向情况。计算获得中央栅格点同其相邻点的距离权高程差，最高值所在的栅格点方向视作整体的流出方向。

32	64	128
16	中心像元	1
8	4	2

图 5.9 D8 算法编码规则

此方法能够对自然水流方向进行较好的概括，明确栅格点的产流对应就是点源，河道更多时候是借助一维线的方式进行表征，流向是 45° 分割的 8 个方位，很好地对水流方向进行简化区分。此类算法实现相对简单并且还能够很好地对水流规律情况进行反映，具备很强的实用性效果。本应用选定该算法完成分析工作。

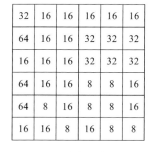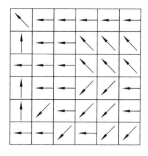

25	29	32	34	35	37
26	30	33	35	37	39
26	30	34	36	38	40
27	30	34	36	38	41
28	30	33	35	37	40
27	29	31	34	36	38

（a）无洼地 DEM

32	16	16	16	16	16
64	16	16	32	32	32
16	16	16	32	32	32
64	16	16	8	8	16
64	16	16	8	8	16
16	16	8	16	8	8

（b）流向矩阵

（c）指示每个栅格单元流向

图 5.10 基于 DEM 的栅格水流方向示例

在进行汇流分析时，会参照流向情况确定各栅格点上游的集水面积，在其达到阈值大小的情况下就获得虚拟水系。目前常用方法是汇流累积矩阵法（图 5.11），最初是由 O'Callaghan 等（1984）提出。其中，汇流累积量矩阵的各个栅格值表示汇流累积量，汇入数矩阵值由各个栅格值表示汇入次数，流向矩阵能够选定相应的取值区间确定其流向情况。首先，需要参照流向矩阵明确各个栅格点的汇入次数；然后，执行有效的迭代处理分析，单次迭代都要经由遍历汇入数矩阵获得其相应的汇入数 i 的点，累加到目标点，并且把目标点所在的汇入次数及 i 分别加 1，直到全部的点都完成处理。

算法流程图如 5.12 所示，程序执行步骤如下。

步骤 1：扫描输入的流向矩阵获得初始汇流累积量矩阵和汇入数矩阵，执行步骤 2；

步骤 2：根据输入的汇入数矩阵确定发生汇流的栅格并更新汇流累积量矩阵，记录发

1	1	1	1	1	0
1	1	1	1	1	0
1	1	0	0	0	0
1	1	0	0	1	0
0	1	1	1	1	0
1	0	1	1	0	0

初始汇入数矩阵

1	1	1	1	1	0
1	1	1	1	1	0
1	1	0	0	0	0
1	1	0	0	1	0
0	1	1	2	1	0
2	0	2	2	0	0

第1次处理后的汇入数矩阵

2	2	2	2	1	0
2	2	1	1	1	0
2	1	0	0	0	0
2	1	0	0	1	0
0	2	1	2	1	0
3	0	3	2	0	0

第2次处理后的汇入数矩阵

3	3	3	2	1	0
3	2	1	1	1	0
3	1	0	0	0	0
2	1	0	0	1	0
0	2	1	2	1	0
3	0	3	2	0	0

第3次处理后的汇入数矩阵

4	4	3	2	1	0
3	2	1	1	1	0
3	1	0	0	0	0
2	1	0	0	1	0
0	2	1	2	1	0
3	0	3	2	0	0

第4次处理后的汇入数矩阵

5	4	3	2	1	0
3	2	1	1	1	0
3	1	0	0	0	0
2	1	0	0	1	0
0	2	1	2	1	0
3	0	3	2	0	0

第5次处理后的汇入数矩阵

（a）汇入数矩阵更新过程

1	1	1	1	1	1
1	1	1	1	1	1
1	1	1	1	1	1
1	1	1	1	1	1
1	1	1	1	1	1
1	1	1	1	1	1

初始汇流累积量矩阵

3	2	3	3	3	1
2	2	2	2	2	1
3	2	1	1	1	1
3	2	1	1	2	1
1	2	2	3	2	1
4	1	4	3	1	1

第1次处理后的汇流累积量

5	4	6	6	3	1
3	3	2	2	2	1
6	2	1	1	1	1
4	2	1	1	2	1
1	3	2	3	2	1
5	1	6	3	1	1

第2次处理后的汇流累积量

8	7	9	6	3	1
4	3	2	2	2	1
7	2	1	1	1	1
4	2	1	1	2	1
1	3	2	3	2	1
5	1	7	3	1	1

第3次处理后的汇流累积量

12	10	9	6	3	1
4	3	2	2	2	1
7	2	1	1	1	1
4	2	1	1	2	1
1	3	2	3	2	1
5	1	7	3	1	1

第4次处理后的汇流累积量

15	10	9	6	3	1
4	3	2	2	2	1
7	2	1	1	1	1
4	2	1	1	2	1
1	3	2	3	2	1
5	1	7	3	1	1

第5次处理后的汇流累积量

（b）汇流累积量矩阵更新过程

图 5.11　汇流累积矩阵法处理过程

生汇流栅格的数量 dev_countx，执行步骤 3；

步骤 3：判断发生汇流栅格的数量 dev_countx 是否为零，若为零则所有汇流已完成执行步骤 4，若不为零执行步骤 2；

步骤 4：程序结束输出所提取到的河网。

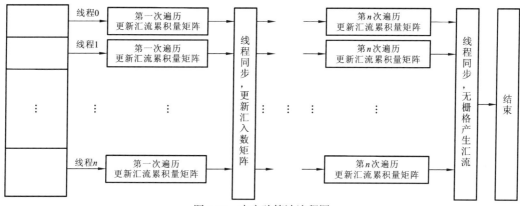

图 5.12　本实验算法流程图

5.4.2　基于 CUDA 的河网提取实验

分析可知，在河网提取算法中主要计算量集中在汇流累积矩阵和汇入数矩阵的更新，矩阵中每个元素更新模式相同，故可将矩阵的更新分解为每一栅格更新的子问题。串行算法按栅格处理顺序进行，前一栅格未处理完成后一栅格必须等待，但并行算法可以将每个栅格的计算任务映射到 GPU 的各个计算单元进行并行计算。

数据分块的大小和数量应合理设置，硬件将线程块数量限制为不超过 1 024 个线程，故设置线程块每一维坐标为 16。

int BLOCKCOLS=16;

int BLOCKROWS=16;

线程块大小为 $16 \times 16 = 256$ 个线程。

然后根据待处理数据计算线程块的数量：

int gridCols=(M+BLOCKCOLS-1)/BLOCKCOLS;

int gridRows=(N+BLOCKROWS-1)/BLOCKROWS;

其中：M 代表流向矩阵的列数；N 代表行数；gridCols×gridRows 为启动的线程块数量。

并行算法主函数伪代码如下所示。

伪代码： 河网提取并行算法主函数

```
1: void GPU_flood(fa[N*M],fa_pre[N*M],count[N*M])
2: {
3:     for k=0 to ∞ do
4:         define Integer count_x ← 0
5:         cudaMemcpy(dev_countx,&count_x,sizeof(int),cudaMemcpyHostToDevice)
6:         flood_cal<<<dimgrid,dimblock>>>(dev_z,dev_fa,dev_fa_pre,count,
             k,dev_countx)
7:         cudaMemcpy(&count_x,dev_countx,sizeof(int),cudaMemcpyDeviceToHost)
```

```
8:       if count_x==0 then break
9:     end for
10: }
```

其中：dimgrid 代表线程块的数量，dimblock 代表线程块中线程个数。当待处理栅格数量小于空闲的流处理器（SP）数量，每个线程都由一个流处理器来处理。在线程较多时可能多个线程都由一个流处理器处理，所以需解决线程同步问题。由 CUDA 编程模型特性知，其内不支持各线程块间的数据通信共享，所有线程块计算相互独立。采取原子操作 atomicAdd 解决全局线程同步问题，河网提取并行计算核函数的伪代码如下所示。

算法：河网提取并行算法核函数

输入：流向矩阵 fd[N*M]、当前汇流累积量矩阵 fa[N*M]、上次汇流累积量矩阵 fa_pre[N*M]、汇入数矩阵 count[N*M]、发生汇流栅格数量 dev_countx

输出：更新汇流累积量矩阵 fa[N*M]

```
1: icol=blockIdx.x*blockDim.x+threadIdx.x
2: irow=blockIdx.y*blockDim.y+threadIdx.y
3: Integer self=irows*M+icols
4: Integer nie=self+1
5: Integer nise=self+M+1
6: Integer nis=self+M
7: Integer nisw=self+M-1
8: Integer niw=self-1
9: Integer ninw=self-M-1
10: Integer nin=self-M
11: Integer nine=self-M+1
12: if(count[self]==k)then
13:     Integer fatra=fa[self]
14: if(fd[self]==1)then atomicAdd(&fa[nie],fa[self]-fa_pre[self])
15:     count[nie]=count[self]+1
16: if(fd[self]==2)then atomicAdd(&fa[nise],fa[self]-fa_pre[self])
17:     count[nise]=count[self]+1
18: if(fd[self]==4)then atomicAdd(&fa[nis],fa[self]-fa_pre[self])
19:     count[nis]=count[self]+1
20: if(fd[self]==8)then atomicAdd(&fa[nisw],fa[self]-fa_pre[self])
21:     count[nisw]=count[self]+1
22: if(fd[self]==16)then atomicAdd(&fa[niw],fa[self]-fa_pre[self])
23:     count[niw]=count[self]+1
24: if(fd[self]==32)then atomicAdd(&fa[ninw],fa[self]-fa_pre[self])
25:     count[ninw]=count[self]+1
26: if(fd[self]==64)then atomicAdd(&fa[nin],fa[self]-fa_pre[self])
```

```
27:     count[nin]=count[self]＋1
28: if(fd[self]==128)then atomicAdd(&fa[nine],fa[self]-fa_pre[self])
29:     count[nine]=count[self]＋1
30:     atomicAdd(dev_countx,1)
31:     fa_pre[self]=fatra
32: end if
```

5.4.3 实验结果及分析

选择武汉地区一景 30 m 分辨率的 SRTM DEM 数据（图 5.13）裁剪，获得格网尺度分别为 100×100、500×500、1 000×1 000、2 000×2 000、3 000×3 000、3 601×3 601 的 DEM。表 5.2 为实验环境的参数信息。

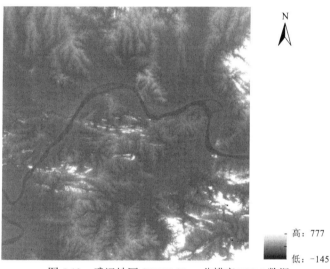

图 5.13 武汉地区 SRTM 30 m 分辨率 DEM 数据

表 5.2 实验环境的基本配置信息

软硬件配置项目	实际配置信息
处理器（CPU）型号	Intel Core i5-6200U@2.3GHz
主机内存/GB	8
硬盘/GB	500
显卡（GPU）型号	NVIDIA GeForce 940MX@1.08GHz
显卡内存/GB	6
流处理器数量	384
操作系统	64 位 Windows 10
CUDA 计算平台	CUDA 10.0
IDE 环境	Visual Studio 2013

在 ArcGIS 10.2 中生成 6 个不同格网尺度的 DEM 数据的流向矩阵，用串行程序和并行程序分别处理 6 组数据，获得数据处理时间。串行和并行河网提取过程在不同格网大小下的时间消耗（均不含输入输出数据的准备时间）如表 5.3 所示。河网提取并行算法在不同格网大小下的加速比如表 5.4 所示。

表 5.3　基于 SRTM 30 m DEM 不同网格大小下河网提取串并行算法的执行时间　（单位：ms）

参数	格网大小					
	100×100	500×500	1 000×1 000	2 000×2 000	3 000×3 000	3 601×3 601
$T_{cpu\_compute}$	47	4 796	34 780	291 192	1 061 922	1 789 119
$T_{gpu\_compute}$	36.18	444.79	2 506.3	18 315.84	64 879.18	108 207.08

表 5.4　基于 SRTM 30 m DEM 河网提取并行算法在不同格网大小下的加速比

参数	格网大小					
	100×100	500×500	1 000×1 000	2 000×2 000	3 000×3 000	3 601×3 601
加速比	1.30	10.78	13.88	15.90	16.37	16.53

5.5　应用 2：基于 CUDA 的 Bellman-Ford 最短路径搜索

5.5.1　Bellman-Ford 最短路径算法

单源最短路径（single-source shortest path，SSSP）问题随着学科交叉已经成为众多行业领域的一个关键技术问题。在诸如计算机科学、计算机网络与通信、智能交通系统、地理信息系统、控制与决策、交通规划及工程技术等众多领域，大量的具体行业问题都可以形式化为特定的网络模型，需要反复求解最短路径，因此 SSSP 问题引起了众多学者的广泛研究。

SSSP 问题是图论中的一个经典问题，也是最基本的组合优化问题之一。SSSP 问题的目标是计算图中给定源结点与其他各结点间长度最短的路径，定义为：给定一个具有权值映射关系 w：$E{\rightarrow}R$ 的图 $G{=}(V,E)$，从顶点 s 到顶点 t 的最短路径为所有从 s 到 t 路径中权值最小的路径，即 $\delta(s,t){=}\min\{w(p)$：p 是从 s 到 t 的路径$\}$。

近年来爆炸式的数据增长对算法的效率提出了更高的要求。虽然以往的经典算法、计算机数据结构和图论相结合取得了较快发展，高效的串行算法也依然在出现，但通常的串行最短路径算法，几乎已经到达了理论上的时间复杂度极限，传统串行算法不再能够高效解决 SSSP 问题。因此，单源最短路径问题求解从传统的串行化道路走上了更加高效的并行化道路。本节选取单源最短路径算法中的 Bellman-Ford 算法，介绍如何利用 GPU 实现快速的并行解算。

Bellman-Ford 算法由 Bellman、Ford 创立，和 Dijkstra 算法同属于求解单源最短路径问题的经典算法。由于 Bellman-Ford 算法时间复杂度太高，达到了 $O(VE)$，Bellman-Ford 算法的知名度和被掌握程度不及前者。但相对于 Dijkstra 算法，Bellman-Ford 算法实现更简单，且可求解存在负权边的问题，因此其适用范围更为广泛（Busato et al.，2016；Swathika et al.，2016）。

Bellman-Ford 算法的基本原理是对图进行 $V-1$ 次松弛操作，从而得到所有可能的最短路径，其详细流程如下。

步骤 1：初始化。将除源点 s 外，所有顶点 v 到 s 的最短距离设为无穷大，而源节点本身则设为零，即 $d[v] \leftarrow +\infty$，$d[s] \leftarrow 0$。

步骤 2：迭代求解。反复对边集 E 中的每条边进行松弛操作，使得顶点集 V 中的每个顶点 V_i 到源点 s 的最短距离估计值逐步逼近其最短距离。

步骤 3：检验负权回路。判断边集 E 中的每一条边的两个端点是否收敛。如果存在未收敛的顶点，则算法返回 false，说明问题无解；否则算法返回 true，并且从源点 s 到顶点 t 的最短距离保存在 $d[V]$ 中。

Bellman-Ford 算法的重点在于松弛操作。本质上，算法的迭代松弛是按顶点距离 s 的层次，逐层生成一棵最短路径树的过程。在对每条边进行 1 遍松弛的时候，找到了从 s 出发，与 s 至多有 1 条边相联的所有顶点的最短路径；而对每条边进行第 2 遍松弛的时候，就是找到了经过 2 条边相连的那些顶点的最短路径。因为最短路径最多只包含 $V-1$ 条边，这是由于图的任意一条最短路径一定不包含负权回路或者正权回路，因此极限情况下最多需要循环 $V-1$ 次。每实施一次松弛操作，最短路径树上就会有一层顶点达到其最短距离，此后这层顶点的最短距离值就会一直保持不变，不再受后续松弛操作的影响。

5.5.2　基于 CUDA 的 Bellman-Ford 最短路径搜索

由以上分析可知，Bellman-Ford 算法的效率瓶颈就在于其效率低下的松弛操作，如果能在这一步成功引入并行化的方法，把迭代松弛转化为 GPU 擅长的矩阵运算，将有效提高算法的执行效率，伪代码如下所示。

首先，将边集 E 存入矩阵 W，其中元素 w_{ij} 表示顶点 v_i 到 v_j 的距离，而顶点到源节点的最短距离存储在数组 $d[V]$ 中，其中 $d[i]$ 表示顶点 v_i 到源节点 s 的最短距离。从而，Bellman-Ford 算法的松弛函数改成矩阵运算，即 $d[i] = \min(d[j] + w_{ij})$。假设图中不包含负权回路，则 Kernel 函数的设计伪代码如下所示。Kernel 函数本质上是对每个顶点到源节点的最短距离进行计算和更新，通过线程配置保证大规模线程对多个顶点进行并行松弛操作。多次调用 Kernel 函数直至所有顶点到源节点的最短距离都得到更新，则源节点 s 到目标节点 t 的最短距离包含在 $d[V]$ 中。

算法：基于 CUDA 的 Bellman-Ford 最短路径搜索

```
1:  __global__ void Bellman-Ford(W,d[V])
2:  {
3:      int i=threadIDx.x;
4:      if d[i]>d[j] +w_{ij} do
5:          d[i]=d[j]+w_{ij};
```

```
6: }
7: int main( )
8: {
9:     for i=1 to V do
10:         Bellman-Ford <<<1,V-1>>>(W,d[V]);
11:         if every vertex in d[V] is updated then
12:             break;
13:     return 0;
14: }
```

5.5.3 实验结果及分析

为对并行 Bellman-Ford 算法的性能进行评价，本节以 NVIDIA GeForce GT 650M 为实验平台进行实验。实验数据选取美国部分地区的交通路网数据（9th DIMACS Implementation Challenge：Shortest Paths），如表 5.5 所示。实验配置环境如表 5.6 所示。

表 5.5 美国部分地区的交通路网数据

图名	节点数（V）	边数（E）	E/V
NY	264 346	733 846	2.77
BAY	321 270	800 172	2.49
COL	435 666	1 057 066	2.43
FLA	1 070 376	2 712 798	2.53
NW	1 207 945	2 840 208	2.35
NE	1 524 453	3 897 636	2.56
CAL	1 890 815	4 657 742	2.46
LKS	2 758 119	6 885 658	2.50
E	3 598 623	8 778 114	2.44
W	6 262 104	1 5248 146	2.43
CTR	14 081 816	3 4292 496	2.44

表 5.6 实验环境的基本配置信息

软硬件配置项目	实际配置信息
处理器（CPU）型号	Intel（R）Core（TM）i7-3630QM
主机内存	2×4 GB DDR3 1 600 MHz
硬盘/GB	500
显卡（GPU）型号	NVIDIA GeForce GT 650M
显卡内存/GB	1
操作系统	Windows 7 Ultimate（64 bit）
CUDA 计算平台	CUDA 5.0
IDE 环境	Visual Studio 2010 Ultimate

表 5.5 中数据的边数与节点数的比值平均不超过 3，说明实验数据偏稀疏。故而，用于存储节点间距离的矩阵 **W** 中存在大量零元素，即该矩阵为稀疏矩阵。为了节省存储空间并进一步优化迭代松弛过程，本节采用 CSR 稀疏矩阵表示法存储矩阵 **W**。实验结果如表 5.7 所示，随着数据规模的增大，基于 GPU 的并行 Bellman-Ford 算法相比串行算法取得的加速比越高，尤其在选取图 CTR 进行实验时，其加速比达到 8.5。由此可见，GPU 擅长处理大规模数据并行任务，特别在数据规模较大时其优势更加明显。

表 5.7　实验结果与加速比

图名	串行 Bellman-Ford（T1）	并行 Bellman-Ford（T2）	加速比（T1/T2）
NY	4.787	1.951	2.5
BAY	6.034	1.713	3.5
COL	10.937	3.743	2.9
FLA	44.680	14.155	3.2
NW	69.521	15.670	4.4
NE	59.825	13.633	4.4
CAL	132.474	29.184	4.5
LKS	250.237	66.494	3.8
E	273.105	64.326	4.2
W	491.79	100.296	4.9
CTR	4 110.38	481.269	8.5

参 考 文 献

李勇, 2007. 基于 GPU 的实时红外图像生成方法研究. 西安: 西安电子科技大学.

刘国峰, 刘钦, 李博, 等, 2009. 油气勘探地震资料处理 GPU/CPU 协同并行计算. 地球物理学进展, 24(5): 1671-1678.

刘国峰, 刘洪, 李博, 等, 2009. 山地地震资料叠前时间偏移方法及其 GPU 实现. 地球物理学报, 52(12): 3101-3108.

刘金硕, 刘天晓, 吴慧, 2013. 从图形处理器到基于 GPU 的通用计算. 武汉大学学报(理学版), 59(2): 198-206.

吴恩华, 柳有权, 2004. 基于图形处理器(GPU)的通用计算. 计算机辅助设计与图形学学报, 16(5): 601-612.

BAYOUMI A, CHU M, HANAFY Y, et al., 2009. Scientific and engineering computing using ATI stream technology. Computing in Science & Engineering, 11(6): 92-97.

BELL N, GARLAND M, 2009. Implementing sparse matrix-vector multiplication on throughput-oriented processors. Proceedings of the Conference on High Performance Computing Networking, Storage and Analysis, Portland, Oregon: 1-11.

BOLZ J, FARMER I, GRINSPUN E, et al., 2003. Sparse matrix solvers on the GPU: Conjugate gradients and multigrid. ACM Transactions on Graphics (TOG), 22(3): 917-924.

BUSATO F, BOMBIERI N, 2016. An efficient implementation of the Bellman-Ford algorithm for Kepler GPU architecture. IEEE Transactions on Parallel & Distributed Systems, 27(8): 2222-2233.

GOVINDARAJU N K, LLOYD B, WANG W, et al., 2005. Fast computation of database operations using graphics processors. ACM SIGGRAPH 2005 Courses: 206-es.

GOVINDARAJU N K, LLOYD B, DOTSENKO Y, et al., 2008. High performance discrete Fourier transforms on graphics processors. SC'08: Proceedings of the 2008 ACM/IEEE Conference on Supercomputing, Austin, Texas: 1-12.

LINDHOLM E, NICKOLLS J, OBERMAN S, et al., 2008. NVIDIA Tesla: A unified graphics and computing architecture. IEEE Micro, 28(2): 39-55.

LIU Z, HUANG Y, WANG L, et al., 2008. Application of GPU based on brook. Journal of Information Engineering University: 1.

MICHALAKES J, VACHHARAJANI M, 2008. GPU acceleration of numerical weather prediction. Parallel Processing Letters, 18(4): 531-548.

NUKADA A, OGATA Y, ENDO T, et al., 2008. Bandwidth intensive 3-D FFT kernel for GPUs using CUDA. SC'08: Proceedings of the 2008 ACM/IEEE Conference on Supercomputing, Austin, Texas: 1-11.

OWENS J D, LUEBKE D, GOVINDARAJU N, et al., 2007. A survey of general‐purpose computation on graphics hardware. Oxford: Blackwell Publishing Ltd, 26(1): 80-113.

PAPAKIPOS M, 2007. The PeakStream platform: High-productivity software development for multi-core processors. PeakStream Corp, Whitepaper.

RYOO S, RODRIGUES C I, STONE S S, et al., 2008. Program optimization space pruning for a multithreaded CPU. Proceedings of the 6th Annual IEEE/ACM International Symposium on Code Generation and Optimization, Boston, MA: 195-204.

STONE J E, PHILLIPS J C, FREDDOLINO P L, et al., 2007. Accelerating molecular modeling applications with graphics processors. Journal of Computational Chemistry, 28(16): 2618-2640.

SU C L, CHEN P Y, LAN C C, et al., 2012. Overview and comparison of OpenCL and CUDA technology for GPGPU. 2012 IEEE Asia Pacific Conference on Circuits and Systems, Kaohsiung, Taiwan: 448-451.

SWATHIKA O V G, HEMAMALINI S, MISHRA S, et al., 2016. Shortest path identification in reconfigurable microgrid using hybrid bellman Ford-Dijkstra's Algorithm. Advanced Science Letters, 22(10): 2932-2935.

YANG Z, ZHU Y, PU Y, 2008. Parallel image processing based on CUDA. 2008 International Conference on Computer Science and Software Engineering, Wuhan. 3: 198-201.

ZELLER C, 2011. Cuda c/c++ basics. Supercomputing 2011 Tutorial, NVIDIA Coporation.

第6章 时空大数据分布式存储与管理

6.1 云计算概述

6.1.1 云计算的定义

云计算（cloud computing）可以追溯到 20 世纪 60～70 年代提出的"效用计算"，效用计算是计算机科学家 John McCarthy 在 1961 年提出的。效用计算（utility computing）是一种提供服务的模型，简单来说就是利用互联网资源来实现企业用户的数据处理、存储和应用等问题，企业无需组建自己的数据中心，而将更多的资源放在自身的业务发展上，改变传统软件侧重于离线应用的局面。云计算正是效用计算理念发展的进一步延伸。随着 20 世纪末计算机网络及互联网的普及，普通民众已经开始使用各种基于 Internet 的计算应用，如搜索引擎、电子邮件、新闻门户、视频服务、社交媒体等。这些互联网应用，以用户为中心，远程提供服务，形成了云计算的基础。2006 年，云计算这一术语才出现在商业领域，进而 Amazon 推出其弹性计算云 Elastic Compute Cloud（EC2）服务，使得企业通过租赁计算容量和处理能力来运行其企业应用程序。

云计算是继网格计算之后的一个新的 IT 技术热点，它通过利用互联网上大量未充分利用的分布式计算机来代替本地计算机或远程服务器帮助用户完成大量计算任务，为用户节省了大量时间和设备维护成本。云计算是大量传统计算机技术，如并行计算、虚拟化、网格计算、分布式技术、负载均衡等，与网络技术的共同融合发展的结果。Globus 项目的领导人、号称"网格之父"的美国 Argonne 国家实验室资深科学家 Ian Foster 将云计算定义为："云计算是在规模经济的驱动下发展的一种大规模分布式计算聚合体，为互联网上的外部用户提供一组抽象、虚拟化、动态扩展和可管理的计算资源、存储能力、平台和服务"（Foster et al.，2008）。在维基百科中，云计算的定义是："云计算是一种基于网络的计算形式，在这种计算中，计算机和其他设备可以根据需要提供共享的硬件、软件资源和信息[①]。在 IBM 的云计算技术白皮书中，云计算定义为："云计算的术语用于描述系统平台和应用程序类型。基于云的平台将根据需要动态地部署、配置、重新配置、取消供应服务等"。美国国家标准和技术研究院（National Institute of Standards and Technology，NIST），最终给出了云计算的标准定义为："云计算是一种可以通过网络以方便、按需支付的方式访问计算资源（包括网络、服务器、存储、应用和服务等资源），提高模型的可用性。这些计算资源来自一个可共享的、可配置的资源池，并且能够在最省力及无人干涉的条件下获得和释放这些资源"（Bohn，2011）。

---

① Wikipedia，2020. Cloud computing. https：//en.wikipedia.org/wiki/Cloud computing.

6.1.2 云计算的特征

云计算的基本架构由一系列被虚拟化的计算机资源组成，这些资源可动态升级。利用云计算，用户无须掌握底层技术和维护系统，只要通过网络就可以访问这些资源。在 NIST 的定义模式里，云计算的特征可用 5 个关键功能、4 种部署方式和 3 种服务模式来概括。其中，5 个关键功能如下所示。

（1）按需自助服务（on demand self-service）：消费者可以很容易地按需获取服务器时间、网络存储等计算资源，从而避免与服务提供商进行交互。

（2）广泛的网络访问（broad network access）：服务可以通过多种网络通道以统一的标准机制（如基于 Web 的、相同 API 等）来获取，但客户端可以是瘦客户端或胖客户端（如手机、笔记本电脑、PDA 等）。

（3）动态资源池（resource pooling）：云计算将供应商的计算资源集成到一个动态资源池中，在多租户模式下为所有客户服务。根据客户需求动态分配不同的物理和虚拟资源。服务提供者需要实现资源的位置独立性。通常，客户不需要知道所使用资源的确切地理位置，但是他们可以在需要时指定资源位置的需求（比如哪个国家，哪个数据中心等）。

（4）快速可伸缩性（rapid elasticity）：可以快速、灵活地提供服务、快速扩展和快速发布，也可以快速释放空间实现资源的缩小。对客户来说，可以租用的资源近乎是无限的，任何时间都可以购买任意数量的资源。

（5）可计量的服务（measured service）：服务费用可以按使用次数，也可以通过时长计量。系统根据不同的服务需求，如 CPU 时间、存储空间、带宽、甚至用户帐户利用率对资源的使用和定价进行度量，以提高资源管理能力，促进最优利用。整个系统资源可以被透明地监视并报告给服务提供者和使用者。

NIST 云计算定义中的 4 种部署方式如下所示。

（1）公有云（public cloud）：公有云服务可通过网络及第三方服务提供商向公众提供使用，"公有"并不一定代表"免费"。同时，公有云并不意味着任何人都可以查看用户数据，公共云提供商通常对用户强加访问控制机制。

（2）私有云（private cloud）：与公有云相反，私有云服务中，数据和程序是在组织内部管理的，私有云服务不受网络带宽、安全问题和监管限制的影响。私有云同时具备公有云环境的若干优点，例如提供具有弹性和适应性的服务。此外，私有云服务为提供商和用户提供了对云基础设施的更多控制，并提高了安全性和弹性，因为用户和网络都受到特殊的约束。

（3）社区云（community cloud）：社区云由许多具有类似利益的组织控制和使用，例如特定的安全需求、公共目的等。社区成员共享云数据和应用程序的使用。

（4）混合云（hybrid cloud）：混合云是公有云和私有云的结合，在此模型中，用户通常将非企业关键信息外包到公共云上处理，但同时控制企业关键服务和数据。

NIST 云计算定义中的 3 种服务模式如下所示。

（1）基础架构即服务（IaaS）：为客户提供处理、存储、网络及其他基础计算资源，客户可以在此基础上运行任意软件，包括操作系统和应用程序等。用户不必管理或者控制底层的云基础架构，就可控制操作系统、存储、发布应用程序，并可能对选定的网络组件（如防火墙）进行有限的控制。

（2）平台即服务（PaaS）：平台即服务提供了一个基于云的环境，它支持在云计算应用程序的整个生命周期中构建和交付所需的一切，同时避免了购买和管理基础软硬件、配置和托管的复杂性。客户使用云供应商支持的开发语言和工具开发应用程序，并将它们发布到云基础架构上。同理，客户无须管底层的云基础架构，就能控制分发应用程序和应用程序运行环境的可能配置。

（3）软件即服务（SaaS）：软件即服务提供了运行在云基础架构上的由供应商提供的应用程序软件。这些应用程序可以通过各种客户端设备，通过 WEB 浏览器之类的瘦客户端接口（例如，基于 WEB 的电子邮件）来访问。由于用户不参与底层程序，在可能出现的异常情况下，这会限制用户可配置的应用程序设置。

6.1.3 主流云计算平台及产品

目前，市场上的主流云计算平台和云数据库厂商包括 Amazon、Google、Microsoft，国内的包括阿里、百度、腾讯等（马友忠 等，2015）。这里简要介绍国外三家代表性公司的云服务产品。

1. Amazon Web Service（AWS）

Amazon Web Service 是亚马逊公司旗下云计算服务平台，可提供灵活、可靠、可扩展、易于使用且具有成本效益的云计算解决方案。Amazon Web Services 的核心服务包括以下几类。

（1）计算服务：Amazon Elastic Compute Cloud（EC2）、Elastic MapReduce、Elastic Load Balancing（ELB）和 Auto Scaling（AS）。EC2 是一种弹性云计算服务，可为用户提供弹性可变的计算容量，通常用户可以创建和管理多个虚拟机，在虚拟机上部署自己的业务，虚拟机的计算能力（CPU、内存等）可以根据业务需求随时调整。

（2）存储服务：Amazon Elastic Block Store（EBS）、Amazon Simple Storage Service（S3）。S3 是一种网络存储服务，可为用户提供持久性、高可用性的存储。用户可以将本地存储迁移到 Amazon S3，利用 Amazon S3 的扩展性和按使用付费的优势，应对业务规模扩大而增加的存储需求，使网络计算更易于开发。

（3）数据库服务：Amazon Dynamo 和 Amazon Relational Database Service（RDS）。Dynamo 和 RDS 是 Amazon 的云数据库产品，分别用于管理非关系数据和关系型数据。

（4）网络服务：Amazon Virtual Private Cloud（VPC）；应用服务：Simple Queue Service（SQS）和 Simple Notification Service（SNS）。

2. Google Cloud Platform（GCP）

Google 于 2011 年推出了 Google Cloud Platform（GCP）。GCP 是计算资源的提供者，用于在网络上部署和操作应用程序。它的特点是为个人和企业提供构建和运行软件的场所，并且它使用 Web 连接到该软件的用户。利用 Google 的基础架构，为用户提供智能、安全和高度灵活的服务。GCP 的核心服务包括 4 类。①计算服务：Google Compute Engine、Google

App Engine；②存储服务：Google Cloud Storage；③网络服务：Google Virtual Private Cloud；④数据库服务：Google Cloud SQL、Google Firestore、Google Cloud Bigtable，Google Cloud SQL 是谷歌公司推出的基于 MySQL 的云数据库，可与 Google App Engine 计算服务相集成，Google Cloud Bigtable 是谷歌公司 Bigtable 技术的云服务产品。

3. Microsoft Azure

Microsoft Azure 是微软的公用云端服务（public cloud service）平台，是微软在线服务（Microsoft online services）的一部分，自 2008 年开始发展，2010 年 2 月份正式推出，目前全球有 54 座数据中心及 44 个 CDN 跳跃点，并且于 2015 年时被 Gartner 列为云计算的领先者。Microsoft Azure 现已包含 30 余种服务，以及数百项功能，针对云及物联网与大数据等所需要的各类型服务提供。Azure 的核心服务包括 5 类。①计算服务：Virtual Machine（VM）、Azure Application Services、Azure Kubernetes Service（AKS）；②存储服务：Azure Search、Azure Redis Cache、Azure Cosmos DB；③网络服务：Azure 虚拟网络（VNet）；④分析服务：Azure Event Hub、Azure HD Insights、Azure Data Lake；⑤数据库服务：SQL Azure。微软的 SQL Azure 是微软基于 SQL Server 在 Azure 部署的关系型数据库服务。

6.2　分布式文件系统

6.2.1　分布式文件系统概述

文件系统是操作系统的重要组成部分，通过对操作系统管理的存储空间进行抽象，屏蔽对物理设备的直接操作和资源管理，为用户提供统一的、对象化的访问接口。而分布式文件系统是指将多个独立节点提供或共享的存储资源通过网络串联起来，从而形成整体统一的、支持多用户并发访问的文件系统（White，2009）。分布式文件系统多基于客户机/服务器模式。

相较本地文件系统，分布式文件系统具有以下显著特征。

（1）一致性。虽然每个存储节点都是独立的，彼此通过网络进行节点间通信和数据传输，但用户在使用分布式文件系统时，无须关心数据文件是存储在哪个节点上，只需要通过统一入口，像使用本地文件系统一样管理和存储文件系统中的文件。

（2）高性能。分布式文件系统基于多个独立节点提供或共享的存储资源构建，因而可以支持高并发、高吞吐的文件读写操作，性能大大优于单机提供的本地文件系统。同时，分布式文件系统通过多个节点较易实现负载均衡，有效应对冷热数据读写问题。

（3）安全性。分布式文件系统多采用分块策略将用户数据文件拆分到不同节点上冗余存储，当节点分块数据损坏，可以从其他节点的冗余分块数据进行恢复，从而大大提升文件系统的安全性。而且分布式文件系统还在重要节点采用热备份机制，节点的故障不会影响系统整体的正常运行。

（4）高可扩展性。分布式文件系统通过网络将独立存储节点连接在一起协同工作，对外提供统一文件服务。节点松散耦合工作模式具有非常高的可扩展性，可以适应不同的硬件环境，而且在具体场景下，随着用户文件数量的增加，系统可以自由添加存储节点，快速扩展文件系统存储容量。

6.2.2 典型分布式文件系统

典型的分布式文件系统包括 Lustre、GFS、HDFS、Ceph、FastDFS 等，各自有其适用的领域。

1. Lustre

Lustre 分布式文件系统是第一个基于对象存储设备的并行文件系统。Lustre 名称来自 Linux 和 Cluster 的复合。它起源于卡内基梅隆大学的 Coda 项目，该项目在 2003 年 12 月发布了 Lustre 1.0 版本。Lustre 在高性能计算领域应用很广泛，世界十大超级计算中心中的一半（包括 2020 年 6 月 Top500 排名第一的日本富岳），以及全球 Top100 超级计算机中超过 60% 都在使用 Lustre。Lustre 可以支持上万个节点、数以 PB 的海量存储系统。

Lustre 文件系统包括三种主要功能单元，元数据服务器（metadata servers，MDS）、对象存储服务器（object storage servers，OSS）、客户机（clients）。MDS 负责管理文件系统的目录结构、文件权限和文件的扩展属性，以及维护整个文件系统的数据一致性和响应客户机的请求。一个 Lustre 文件系统通常拥有两个元数据服务器（active 和 standby），一个元数据服务器则拥有若干元数据目标（metadata targets，MDT）。OSS 将文件数据存储于一个或多个对象存储目标（object storage targets，OST）中。客户机通过网络读取服务器中的数据。

2. Google File System（GFS）& Hadoop Distributed File System（HDFS）

Google File System（GFS）是 Google 公司为了满足内部迅速增长的数据处理需求而设计的一个分布式文件系统。GFS 的设计理念基于三个假设：其一是大规模集群系统，节点失效是常态事件，而不是意外事件；其二，待处理的数据量都是特别大，TB 或者 PB 级别，而不是数十亿 kB 大小的小文件；最后，面临的应用场景以读取为主，即一次写多次读，而且数据更新以顺序追加（append）为主，而不是随机写（update）。

正是基于上述假设，GFS 架构简单清晰，主要部件包括一个 Master 和 n 个 Chunkserver，存储的大文件被切分成若干个 Chunk 分配到 Chunkserver。GFS 部署在廉价的普通硬件上，提供强大的备份容错能力，保证了服务的稳定性与高可用性。GFS Client 可以直接与 Chunkserver 连接，支持高吞吐的读写操作。

因为 GFS 作为 Google 公司私有产品无法开源，Hadoop 分布式文件系统参考 GFS 思想，同样设计成适合部署在低廉硬件上的分布式文件系统，为 Hadoop 分布式计算提供存储服务。

3. Ceph

Ceph 项目起源于 2004 年 Sage Weil 在 University of California at Santa Cruz（UCSC）攻读博士期间的研究工作。经过了数年的发展之后，目前已得到众多云计算厂商的支持并被广泛应用。Ceph 不仅仅是一个分布式文件系统，而是更接近一个带有企业级特性的存储生态系统。它独一无二地在一个统一系统中同时提供了对象、块和文件存储功能，其块存储使用 Ceph RBD，对象存储使用 Ceph RGW，以及文件存储使用 CephFS。CephFS、RBD、RGW 三者的核心都依赖可靠自动分布式对象存储（reliable autonomic distributed object store，RADOS），这个分布式对象存储模块提供数据定位、数据多副本、数据一致及数据恢复等核心功能。

4. FastDFS

FastDFS 是国人余庆开发的一款轻量级分布式文件系统。FastDFS 用 C 语言实现，支持 Linux、FreeBSD、MacOS 等系统。FastDFS 属于应用级文件系统，不是通用的文件系统，只能通过专有 API 访问，目前提供了 C 和 Java SDK，以及 PHP 扩展 SDK。FastDFS 为互联网应用量身定做，解决大容量文件存储问题，追求高性能和高扩展性。FastDFS 可以看做是基于文件的 key value 存储系统，key 为文件 ID，value 为文件内容，因此称作分布式文件存储服务更为合适。FastDFS 特别适合以文件为载体的在线服务，如图片、视频、文档等。

6.2.3　HDFS 简介

HDFS 借鉴了 Google GFS 的设计思想，面向大数据分析与应用场景，主要适用于 Hadoop 大数据生态。HDFS 设计成适合运行在低廉通用硬件（commodity hardware）上的分布式文件系统，具备高容错性，同时 HDFS 通过放宽 POSIX 要求，提供高吞吐能力和流式访问能力。

HDFS 采用了主从（Master/Slave）结构，一个 HDFS 集群是由一个 NameNode 和若干个 DataNode 组成。NameNode 是一个中央服务器，类似于数据节点的管家，负责管理文件系统的命名空间（Namespace）及客户端对文件的访问。NameNode 具有两个核心数据结构 FsImage 和 EditLog。其中，FsImage 用于维护文件系统树及文件树中所有文件和文件夹的元数据，EditLog 记录所有针对文件的增、删、改等操作，便于节点宕机后的恢复。集群中的 DataNode 负责它所在节点上的数据存储和管理。

HDFS 还包含第二名称节点（secondary NameNode）。随着数据库中数据的不断更新，名称节点中的 EditLog 文件也逐渐增大，使得 NameNode 重启严重变慢。为了解决这一问题，HDFS 采用"第二名称节点"。它可以完成 EditLog 与 FsImage 的合并，以减小 EditLog 的大小，缩减重启耗时。同时，它也作为 NameNode 的"检查点"，保存 NameNode 中的元数据信息。

与 GFS 类似，为了提高磁盘读写效率，HDFS 同样以块作为单位。Hadoop2.7.3 版本之后，块的默认大小为 128 MB，在 HDFS 中的文件会被拆分成多个块，每个块作为独立的单元存储。如图 6.1 所示，从系统内部来看，当一个文件写入 HDFS 时，首先会按照文件大小被分成一个或多个数据块，这些块存储在一组数据节点上。名称节点执行文件系统的命名空间操作，比如打开、关闭、重命名文件或目录。同时，名称节点也负责确定数据块到具体数据节点的映射。数据节点接收由客户端发出的读写文件系统的请求，并且在名称节点的统一调度下进行数据块的创建、删除和复制。

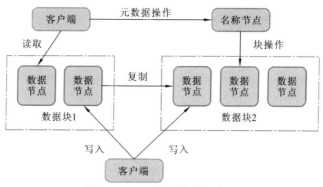

图 6.1　HDFS 体系结构示意图

　　HDFS 在具备分布式文件系统的优点的同时，自身也具有一些应用局限性，主要包括以下几点。

　　（1）不适合低延迟的数据访问。HDFS 设计目的在于解决大规模数据的高效批量处理问题，虽然具有较高的数据吞吐率，但这通常也会产生较长的延迟。因此，HDFS 不适合用在需要较低延迟（例如数十毫秒）的应用场合。

　　（2）无法高效存储大量小文件。当文件小于设置的文件数据分块大小（默认为 128 MB）的时候，称其为小文件。HDFS 不能有效地存储和处理大量的小文件，过多的小文件会导致系统可伸缩性和性能受限。这是因为，HDFS 使用 NameNode 来管理存储在内存中的文件系统的元数据，从而允许客户端快速检索文件的实际位置。而对于千万级的小文件，NameNode 会消耗大量内存空间来保存元数据，同时增加元数据检索时间。此外，用 MapReduce 处理大量小文件时，会产生过多的 Map 任务，线程管理开销极大；同时，大量小文件访问需要不断在数据节点之间跳跃，严重影响读取性能。

　　（3）不支持多用户写入和任意修改文件。由于 HDFS 要求一个文件只能有一个写入者，不允许多个用户对同一个文件执行写操作，而且只能按顺序对文件执行追加操作，不能执行随机写操作。

6.3　分布式 NoSQL 数据库

6.3.1　分布式 NoSQL 数据库概述

1. 分布式数据库与 CAP 理论

　　在 20 世纪 70 年代中期，随着计算机网络技术和数字通信技术的飞速发展，卫星通信、计算机局域网等新技术的出现与计算机软硬件环境的改变，分布式数据库技术成为可能。与此同时，人们逐渐意识到集中式数据库的局限性。为了满足不断扩展的数据库应用需求，国际学者们开始了对分布式数据库系统（distributed database system，DDBS）的研究。1979年，世界上第一个分布式数据库系统 SDD-1 诞生，该系统由美国计算机公司（compute corporation of America，CCA）设计。80 年代，分布式数据库系统进入成长阶段，90 年代分布式数据库系统进入商品化应用阶段，现在分布式数据库系统已有 40 年的发展历史，取得了长足的进步。一些商品化的数据库系统产品，例如 Oracle、Ingres、Sybase、Informix、IBM DB2 等，都在一定程度上提供了对分布式的支持。

分布式数据库（distributed database，DDB）是通过计算机网络将物理上分散的多个数据库单元连接起来组成的一个逻辑上统一的数据库。通俗地说，分布式数据库是物理上分散而逻辑上集中的数据库系统，是计算机网络与数据库系统的有机结合。每个被连接起来的数据库单元称为站点或节点。与集中式数据库类似，分布式数据库系统由分布式数据库和分布式数据库管理系统（distributed database management system，DDBMS）组成，分布式数据库节点通过 DDBMS 来统一管理。

为了能在系统故障时做出最好的决策，分布式数据库需要权衡系统的一致性和可用性，严格遵循 CAP 定理。CAP 定理是 Eric Brewer 在 2000 年首次提出的，它表明任何分布式系统最多只能同时满足三个属性中的两个，分别是：一致性（consistency）、高可用性（availablity）和分区容错性（partition-torlerance）。其中，一致性是指多个客户端从多个分区读取相同的内容并获得一致的结果。高可用性是指系统一直能正常访问数据库系统并得到正确的响应。分区容错性是指某个节点或者网络分区出现故障时，整个系统仍然能对外提供满足一致性和可用性的服务。通常，一个分布式系统会在 CP 和 AP 中做出选择，因为分区容错性是分布式系统扩展的基础，如果放弃分区容错性，则违背了分布式设计的初衷。

CAP 定理可以帮助指导组织内部数据库选型的讨论并确定属性的优先级。如果同时需要严格的一致性和高可用性，则更快的处理器可能是最好的选择。如果需要分布式数据库提供的扩展能力，则需要基于需求在可用性和一致性之间做出选择。CAP 理论为之后出现的 NoSQL 数据库及其 BASE 原则提供了理论基础。

2. NoSQL 数据库与 BASE 原则

随着分布式数据库技术的发展，运用分布式关系型数据库管理系统，数据量大的问题被有效解决，而面对海量半结构化和非结构化的数据，例如 GIS 领域的时空大数据，利用关系数据库并不能很好地处理。关系数据库在一些数据敏感的应用中表现了糟糕的性能，例如为巨量文档创建索引、高流量网站的网页服务，以及发送流式媒体（Agrawal，2008）。为了弥补关系数据库的缺陷，NoSQL 应运而生。

NoSQL（not only SQL）是对不同于传统关系数据库的数据库管理系统的统称。NoSQL 这个术语首次出现在 1998 年，它是 Carlo Strozzi 开发的一个轻量、开源、不提供 SQL 功能的关系数据库。2009 年这个概念在一次关于分布式开源数据库的讨论中被再次提出，此时的 NoSQL 是指非关系型的、分布式的、不提供 ACID 的数据库设计模式。同年在亚特兰大举行的 "no:sql(east)" 讨论会是一个里程碑，其中将 NoSQL 解释为"非关联的"，也称为"非关系型数据库"，这种解释被沿用至今。

关系型数据库中的事务严格遵守 ACID 原则，ACID 是指原子性（atomicity）、一致性（consistency）、隔离性（isolation）和持久性（durability）。关系数据库正因为处理 ACID 的规则而显得格外复杂，代价昂贵。而 NoSQL 与此不同，它遵循另一套事务控制原则，即 BASE 原则。BASE 原则是对 CAP 中一致性和可用性权衡的结果，是基于 CAP 定理逐步演化而来的，其核心思想是即使无法做到强一致性，但每个应用都可以根据自身的业务特点，采用适当的方式来使系统达到最终一致性。

BASE 原则是基本可用性（basically available）、软状态（soft state）和最终一致性（eventually consistent）的统称。其中，基本可用是指在节点发生宕机时，允许系统暂时不一致，保证核心功能可用，例如相应时间上的损失或部分查询的失效。软状态是指为了降低消耗的资源，可以暂时允许系统中的数据存在中间状态，并认为该中间状态的存在不会影响系统的整体可用性，换言之，系统允许在不同的数据副本之间进行数据同步的过程存在延时。最终一致性是指在所有服务逻辑执行完毕后，系统最终会回到一致的状态。与关系数据库关注一致性不同，BASE 原则更关注可用性，它的首要目标是保证所有新数据能被存储，即使可能存在不同步的风险。这样设计是因为在分布式的环境中，当管理的数据超过了当前系统能管理的规模，则需要采取数据库分片来保证新系统运行并减少宕机时间，这时事务的一致性则无法完全保证。采用 BASE 原则同时能降低数据库开发和维护的成本，使其相对于关系数据库而言，更加灵活和高效。

3. NoSQL 数据库的特点与种类

与关系数据库相比，NoSQL 具有更灵活的水平可扩展性，可以支持海量数据存储。NoSQL 的出现一方面弥补了关系型数据库在当前商业应用中的各种缺陷，另一方面也撼动了关系数据库的传统垄断地位，为数据库管理系统提供了新的选择。当应用场合需要简单多变的数据模型、较高的数据存取性能和较低的一致性要求时，NoSQL 数据库是一个非常好的选择。与关系型数据库相比，NoSQL 数据库具有以下特点。

（1）灵活的可扩展性。传统的关系型数据库由于自身包含有大量事务相关的关系，使得各个数据表间的关联紧密，难以做到完全的"横向扩展"，例如 Oracle、IBM DB2 等关系数据库虽然可以做到分布式，但过程复杂且容易出错。相反，NoSQL 数据库天然满足"横向扩展"的条件，仅需要非常普通廉价的标准化服务器即可，不仅具有较高的性价比，也提供了理论上近乎无限的扩展空间。

（2）灵活的数据模型。关系数据库中，关系模型是基石，通过完备的关系代数理论，规范定义了各个字段的类型，遵守各种严格的约束条件。这种做法虽然能保证业务系统对数据的强一致性，但过于死板的数据模型也意味着无法满足各种新兴业务需求。相反，NoSQL 数据库摆脱了各种严格的约束条件，采用简单的键值对等非关系数据模型，允许一个数据元素里存储不同类型的数据，并且允许存在空值。

（3）轻便、广泛的适用性。关系型数据库通常价格昂贵、部署复杂，并且通常需要与软硬件系统相匹配。而 NoSQL 相对廉价，部署容易，并且可以根据资源使用情况进行自由伸缩，各种资源可以动态加入或退出，可以很好地融合到云计算环境中，构建基于 NoSQL 的云数据库服务。

在具备以上几点优势的同时，NoSQL 数据库也有不足，具体表现在如下几点。

（1）复杂查询效率较低。很多 NoSQL 数据库没有面向复杂查询的索引，虽然 NoSQL 可以借助 MapReduce 加速查询，但面对复杂的查询场景，查询性能仍然不如关系数据库，通常需要根据实际情况构建自定义索引来提高查询性能。

（2）数据完整性较差。任何一个关系数据库都可以很容易地实现数据完整性，例如通过主键或者非空约束来实现实体完整性，通过主键、外键来实现参照完整性，通过约束或触发器来实现用户自定义完整性，而在 NoSQL 中数据完整性无法实现。

（3）非标准化。关系数据库通过标准化查询语言 SQL 能实现统一、便捷的查询，而 NoSQL 尚无统一的行业标准，不同的 NoSQL 数据库都拥有自己的查询语句或查询 API，很难规范应用程序接口。

根据上述对 NoSQL 和关系数据库的一系列比较可以看出，两者各有优势，也都存在缺陷，因此，实际应用中，两者都有各自的用户群体和市场空间。就 NoSQL 数据库本身而言，各种数据库的差异也很大，但是归结起来，可按照其主要特点分为四类（林子雨，2017）。

（1）面向键值对存储，又称键值数据库。键值数据库中，存储的基本单元是键值对（键和值为一组绑定的数据结构），根据唯一的键定位到任意大小的值。键值存储没有类似 SQL 的查询语言，它们提供了简单而直接的三种数据操作方式：新增（put）、删除（delete）和获取（get）。键值存储数据库的数据表本质上是一个哈希表，这意味着它具有两个准则：键不能重复，不能按照值来查询。由于键值数据库的结构和功能简单，每个键值对的结构灵活多样，例如，键可以用多种格式来表示，如图片或文件的路径名、根据值的散列值或人工生成的字符串等；值与键类似，可以存储任何数据，如图片、网页、文档或视频。值对数据库而言是不可见的，只能通过键来查询。典型的键值对数据库有 Redis、Berkeley DB、Memcached 等。

（2）面向列存储，又称列族/列簇（column family）数据库。列存储可以看做是键值数据库的扩展，这类数据库的键是由行键、列族、列名和时间戳四者共同决定的。行键相当于一个不重复的标识符，列族是若干个列的集合体，是列族数据库的基本存储单元。时间戳是此键值对的时间版本，不同的时间版本的记录不会被覆盖，而是共同存储。列族数据库的一大特点在于，数据的列名是在数据插入时指定的，添加新的行和列不需要修改数据定义语言。列存储的特性使其非常适合于存储稀疏数据，并且数据类型非常自由。列存储是面向大数据分析的数据库，由于列族被聚合存储在一起，大幅度提高了压缩比，有利于查询时降低带宽的消耗。典型的列族数据库有 HBase、Cassandra 等。

（3）面向文档存储，又称文档数据库。文档存储是 NoSQL 中最通用、最灵活、最流行的领域。在文档数据库中，文档是最小单位，文档通过某种格式进行封装并对数据加密，每个文档的结构可以不同。每当添加新文档时，文档中的一切内容会被自动构建索引，使文档中的内容都是可搜索的。虽然键值存储也可以存储文档，但需要利用值来保存整个文档，而文档存储可以快速抽取海量文档的片段而不用将整篇文档加载到内存。文档数据库提供了丰富的索引功能，既可以对键构建索引，也可以基于文档内容来构建索引，每个文档数据库都有相应的接口或查询语言来指定查询的路径。典型的文档数据库有 MongoDB、CouchDB 等。

（4）面向图存储，又称图数据库。图存储是一个包含一连串节点和关系的系统，当它们结合在一起时，就构成一个图。不同于键值数据库，图数据库包含三个数据字段：节点、关系和属性，图存储包含许多"节点-关系-节点"结构，属性用于描述节点和关系。与关系数据库利用主键和外键连接表与表不同，图数据库对节点赋予内部的标识符，并用这些标识符将网络连接在一起，这种连接操作是轻量计算和快速的。图数据库是一种特殊的 NoSQL 数据库，由于节点之间的密切连通性，图存储很难扩展到多台服务器上，数据可被水平复制以增强读和查性能，但利用多台服务器进行写操作和跨节点的查询是相对复杂的。

一个图查询会返回一系列节点，并以图的方式展示数据之间的关系，图数据库的数据强关联性使其适合处理具有高度相互关联关系的数据，如社交网络、模式识别和推荐系统等。典型的图数据库有 Neo4J、GraphDB 等。

上述四类分布式 NoSQL 数据库在支持平台、存储性能、灵活性和复杂性等方面存在差异，需要根据实际情况选择。各类数据库的对比如表 6.1 所示。

表 6.1　目前主流的 NoSQL 数据库分类

分类	数据库	支持平台	存储性能	灵活性	复杂性	优势	不足
面向键值对	Redis、MemcacheDB 等	Linux	高	高	无	内存数据库、可实现高速读写	内存消耗较大，扩展性较差
面向列	HBase、Cassandra 等	Linux、Windows	高	中等	低	数据压缩率高，支持快速的 OLAP	没有原生的二级索引
面向文档	MongoDB、CouchDB 等	Linux、Mac、Windows	高	高	低	面向 Document，支持空间数据管理	不支持事务操作，占用空间过大
面向图	Neo4J、FlockDB 等	Linux、Mac、Windows	可变	高	高	高精度的图算法，图查询迅速	没有分片存储机制，图数据结构写入性能较差

NoSQL 数据库在近年来越来越受到广泛的关注，在十几年的时间内，NoSQL 数据库领域迅速产生了超过 150 个新的数据库（http: /nosql-database.org/）。在时空大数据存储领域，由于列族数据库的稀疏性，使其非常适合存储大规模非关系型的时空数据；同时，文档数据库提供的多种索引也令时空数据的查询变得方便、快捷。下面选择应用较广泛的文档型数据库 MongoDB 和列族数据库 HBase 来介绍，以及分析其时空支持能力。

6.3.2　文档数据库 MongoDB

1. MongoDB 的发展历史

在 Web2.0 时代，数据量不断增大，数据结构趋于复杂，传统的关系型数据块的缺陷也逐渐显现出来。为了解决对海量文档的存储需求，亟需一种灵活、高效、易扩展、功能健全的文档数据库。2007 年 10 月，10gen 团队开发了 MongoDB 数据库，并于 2009 年 2 月首度推出。Mongo 源于单词 humongous，意为极大的。MongoDB 是 NoSQL 中典型的文档型数据库，它是由 C++ 语言编写，提供丰富的功能，旨在为 Web 应用提供可扩展的高性能数据存储解决方案。经过十余年的发展，MongoDB 数据库已经逐渐趋于稳定，受到广大企业的广泛关注。

MongoDB 发展迅猛，无疑是当前 NoSQL 领域的明星。数据库知识网站 DB-Engines 根据搜索结果对 308 个数据库系统进行了流行度排名，如图 6.2 所示。2020 年 2 月 MongoDB 作为非关系数据库排名第五，仅次于传统的关系型数据库 Oracle、MySQL、Microsoft SQL Server 和 PostgreSQL。MongoDB 推出至今仅用了十余年，就达到如此高度，可见其发展之迅猛。近五年 MongoDB 发挥平稳，仍保持稳步上涨趋势。

	Rank		DBMS	Database Model	Score		
Feb 2020	Jan 2020	Feb 2019			Feb 2020	Jan 2020	Feb 2019
1.	1.	1.	Oracle ➕	Relational, Multi-model ℹ	1344.75	-1.93	+80.73
2.	2.	2.	MySQL ➕	Relational, Multi-model ℹ	1267.65	-7.00	+100.36
3.	3.	3.	Microsoft SQL Server ➕	Relational, Multi-model ℹ	1093.75	-4.80	+53.69
4.	4.	4.	PostgreSQL ➕	Relational, Multi-model ℹ	506.94	-0.25	+33.38
5.	5.	5.	MongoDB ➕	Document, Multi-model ℹ	433.33	+6.37	+38.24
6.	6.	6.	IBM Db2 ➕	Relational, Multi-model ℹ	165.55	-3.15	-13.87
7.	7.	↑8.	Elasticsearch ➕	Search engine, Multi-model ℹ	152.16	+0.72	+6.91
8.	8.	↓7.	Redis ➕	Key-value, Multi-model ℹ	151.42	+2.67	+1.97
9.	9.	9.	Microsoft Access	Relational	128.06	-0.52	-15.96
10.	10.	10.	SQLite ➕	Relational	123.36	+1.22	-2.81
11.	11.	11.	Cassandra ➕	Wide column	120.36	-0.31	-3.02
12.	12.	↑13.	Splunk	Search engine	88.77	+0.10	+5.96
13.	13.	↓12.	MariaDB ➕	Relational, Multi-model ℹ	87.34	-0.11	+3.91
14.	14.	↑15.	Hive ➕	Relational	83.53	-0.71	+11.25
15.	15.	↓14.	Teradata ➕	Relational, Multi-model ℹ	76.81	-1.48	+0.84
16.	16.	↑21.	Amazon DynamoDB ➕	Multi-model ℹ	62.14	+0.12	+7.19
17.	17.	↓16.	Solr	Search engine	56.16	-0.41	-4.81
18.	↑19.	↑19.	SAP HANA ➕	Relational, Multi-model ℹ	54.97	+0.28	-1.58
19.	↓18.	↓18.	FileMaker	Relational	54.88	-0.23	-2.91
20.	↑21.	↓17.	HBase	Wide column	52.95	-0.39	-7.33

350 systems in ranking, February 2020

图 6.2　2020 年 2 月 DB-Engines 数据库系统排名

2. 集合和文档

MongoDB 主要是面向文档存储的。因此，它的基本结构是集合，相当于传统数据库中的表，集合包含文档，相当于表中的一条记录。但它们之间又有重要的差别。

集合是一组用途相同或类似的文档，例如网站的用户信息和商品信息共同组成一个集合。集合是无模式的，集合中的文档可根据需要采用不同的结构，只要满足文档的格式即可存储。此外，MongoDB 可以在集合下设置子集合，让数据的组织更清晰。

文档是 MongoDB 中数据的基本单元，文档在数据库中的存储格式为 BSON（binary JSON），键值对按照 BSON 格式组合起来就形成了一个文档。BSON 使用若干对<字段：值>来定义文档中存储的值。只需经过简单转换，就能将 MongoDB 记录转换为可在应用程序中使用的 JSON 字符串。每个文档具有一个特殊的键"_id"，相当于文档的标识符，它在文档所在的集合中唯一。文档的键值对是有序的且大小写敏感的，不同顺序的键值对或不同大小写会形成不同的文档。BSON 格式同 JSON 格式类似，同一文档中的键值对不能使用重复的键。下面是一个 MongoDB 文档的示例，其中包含字段 name、version、languages、admin。

示例：MongoDB 文档示例

```
1: {
2:     name:"New Project",
3:     version:1,
4:     languages:["JavaScript","HTML", "CSS"],
5:     admin:{name: "Tom",password:"5678"}
6: }
```

在这个文档结构中，包含类型为字符串、整数、数组和子文档对象的字段/属性，MongoDB 会自动识别每个字段的类型。文档的字段名可以为任意不重复的 UTF-8 字符串，但不能包含空格、句点（.）和美元符（$），并且尽量不以下划线开头。

由于 MongoDB 采用 BSON 格式存储，字段值可以是二进制类型，也就是说，MongoDB 可以存储图片、视频和文件资料等。但文档最大不能超过 16 MB，这旨在避免查询占用太多 RAM 或频繁访问文件系统。因此使用 MongoDB 只能存储小文件。

3. MongoDB 的数据类型及索引

与一般的键值数据库、列族数据库不同，MongoDB 为数据指定了丰富的数据类型。MongoDB 在保留 JSON 基本键值对特性的基础上，添加了一些新的数据类型，主要包括 NULL、布尔型、数值、字符串、日期、正则表达式、数组、内嵌文档、对象 ID、二进制数据和 JavaScript 代码等。通过丰富的数据类型，MongoDB 能有效地为每种类型设置特有的索引并利于管理。

MongoDB 可以为键或值灵活地设置索引。索引类似于字典的目录，利用索引可以避免查询时扫描整个库，而是先在索引中查找，在索引中找到条目后，就可以直接跳转到目标文档的位置。MongoDB 的索引支持主要包括两种，即普通索引和唯一索引。普通索引是指为文档中的任意一个键建立索引，或为多个键建立组合索引（复合索引）；唯一索引是指用 unique 属性给索引声明该索引是唯一的，不允许这个键有重复的值出现，同理，唯一索引也可以针对多个键建立，创建复合唯一索引时，单个键值可以重复，但所有键的组合不能重复。

为了支持地理空间数据，MongoDB 1.4 版本后引入了地理空间索引，与 SQL Server 等关系型数据库中的空间索引类似，通过地理空间索引可以索引基于位置的数据，从而处理给定坐标开始的特定距离内有多少个元素这样的查询场景。地理空间索引最常用的是 2D-Sphere 索引和 2D 索引。2D-Sphere 索引用于地球表面类型的地图，它允许使用 GeoJSON 格式指定点、线和多边形来构建索引。构建 2D-Sphere 索引后，可以使用多种不同类型的地理空间查询，例如求交集、包含、邻近等。2D 索引用于非球面地图，例如平面游戏地图等。使用 2D 索引时，文档中应使用包含名称和坐标两个元素的数组来表示 2D 索引字段，2D 索引的构建和使用比 2D-Sphere 简单许多，但 2D 索引只能对平面点进行索引。

地理空间索引可以与一般索引结合，这样可以更好处理复杂查询场景。例如，"查询北京天安门附近有哪些餐馆？"此时如果仅利用地理空间索引，只能查找到北京天安门附近的所有事物，为了查询到餐馆，需要对餐馆字段建立普通索引，并将两个索引进行复合查询。查询时，其他索引的字段可以放在地理空间索引的前面或后面，这取决于人们希望首先使用其他索引的字段进行过滤或首先使用位置进行过滤。实际应用时，应将能过滤掉尽可能多的结果的字段放在前面。

4. MongoDB 的应用场景

MongoDB 支持非常强大的查询语言，语法类似于面向对象的查询语言，同时支持索引、MapReduce 等功能，使其应用面非常广泛。MongoDB 主要应用于以下类型的数据。

（1）网站数据。MongoDB 适合实时插入、更新与查询，对迭代更新快、需求变更多、以对象数据为主的网站应用而言，MongoDB 具备网站实时数据存储所需的复制及高度伸缩性。

（2）海量小数据。MongoDB 可以将大量小数据利用 BSON 格式形成文档进行存储，由于 MongoDB 可以很容易地水平扩展，非常适合存储具有复杂结构的小文件。

MongoDB 的特点使其天然适合存储具有多维特点、属性复杂的时空数据，可以轻易地将时空数据重构成 BSON 文档格式，并利用 MongoDB 强大的功能对地理时空数据构建复合索引，提升查询效率。例如，王凯等（2017）基于 MongoDB 提出了一套四叉树道路网时空索引，实现海量轨迹数据的高效查询，验证了道路网时空索引构建方法的可行性和高效性，同时证明了 MongoDB 存储地理时空数据的强大潜力。

6.3.3　列族数据库 HBase

1. HBase 的发展历史

HBase 起源于 Google 于 2006 年发表的论文 *BigTable: A Distributed Storage System for Structured Data*。BigTable 是一个分布式存储系统，它利用 Google 将之前研发的 Google File System（GFS）作为底层数据存储，利用 MapReduce 分布式并行计算模型来处理海量数据。采用 Chubby 提供协同服务管理，形成了完整的大数据生态系统。从 2005 年 4 月起，BigTable 已经在 Google 公司的实际生产中使用，诸如搜索、地图、财经、社交网站 Orkut、视频共享网站 YouTube 和博客网站 Blogger 等数据都存储在 BigTable 中。尽管这些应用对数据库提出了截然不同的需求，但 BigTable 依然能够提供一个灵活的、高性能的解决方案。

为了将 BigTable 设计思想开源，Powerset 公司于 2007 年 2 月创建了 HBase，作为 Hadoop 生态的衍生，随后它逐步成为 Apache 软件基金会旗下的顶级项目。截至 2020 年 9 月，HBase 已经发布了 2.3.1 版本，成为具有成熟功能、稳定效率和广泛的商业应用（George，2011）。

HBase 作为 BigTable 的开源实现，使用 Java 编写，是一种典型的面向列存储的分布式 NoSQL 数据库。HBase 利用 Hadoop MapReduce 来处理海量数据，实现高性能计算，利用 HDFS 作为高可靠的底层存储，利用 Zookeeper 作为协同服务。表 6.2 展示了 HBase 和 BigTable 的组件对应关系。

表 6.2　HBase 与 BigTable 组件对应关系

项目	BigTable	HBase
文件存储系统	GFS	HDFS
海量数据处理	MapReduce	Hadoop MapReduce
协同服务管理	Chubby	ZooKeeper

2. HBase 的数据模型

HBase 本质上是一个稀疏、多维、持久化存储的映射表，一张典型的 HBase 表结构如表 6.3 所示。表的底层以键值对形式存储，每个键值对存储为一行。如 3.1.3 小节所述，HBase 作为列族数据库，表中的每行通过行键（rowkey）、列族（column family）、列名/列限定符

（column qualifier）和时间戳（timestamp）四者共同来标识，对应单元格（cell）中的值（value）。下面具体介绍 hbase 数据模型的相关概念。

表 6.3   HBase 表结构

行键	时间戳	列族 1		列族 2
		列限定符 1	列限定符 2	列限定符 3
键 1	T_3	值 1	值 2	
	T_2		值 3	值 7
键 2	T_1	值 4	值 5	
	T_2	值 6		值 8

行键是 HBase 表的每行的标识符，也是访问数据的依据。HBase 中访问数据有三种方式：通过单个行键访问、通过行键区间访问、全表扫描。行键没有数据类型，在内部被保存为未经解释的 byte[]数组。行键在存储时按照字典序排列，HBase 为其设置了高效的 B+索引，因此，在设计行键时，要充分考虑此特性，将经常一起读取的行存储在一起。

列族是 HBase 表的基本单元，也是 HBase 存储的基本控制单元。列族需要在表创建时定义好，表创建成功后无法修改列族。HBase 中的数据按列族进行压缩存储，存储在同一个列族中的所有数据，通常属于同一种数据类型，这意味着具有更高的压缩率。因此，过多的列族会影响数据读写效率，在构建表时一般建议设计尽可能少的列族。

列限定符也称为列名，列族里的数据通过列名来定位。列名在同一列族中不能重复，它不用事先定义，也不需要在不同行中保持一致，可以随时动态扩展。同行键和值一样，列名没有数据类型，总被视为字节数组 byte[]。

时间戳是同一份数据的时间版本属性，每个单元格都保存同一数据的多个版本，这些版本信息用时间戳来区分和索引。每次对一个单元格执行操作（增、删、改）时，HBase 都会隐式地生成并存储一个 64 位整型时间戳，时间戳也可以由用户自己赋值。一个单元格的不同版本是根据时间戳降序排列的，因此，查询时会自动返回最新的版本。用户也可以通过指定时间戳获得历史版本的数据。

单元格中的值是由行键、列族、列限定符和时间戳确定的，值对应的数据均以未经解释的字节数组 byte[]存储，因此能支持半结构化或非结构化的数据。由于列不需要在每行保持一致，部分列中可能存在一些空白的单元，这些空白单元不会占据实际的物理存储空间，返回值为 NULL，但并不影响其他数据的获取，也不额外消耗读取时间，因此 HBase 可以有效支持稀疏表格的存储。

3. HBase 的系统架构

HBase 分布式数据库是基于主从结构设计的，集群分为主节点（master）和从节点（slave）两类，也被称为主服务器和 Region 服务器（RegionServer）。主节点与客户端（client）之间通过 Zookeeper 协调，其系统架构如图 6.3 所示（Team Apache Hbase，2016）。

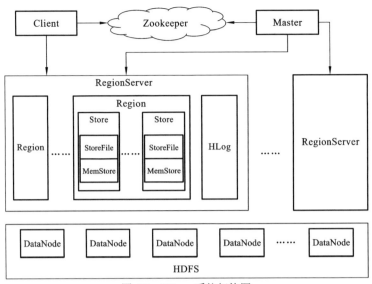

图 6.3　HBase 系统架构图

HBase 的系统架构主要包含协同服务管理器 ZooKeeper、客户端 Client、主节点 Master、若干 Region 服务器及底层的分布式文件系统 HDFS。各个功能组件描述如下。

（1）HBase 客户端：用户操作访问数据的入口点，通过 HBase RPC 机制与主节点通信进行数据管理类操作，与 Region 服务器通信进行数据读写类操作。

（2）Zookeeper：HBase 集群的协调器，相当于集群的"管家"，它通过选举算法选出一个主节点，并保证任何时刻只有唯一一个主节点在运行。同时，Zookeeper 监控 Region 服务器的状态信息，并报备给 Master。此外，Zookeeper 还记录了所有 Region 的地址和入口，以及各个表的元数据信息。

（3）主节点（主服务器）：HBase 集群的中央节点，负责管理用户对表的增、删、改、查等操作，同时调整 Region 服务器上的 Region 分布，实现 Region 服务器的负载均衡，如果出现失效的 Region 服务器，会及时将上面的 Region 分配到其他节点上，保证 HBase 的正常运作。

（4）从节点（Region 服务器）：HBase 中最核心的模块，负责对主节点分配的 Region 和日志文件 HLog 进行维护，并响应用户的读写请求。每个 Region 服务器中包含若干个 Region 和一个日志文件 HLog。所谓 Region，是指将 HBase 数据表进行水平切分形成的若干块，每个块称为一个 Region，这些 Region 被打散分布在各个 Region 服务器上，每个 Region 再按列族纵向切分形成若干个 Store，每个 Store 对应一个列族。Store 是数据存储的基本单元，Store 包含一个 MemStore 和若干个 StoreFile。MemStore 是一个内存缓存区，保存最近更新的数据，StoreFile 是磁盘中的持久化文件。数据会先进入 MemStore 中保存，当其中的数据量超限后会存入 StoreFile 进行持久化，并生成一个新的 MemStore。HLog 是 HBase 的预写日志，用于记录所有读写操作，在丢失数据时，可以根据其进行恢复。

StoreFile 的底层文件是 HDFS 中的数据块 HFile，没有固定长度，每个 HFile 中以简易的字节数组 byte[] 形式存放若干键值对，键即为 HBase 表中的行键、列族、列限定符、时间戳，值即为实际存储的 Value。HFile 数据存储模型如图 6.4 所示。HFile 由两个固定长度的数值开头，分别表示整个键的长度和值的长度，在行键和列族前也分别存储了行键与列族的长度，便于后续数组解析。解析后用户可以得到键值对实例，实例中除了上述信息，还包含有数据的压缩信息，如果数据被压缩了，可以告诉用户压缩类型。除此之外，HFile文件还存储了根据键和值的平均大小所计算出来的有效荷载，可以提醒用户键值比是否平衡，对于值较小的表，应该使行键、列族以及列限定符尽量简短，减少空间开销。

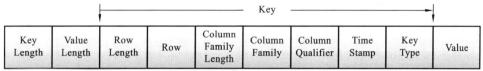

图 6.4　HFile 数据存储模型

（5）HDFS：Hadoop 的分布式文件系统，作为 HBase 数据的可靠、稳定的底层存储。HBase 自身并不具备数据复制和维护数据副本的功能，而 HDFS 可以为 HBase 提供这些功能支持。当然，HBase 也可以不采用 HDFS，而是使用其他任何支持 Hadoop 接口的文件系统作为底层存储，例如本地文件系统或云计算环境中的 Amazon S3（simple storage service）。

4. HBase 的应用场景

由于 HBase 具有可伸缩、高容错的特点，在普通的服务器环境下，HBase 的表格能够容纳十亿行和百万列的数据，非常适用于大规模非结构化数据存储和高并发数据读写的场景。如今，HBase 已经在各个领域得到应用，例如使用 HBase 存储交通船舶 GPS 数据、金融消费数据、电商的交易与物流数据、移动通信数据等。此外，利用 HBase 的稀疏性和多版本存储特点，还可有效存储时序数据，例如轨迹数据、天气变化、温度监测、车流量监控等。

针对时空大数据，随着 HBase 的发展，基于 HBase 设计的时空数据管理工具也越来越多，例如地理数据查询和分析工具包 GeoMesa（Hughes et al.，2015），它支持分布式计算系统上的大规模地理空间查询和分析。GeoMesa 支持 Accumulo、HBase 和 Cassandra 等多个数据库，并在其上提供时空索引和时空查询服务，适用于存储大量点、线和多边形数据。GeoMesa 通过标准 OGC（open geospatial consortium，开放地理空间信息联盟）API 和 WFS 和 WMS 等协议促进了与广泛的现有映射客户端的集成。

6.4　时空数据组织与管理关键技术

随着 Web2.0 的兴起，互联网产生了海量的半结构化和非结构化数据，高性能存储和处理这些数据的庞大需求催生了分布式非关系型数据库的诞生、成熟、爆发及成功应用。同样随着 GIS 数据来源的不断扩展，爆炸式增长的时空数据同样具有上述特征，传统基于关系型数据库的空间数据管理模式面临着巨大瓶颈，影响空间大数据价值的充分发挥，时空数据存储模式逐步转向更加灵活开放、易扩展的基于非关系型数据库的分布式管理模式。

6.4.1　时空数据存储模式的发展

21 世纪以来，空间数据存储的一个主要研究热点是基于成熟关系数据库设计空间数据引擎，实现数据的集中存储与管理。从空间数据引擎、关系数据库、应用程序三者集成模式来看，空间数据引擎的架构可分为内置模式、三层结构和两层结构。其中，内置方式是在关系型数据库内核进行空间模块的扩展，典型应用有 Oracle 的 Oracle Spatial、PostgreSQL 的 PostGIS、MS SQLServer 的 SQLServer Saptial、DB2 的 DB2 Extend 等；三层结构模式是指在数据库服务器和空间数据访问客户端之间建立中间件，中间件负责统一处理来自客户端的请求，典型应用有 ESRI 的 ArcSDE；两层结构模式采用客户端与数据库服务端直接访问的方式，空间数据后台存储的实现模式与三层结构模式类似，典型的如 SuperMap SDX＋。这些基于空间数据引擎的集中存储模式一定程度解决了海量空间数据存储与管理问题。

随后，立体对地观测体系的构建，各类遥感数据的时空谱分辨率大大提升、覆盖周期大大缩短、数据量爆炸式增长。另一方面，GIS 管理的数据源从传统测绘遥感数据，已经扩展到互联网数据、社交媒体数据、社会管理数据、相关行业数据，数据来源显著扩大。与此同时，互联网技术、物联网技术和云计算技术得到快速发展，GIS 应用模式也从传统的数据处理、地图制图、空间分析向联机分析、在线位置服务的模式发展，GIS 用户群体也从专业地图用户转变为普通大众。这些转变为空间数据存储与管理带来了新的需求。

（1）存储对象的多源异构。关系数据库擅长处理结构化数据，传统测绘遥感数据为适应关系型数据管理，常将其拆分、封装为 BLOB（binary large object，大二进制对象），但 BLOB 方式不利于高效存取和分析，同时关系型数据库存在模式定义严格、扩展性差等问题。随着 GIS 数据源的显著扩展，大量与位置相关的时序、轨迹、视频、音频、图片等非结构化数据涌现，如何高效管理这些海量非结构化数据是目前亟需解决的问题。

（2）存储能力的横向扩展。传统关系型数据库，当表记录数超过千万级别时，通常采用分区分表技术以提升数据访问性能，而时空大数据时代，记录数动辄上百亿、千亿级别。同时，传统关系型数据库数据关系定义严格，数据的完整性、一致性维护成本高，存储能力的横向扩展非常困难，不能够通过简单的增加存储节点扩展存储能力，面对持续增长的数据，存储系统维护和升级困难。

（3）查询检索与分析挖掘并重。传统关系型数据库应用多服务于用户查询与检索的请求，存储模式也针对查询检索进行大量的优化。时空大数据存在价值密度低的特征，数据量呈指数增长的同时，隐藏在海量数据的价值信息往往没有相应比例增长，时空挖掘大数据的价值挖掘可类比沙里淘金。因此，时空大数据时代，其数据的存储管理模式，需要查询检索与分析挖掘同时兼顾，同时并重。

目前，NoSQL 数据库已经在互联网领域得到了广泛应用，因此基于 NoSQL 数据库的时空大数据存储管理尝试日新月异，但 NoSQL 数据库普遍缺乏空间数据索引，因此迫切需要研究基于 NoSQL 数据库的高效时空索引、检索算法。

6.4.2 时空索引和编码技术

1. 时空索引技术及其优化

时空索引是时空数据高效存储管理的关键技术之一。常见的时空索引技术按照其维度划分大致可以分为两类：一类是对数据进行动态划分的平衡树索引，另一类是对时空进行静态规则剖分的索引。

动态平衡的搜索树索引以 R 树及其变种为代表，包括 R* tree、R＋tree、Hilbert R-tree 等。这类索引在划分维度空间时，顾及对象的分布，使索引结构中各个节点（叶子节点与中间节点）内的对象数量尽量均匀，从而保证整个索引结构的平衡。平衡树索引的优点在于索引中的数据量划分平衡，可以保证稳定的检索性能，缺点则是索引构建和更新复杂，一般不适合部署于分布式环境，并且随着数据量增大，索引树的层级逐渐变深，检索效率快速降低。

对维度空间进行静态规则剖分的索引，包括格网索引、空间填充曲线等。这种索引预先构建索引维度剖分框架，直接对各维度进行规则剖分得到一系列大小固定的离散单元，然后对离散单元生成有序的键值。此类索引的优点在于索引划分单元的构建和维护简便，当新的数据加入时，不需要对索引做调整，缺点则是无法自适应应对数据的分布不均，导致有的索引划分单元中数据过密，有的索引划分单元中可能没有数据，进而导致检索效率很不稳定。为了弥补两种索引的缺陷，现有研究的优化方向主要分为以下三种类型。

1）降低平衡树维护成本的索引

这种索引方案主要针对 B 树、R 树等树状索引的更新、删除算法复杂问题进行优化，以减少其维护的成本，当有数据改变时，能以尽可能小的代价进行索引结构调整。例如 Aguilera 等（2008）提出一种针对一维数据的分布式可扩展的 B-tree 索引结构，将 B-tree 的各个节点拷贝成多个副本，存储到所有服务器上，查询数据时可以在任何服务器上获取目标数据的节点信息，更新或者删除数据时则可以迁移修改 B-tree 节点，从而实现分布式可扩展的 B-tree 索引。王波涛等（2018）提出一种支持频繁更新与多用户并发的 R 树索引，只索引包含移动对象的网格，避免了频繁更新问题，并且每个 R 树的非叶子节点都对应 HBase 的一行，存储了当前节点和孩子节点的信息，不用逐层读取整个 R 树，能够在一次访问中快速获取查询数据，实现了分布式可扩展的 R-tree 索引。Tao 等（2001）提出一种利用多版本 B 树和 3D-R 树概念的结构 MV3R-Tree 树，专门针对时间戳查询和时空连续范围查询进行了优化。

这类索引方案虽然通过限制索引树的层数和采用多副本存储的方法一定程度地降低了索引维护成本，但当数据增量更新时，索引结构容易失衡，且由于冗余存储，索引节点内的数据倍增，存储效率大大降低。

2）顾及时空分布的网格剖分索引

这类索引方案中比较有代表性的是 MD-HBase（Nishimura et al.，2013）。MD-HBase 针对 Key-Value 型存储系统不支持多维查询的问题，提出了基于四叉树和 k-d 树的自适应划分多维索引结构，并添加辅助索引结构，以空间单元的最长公共前缀作为数据块的索引加速查询。同时结合数据分布特点对空间进行划分，支持空间范围查询和 k-NN 查询。Geohash-Trees 能够根据轨迹密度自适应使用多种剖分策略划分空间，提高范围查询效率，并设计了增量插入和更新算法，效率高于一般 R 树（向隆刚 等，2019）。HBaseSpatial 以规则网格划分为索引，将"网格的中心点＋网格层级"为索引键，在统一列族下存储所有对象 id，效率高于一般的空间填充曲线（Zhang et al.，2014）。HGrid 采用两层索引结构，结合空间填充曲线索引和行列号索引两种方法的优点，有效降低了存储空间（Han et al.，2013）。

这类索引方案虽然使得数据分布尽量均匀，但都是根据数据量的经验值来确定时空剖分的层级，缺乏科学统一的标准，而每个单元中数据量设置不同，查询效率波动明显，实际构建索引时需要反复尝试。

　　3）时空规则剖分与数据平衡划分的混合索引

　　这类索引方案通常将时空规则剖分索引与数据平衡划分索引结合使用，索引结构分为两层，兼具两类索引的优点。G-HBase 索引采用 Geohash 编码，并在各个 Region 上建立 R 树索引，用于提高查询效率和 k-NN 查询效率，且支持点、线、面对象，但不支持时间属性，无法完成时空查询（Van Le et al.，2018）。Zhang 等（2018）对于时空点数据建立了两层索引，第一层以 Z 曲线作为键在空间上进行过滤，通过在各个 Region Server 上建立基于内存的八叉树时空索引，根据数据分布进一步划分时空单元，从而使数据分布尽量均匀。但由于八叉树的内存索引是分散在各个 Region Server 上，维护复杂且难以持久化，不便于系统的进一步扩展。Hsu 等（2012）结合 Hilbert 和 R＋树，分为两个表对数据进行索引。首先使用 R＋树对数据进行索引，限定每个最小外包矩形（minimum bounding rectangle，MBR）中的点数，只保存叶节点的 MBR，即整个 R＋树只有叶子层，对其按顺序编号为 R_i，然后在上层使用 Hilbert 曲线构建空间索引，每个网格编码中储存 R＋树的叶节点索引 R_i。Uddin 等（2018）首先对在空间上进行 Hilbert 编码，然后将得到的 Hilbert 编码与时间维度 t 结合形成一个二维的 MBR，构建一棵时空 2D-R 树对轨迹数据进行索引。

　　这类索引方案的维护成本相较于数据平衡划分索引明显降低，且数据分布较均匀，通常都是在上层使用时空规则剖分索引，下层使用数据平衡划分索引。但下层的平衡划分索引结构一般都较简单，甚至只有存储 MBR 信息的叶节点，查询下层索引时往往只能遍历，检索效率较低，相比于传统的时空规则剖分索引，查询速度的提升较小。而且由于两层索引的性质不同，难以存储在一个键值分布式系统内，一般处于分离状态，维护与更新都不安全。

2. 时空编码技术

　　时空编码的目的是将多维的时空坐标降维压缩到一维，从而能够快速检索出满足时空条件的时空对象。一般有两种时空编码策略，一是时空串接编码，二是时空交叉编码，前者分别编码时间和空间，并将两种编码值串接在一起，而后者统一考虑时间和空间，进行一体化编码。编码方案需要考虑三部分：时间编码、空间编码、时空编码的连接形式。

　　1）时间编码

　　时间编码的主要目的是将字符串（UTC 时间或北京时间）或者时间戳表达的时间信息在指定的时间顺序和粒度下进行的编码表达，结果为满足应用需要的一维编码值，主要考虑三方面因素：粒度、起点、顺序。

　　时间信息具有显著的粒度性，常用的粒度有年（Y）、月（M）、周（W）、日（d）、时（H）、分（m）和秒（s），不同应用关注的时间粒度是不同的。例如，一些应用要求时间信息精确到秒，而另一些应用的时间信息准确到天就可以。合适的粒度是必要的，既可以避免细粒度时间带来的冗长编码，也可以解决粗粒度时间导致的信息损失。

　　考虑编码的高效性，编码起点是必须的，否则可能需要对应用不感兴趣的一大段时间（如公元前）进行毫无用处的编码。大多数应用中，通常将格林威治时间 1970 年 1 月 1 日 00 时 00 分 00 秒，作为时间编码的起点，也可以为不同的数据集指定特定的时间编码起点。显然，编码起点也是有粒度的，假设编码粒度为小时，那么默认的编码起点则为 1970 年 1 月 1 日 00 时。

时间顺序是指在时间信息中，时间粒度成员的先后顺序，通常顺序可能从年、月、日到时、分、秒，但应用也可以根据其时间查询的特征，指定不同的时间顺序。在不同的时间顺序下，同一时间的编码是不同。假设时间粒度选为日，1970 年 2 月 1 日在 YMd 顺序下的编码为 32，而在 YdM 顺序下的编码为 2。显然，后者对于每月同 1 天的数据分析较为有利，其原因是编码值是临近的。

时间编码的结果并非一定是整型，更多的情况是序列化成字节型存储。因此，根据实际应用的需要，亦可通过直接将时间的各个粒度分别编码成字节型或按照语义编码成字符。

2）空间编码

根据 4.2.1 小节所述的索引的不同，空间编码的方式也不尽相同。一般而言，基于树状的索引的空间编码采用树层次遍历编码法，即对树节点进行有序排列编码，并记录索引项节点的编码号作为空间编码；基于空间划分的索引空间编码需要首先对高维空间进行降维表达。空间填充曲线（space filling curve，SFC）是一种常用的空间降维表达方法。该方法将空间区域划分为相同大小的网格，按照某种方法对这些网格进行编码，并为每个网格指定唯一的编码值。空间填充曲线可以在一定程度上保持空间网格在编码序列中的空间邻接性，即空间邻近的对象所在的网格编码值相似。常用的空间填充曲线包括 Z-Order 和 Hilbert 两类，Z-Order 曲线实现简单，Hilbert 曲线能相对高地维持编码的空间邻近性，因此这两种编码的应用最为广泛（Guan et al.，2018）。如图 6.5 所示，为三阶 Z-Order 曲线和 Hilbert 曲线。

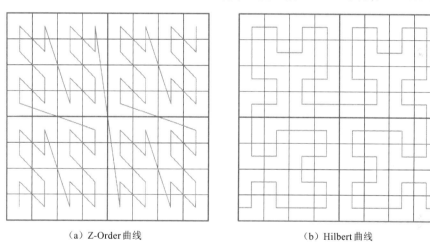

（a）Z-Order 曲线　　　　　　　　　　　（b）Hilbert 曲线

图 6.5　Z-Order 曲线和 Hilbert 曲线

利用空间填充曲线，可以方便地设计相应的编码方案，例如直接根据空间填充曲线（space filling curve，SFC）穿越的网格顺序，依次将网格编码为长整型，也可以在 SFC 基础上进行改造和加工，例如 Z-order 曲线在空间信息领域的典型应用 GeoHash，将地球表面空间中的地理位置编码为由字母和数字构成的字符串。字符串的长短表示地理位置的编码精度，字符串越相似表示两个地理位置间的空间距离越近。GeoHash 在实际工程应用中拥有很多成功案例，并且有多个成熟的开源项目使用。

3）时空编码连接形式

时空编码的连接形式主要有两种：时空串接形式和时间一体化形式。时空串接形式主要是将空间编码与时间编码串联在一起的连接方式，如时间–空间、空间–时间等编码形式，通过将时间和空间分别编码再进行串接进行编码。这种编码方式的优点是，能最大程度地保证时空维度的完整性，便于后续查询和分析。但其缺陷主要在于进行大范围的数据查询时，往往只有编码前缀可以起到过滤作用，为了便于扫描，后面的编码通常是模糊匹配。这使得检索时常常只能进行时间或空间上的过滤，时空索引并没有发挥充分的作用。

若以 S 代表空间编码，T 代表时间编码，则典型的时空串接形式编码有如下 4 种。

（1）S-T：空间编码在前，时间编码在后。

（2）T-S：时间编码在前，空间编码在后。

（3）T-S-T：将时间按照不同粒度分为两部分，先粗粒度时间编码，后空间编码，再细粒度时间编码。前一部分时间是粗粒度编码，例如"YMd"，后一部分时间是细粒度编码，可看作在粗粒度时间内的进一步划分，例如"Hms"。

（4）S-T-S：对于编码前缀表达更大范围的空间编码而言（例如 GeoHash），可将其编码分成两部分，前缀部分可表达更大面积的空间范围，按照先空间编码前缀，后时间编码，再加上剩余空间编码进行组合。

上述（3）（4）两种编码能在一定程度上缓解时空索引中的时间索引或空间索引失效的问题。目前的应用领域中，典型的时空串接编码有京东 JUST 的 Z2T、XZ2T（Li et al.，2020）等。

时空一体化编码，也称为时空交叉编码，是将空间编码与时间编码交叉融合在一起的编码方式。假如沿用上述时空串接编码的（3）和（4）变体，并继续将时空分别下分，直至时间、空间维度每次划分都进行一次编码，再将时空编码按照某种方式交叉拼接起来，就是时空一体化编码。

例如，按照形如"T1S1T2S2T3S3T4…"的格式进行时空的交叉编码，其中时间编码为"T1T2T3T4…"，空间编码为"S1S2S3…"，时间编码长度根据用户选取的时间确定，每个尺度一个字节，空间编码长度根据用户的最深划分层级确定，即 $S_{\text{length}}=\left\lceil\dfrac{2L_{\text{b}}}{8}\right\rceil$。其中，$L_{\text{b}}$ 为索引的最大划分层级，S_{length} 为空间编码字节数。空间编码中每个层级有 2 次划分，一次划分可以用 1 个 bit 表示，8 次划分就是一个字节。划分次数不足 $S_{\text{length}}\times 8$ 时，用 00… 在末尾补齐。这样交叉编码的方式可以使排在前面的时空编码在检索时都起到过滤效果。但时空交叉编码的缺陷在于，由于实际应用场景中，时间维度和空间维度的尺度难以统一，不同尺度的查询条件对于查询效率的影响是致命的。例如，一种时空交叉编码很难同时高效地面对大空间范围、小时间范围的查询场景和小空间范围、大时间范围的查询场景。

6.5 应用 1：基于 HBase 的时空轨迹数据存储与管理

6.5.1 时空轨迹数据存储管理方法概述

1. 研究背景与现状

智能手机、车载 GPS 等位置采集设备的大量普及，积累了海量的轨迹数据。轨迹数据普遍具有多源异构、动态多维、规模巨大和分布不均等特征（高强 等，2017）。区别于传统的点、线数据，轨迹数据有着自身独特的性质。一方面，轨迹中各个点都具有独立的时间标签，所有点按时间顺序排列，这是传统线数据结点所不具备的；另一方面，这些轨迹点又与单独的点数据不同，需要合并起来作为一个整体，对应一个唯一的 ID 标识（Zheng，2011；Chakka et al.，2003）。这些特殊性使得轨迹数据在存储中需要采取不同的组织方式，也需要提供更复杂的查询入口。

现有的轨迹数据管理系统可分为两大类。一类基于分布式文件系统，主要适用于大规模时空数据的存储和分析。SpatialHadoop（Eldawy et al.，2015）是其中一个具有代表性的系统，它在 Hadoop 的语言层、索引层和操作层都注入了对空间数据的支持，其缺陷是没有考虑数据的时间属性，这使得它在进行时空范围查询时需要遍历所有时间段的数据。ST-Hadoop（Alarabi，2017）在 SpatialHadoop 的基础上进行了改进，在构建索引时同时考虑数据的时间和空间属性。

另一类基于 NoSQL 数据库，主要适用于大规模时空数据的存储和实时查询。其中，MD-HBase（Nishimura et al.，2013）是早期利用 NoSQL 存储时空数据的一个尝试，但是它仅支持空间点数据。G-Hbase（Van Le et al.，2018）利用 GeoHash 对时空数据进行索引，支持点、线、面等传统矢量数据。GeoMesa（Hughes et al.，2015）和 GeoWave（Whitby et al.，2017；Fecher et al.，2017）是目前比较成熟的开源时空数据管理平台，利用空间填充曲线对多维数据进行索引，不仅支持普通的查询操作，还支持对时空数据进行 k-means、DBSCAN 等聚类分析。

2. 时空轨迹管理系统架构

本案例设计的轨迹数据库原型系统的整体架构如图 6.6 所示，大致可分为三层，分别为基础资源层、轨迹数据库引擎和应用层。

图 6.6 中，基础资源层构建于 HBase 集群之上，底层依赖于 HDFS 文件系统，由 HBase 提供分布式存储服务。轨迹数据库引擎是原型系统的主要部分，构建于 HBase 之上，提供了数据导入导出、索引构建、查询等算法库及 API 接口等。该引擎既可以协处理器的形式部署在数据库服务器端，也可以直接部署在客户端。应用层提供了各种功能的高层 API 接口以供用户使用，在应用层用户无需关心具体的存储模型和索引方案，而只需关心数据集层面的操作。

6.5.2　系统实现及关键技术

1. 轨迹索引设计

本应用提出的索引方案首先构建时空多维度剖分框架对数据时空范围进行维度剖分，这样原始轨迹对象被剖分为离散的时空片段。离散时空片段坐标再经过降维和时空编码形成一维编码作为键，离散时空片段作为值，映射到分布式数据库存储，同时利用高效的 B 树索引结构对一维编码进行索引。由于现有的数据库系统均支持高效的 B 树索引，在构建索引时只需要设计轨迹对象至一维编码的映射函数，而无需对现有的数据库索引结构做任何侵入式更改，使得索引框架普遍适用于不同数据库平台对轨迹对象的存储。本案例的索引框架如图 6.7 所示。

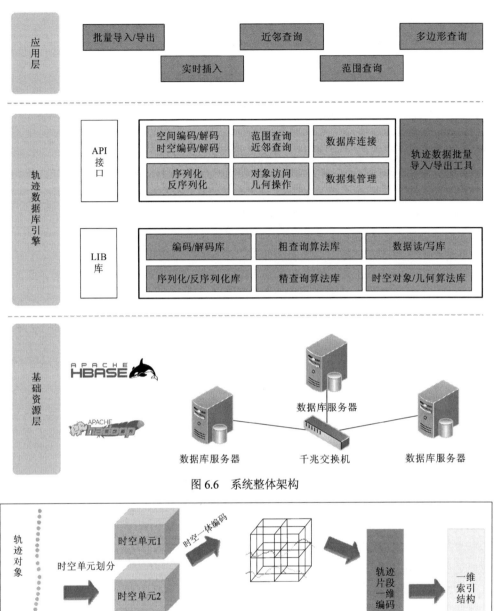

图 6.6　系统整体架构

图 6.7　轨迹索引框架

本案例将轨迹对象分别在时间维度和空间维度上进行划分。考虑时间维度的延续性和无限性，首先在时间维度上，对数据进行粗粒度时间间隔的划分，再考虑如何对各个时空单元内的轨迹进行再次划分。在一个时空单元内对轨迹进行再次划分时，一般采用两种方案。

（1）方案 1：时空一体化划分。在一个时空单元内，时间维度和空间维度的规模已经基本一致，因此可以直接将时间维度与空间维度共同考虑进行三维划分。如图 6.8 所示，利用三维格网对落在一个时空单元内的一条轨迹对象进行划分，得到多个落在时空子单元

（将时空单元进行三维划分后得到的更细粒度的时空单元）内的时空轨迹片段（落在一个三维格网内的同一条轨迹的轨迹点集合）。

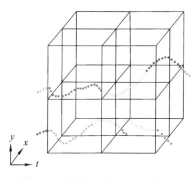

图6.8　时空单元的时空一体化划分

（2）方案2：时空串接划分。时空串接划分在一个时空单元内仍对时间和空间分别进行划分。首先在空间维度，利用一定分辨率的格网对一条完整的轨迹进行划分得到空间轨迹片段（由空间格网对完整轨迹划分后得到的一段轨迹），如图6.9（左）利用格网对一条完整的轨迹进行了划分，落在同一个格网里的一条轨迹的轨迹点集合称为空间轨迹片段。得到空间轨迹片段后，再在时间维度利用一定粒度的时间间隔对其进行1次或多次划分得到空间轨迹子片段，图6.9（右）对其中一条空间轨迹片段进行了1次细粒度时间划分，得到了4条空间轨迹子片段。常用的细粒度时间有时（H）、分（m）、秒（s）等，其选取也视具体的应用而定。

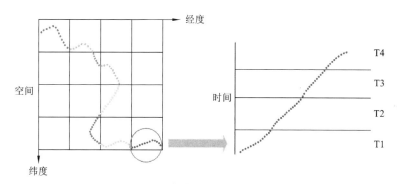

图6.9　时空单元的时空串接划分

本案例采用的划分和编码方式以方案2为主。粗粒度选取为"YMd"，细粒度选取为"H"。为了适应不同的查询场景，采用"T-S"、"S-T"、"T-S-T"三种串接方式进行对比实验。

2. 轨迹存储方案设计

本案例在HBase分布式数据库上部署，以数据集为单位对轨迹数据进行组织。数据集在数据库中体现在对多个HBase表的抽象和封装。对于用户来说，数据集一般是指应用程序中的具有某个特定区域的同类型数据集合，如武汉出租车轨迹数据、北京手机GPS轨迹数据等。每个数据集至少包含1个数据表，可包含0个或多个索引表。数据表中存储完整的轨迹对象，索引表存储经过特定时空编码的轨迹片段，元数据表存储数据集的描述信息及各个索引表的编码方案。轨迹数据的存储模型如图6.10所示。

为了增加易用性，在查询时，用户只需关心数据集层面的操作，数据集所包含的索引表及其编码方案对用户是透明的。根据查询条件确定最优索引表的工作由系统完成。如果当前数据集不存在索引表则系统会在数据表中对数据进行全表扫描以返回符合要求的数据。管理员可根据不同数据集的查询需求添加或删除索引表。

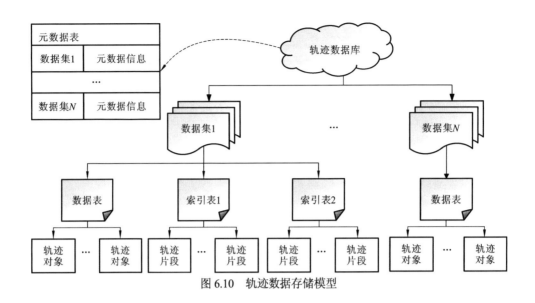

图 6.10 轨迹数据存储模型

6.5.3 实验结果及分析

1. 实验数据

本案例所有实验均在武汉市 2015 年 5 月 1 日至 2015 年 6 月 30 日两个月的出租车轨迹数据集上完成。该数据集共包含 608 852 631 个轨迹点，在实验中，将同一辆车一天内产生的轨迹点视为一条完整的轨迹对象，整个数据集共有 379 119 条轨迹对象，平均每条轨迹对象包含约 1606 个轨迹点。数据的原始文件大小为 42.3 GB。

2. 实验环境

实验在包含三个节点的 HBase 集群上运行，节点之间由千兆交换机进行连接。各节点的软硬件配置相同，详细情况如表 6.4 所示。

表 6.4 节点软硬件配置

属性	配置信息
CPU	Intel（R）Core（TM）i7-7700 CPU @ 3.60 GHz 4 核 8 线程
内存/GB	32
硬盘	500 GB SSD＋2 TB HDD
网卡	千兆网卡
操作系统	CentOS 7.5.1804
Java	Java 1.8.0_191
Hadoop	Hadoop 2.7.7
HBase	HBase 1.4.9

3. 实验结果及分析

本案例通过三个实验来评估所提出的轨迹数据存储管理系统的索引性能和可伸缩性。

1）轨迹数据入库效率评估

数据入库性能用于衡量数据导入数据库及其索引构建的效率。本案例用每秒导入的轨迹数量进行衡量。

表 6.5 是不同数据量的轨迹数据进行实时插入的耗时统计，其中总时间是插入所有轨迹的总耗时，平均时间是平均插入每条轨迹的耗时。从表 6.5 中可以得出：一是插入数据的总时间随数据量的增大而增加，并且在 6 000 条轨迹数据量时有突增趋势，这是由于客户端插入操作需要经过 HBase 的写路径，当数据量达到一定程度后，大量的写操作会占用大量的集群资源，使集群性能下降；二是插入的平均时间先减少后增加，先减少是由于当数据量很小时（如小于 100 条轨迹）写入操作花费的总时间很小，网络通信相对于写入时间较长，这样平均到每条轨迹的网络通信耗时就长。当数据量达到一定规模时，单条轨迹写入的平均时间基本不变，但其网络通信代价平均到每条轨迹就会减少，因此会使得插入的平均时间减少。后增加是由于数据量太大使得集群的性能下降，写入速度变慢。由此可以得出结论，在进行实时插入时应当积累一定数量（1 000 至 5 000 条轨迹）的轨迹对象后一同插入，而不是对每个轨迹对象都发起一次插入请求；当轨迹数据的规模达到一定程度时（超过 6 000 条轨迹）不能使用随机插入，否则会占用大量集群资源，降低集群性能。

表 6.5　实时插入时间统计表

轨迹数量/条	总时间/ms	平均时间/（ms/条）
100	1 013.1	10.131
1 000	7 097.5	7.097 5
2 000	13 577.5	6.788 75
3 000	21 349.5	7.116 5
4 000	25 556	6.389
5 000	34 375.5	6.875 1
6 000	127 971	21.328 5

2）时空范围查询性能评估

本小节只考察连续时空范围查询的效率，即给定时间范围和空间范围，查询得到同时位于两个范围内轨迹对象。图 6.11 是对不同索引设计的索引表进行连续时空范围查询的性能测试结果，其空间跨度为经纬度各 0.05°，约合实地距离 5 km。图中 S30 表示 Z 曲线编码的精度为 30，S40 表示 Z 曲线编码的精度为 40。

通过图 6.11 可得出 4 点结论。①在普遍情况下，使用精度为 40 的 Z 曲线进行空间编码能使查询有更好的性能。②相对于其他行键编码方案，T-S 和 T-S-T 编码的性能较高。并且在时间跨度较小的情况下 T-S 编码优于 T-S-T 编码，随着时间跨度的增加，T-S-T 编码的性能会逐渐接近并优于 T-S 编码。这是由于在时间跨度较小时，两种编码需要扫描的区间数量均较少，此时粗查询并不是主要的性能瓶颈，且两种编码的粗查询时间相差无几，

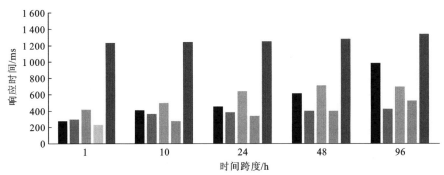

图 6.11 时空范围查询性能测试

虽然 T-S-T 编码中需要扫描的编码区间数量小于 T-S，减轻了粗查询负担，但是其取出的假阳性值相对较多，增加了精过滤负担，并且减少的粗查询负担远小于带来的精查询消耗，因此此时 T-S 编码效率高。当时间跨度增大后，T-S 编码中需要扫描的区间数量迅速增加，此时粗查询成为了主要的耗时操作，并且 T-S 编码的粗查询消耗远大于 T-S-T 编码，T-S-T 减少的粗查询负担平衡了其精查询时间，因此 T-S-T 编码的性能逐渐优于 T-S 编码。③对于连续时空范围查询而言，在 T-S-T 编码中，yyMMdd-S-HH 串接顺序优于 yyMMHH-S-dd 串接顺序，这是因为后者需要扫描的区间数量更多且假阳性值也更多。④S-T 编码方案的性能最差，且随着时间跨度的增加其性能变化不大。这是由于时间编码没有起到过滤作用，这种编码方案无论其时间跨度如何，在粗查询阶段都会将指定空间范围内的所有数据从HBase 中取出，因此其效率低下，且针对同一空间不同时间跨度的查询效率基本保持不变。

3）近邻查询效率评估

图 6.12 展示了当 k 固定为 10 时，在不同时间范围内，轨迹近邻查询的响应时间。图 6.13 展示了时间范围固定为 10 天，在不同 k 值的情况下轨迹点近邻查询和轨迹近邻查询的响应时间变化。

从图 6.12 和图 6.13 中可以得出结论，k 近邻查询的响应时间随 k 值的增加而增加。因为 k 值的增加会导致空间搜索范围的增加，从而导致粗查询时间增加，最终体现为查询响应的总时间增加。对比 yyMMdd-S40-HH 编码与 yyMMHH-S40-dd 编码可知，对于小时间范围的近邻查询（如 1 天以内）前者效率更高，而对于大时间范围后者效率更高。

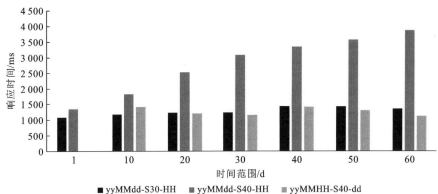

图 6.12 时间范围及行键编码对近邻查询性能的影响

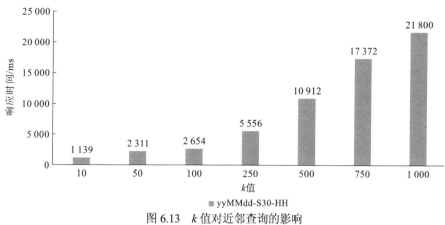

图 6.13　k 值对近邻查询的影响

6.6　应用 2：基于 MongoDB 的海量地图瓦片服务

6.6.1　地图瓦片服务

1. 网络地图服务概述

为了实现 GIS 数据与功能的互操作性，OGC 制定了一系列的地理数据与操作的规范和标准，包括网络地图服务（Web map service，WMS）、网络要素服务（Web feature service，WFS）、网络覆盖服务（Web coverage service，WCS）等。其中 WMS 服务主要是在互联网以网络服务的形式为远程用户提供空间数据的制图功能。由于 WMS 服务的动态制图流程，服务器端对每个制图请求都需要根据参数动态生成结果图片，这个过程耗费了大量的 CPU 资源，从而导致随着访问量的增大，响应能力急剧恶化，因此 WMS 的服务响应速度较差，并发访问能力低。

针对 WMS 服务响应速度差和并发访问能力低的问题，业界提出了多种优化方案。基于地图预定义分块的网络地图瓦片服务，包括 WMS-C、TMS 及 WMTS。网络地图瓦片服务，将空间数据预先多层级离散化，建立金字塔模型，采用标准 Web Service 模式发布地图信息，使用便捷、快速、效率高，目前许多网络地图服务平台都采用这种模式发布地图，如 Google Map、Microsoft Bing Map、百度地图等。

WMS-C 全称是 Web mapping service-cached，它是开源地理信息基金会（Open Source Geospatial Foundation，OSGeo）2006 年在 FOSS4G 会议上提出的，目的在于提供一种预先缓存地图分块数据的方法，以提升地图请求的速度。WMS-C 服务，是对 WMS 服务的扩展，其能力文档及请求参数与 WMS 服务兼容。WMS-C 服务首先将 WMS 服务提供的地图连续缩放离散化，固定成若干层，用户通过 bbox 和 resolutions 两个参数去决定请求的对应地图层级。如果用户的请求找不到对应的预先生成地图分块，则到对应的 WMS 服务动态生成。目前 WMS-C 服务的开源实现有 TileCache。

TMS 是 Tile Map Service 的缩写，即瓦片地图服务，同样也是 OSGeo 组织提出。TMS 的实现原理很简单，即对投影后的世界地图按照层级进行四叉树切割，切割后的瓦片数量随层级依次呈金字塔型。用户请求 TMS 服务数据时，提供 1、x 和 y 三个参数即可。TMS 服务仅提供 REST 访问接口。

2. Web 地图瓦片服务

2007 年，OGC 提出了网络地图瓦片服务（Web map tile service，WMTS），它是根据特定的比例尺方案和分块大小，提前在服务器上生成大量规则的地图图像，并有序存储，以实现对客户端请求的快速响应。WMTS 的制定参考了已有的较为成熟的地图服务标准，例如 TMS、WMS-C，同时顾及了一些现存的商业实现所使用的技术方案。

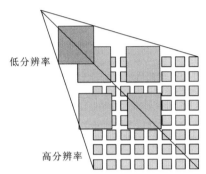

WMTS 服务规范制定了若干标准操作，如 GetCapabilities、GetTile 等，通过这些标准操作用户可以访问预先生成的地图瓦片。WMS 服务采用动态制图响应流程，用户按需动态定制地图可视化；而 WMTS 服务尽管损失了提供用户自定义地图的灵活性，但是解决了 WMS 服务的低效问题，提高了响应速度，加强了扩展性。与此同时，WMTS 还是 OGC 第一个支持 REST 接口访问的服务标准。WMTS 使用的瓦片集合组织模型如图 6.14 所示。

图 6.14　WMTS 服务瓦片金字塔示意图

相较 WMS-C、TMS 服务，WMTS 服务具有如下特点。

（1）通用性：访问 WMTS 服务，用户通过 GetTile 操作获取一张瓦片，由图层、符号样式、瓦片格式、层号、瓦片矩阵集、瓦片矩阵、瓦片所在行号和列号 8 个参数来确定某一特定的瓦片。

（2）多样性：WMTS 服务可以支持多种协议访问，其在规范中规定，任何 WMTS 客户端实现都必须同时支持 KVP 和 REST 方式，SOAP 方式为可选；任何 WMTS 服务器端都必须实现支持 KVP 和 REST 中的至少一种，SOAP 方式为可选。

（3）支持在不同尺度上采用不同的坐标系统：在 WMTS 的实现模型中规定了每个图层可以指定多个块阵集，每一个块阵集有自己的坐标参照系，块阵集中的各个块阵则对应各级比例尺。

6.6.2　系统实现及关键技术

1. 系统架构设计

本案例（Cheng et al.，2016）提出的高并发 WMTS 架构是基于分布式对称多处理器集群（symmetric multiprocessor，SMP），如图 6.15 所示。在 SMP 集群里面，每个节点都配置有两个或多个对称的 CPU，每个 CPU 都是多核架构。因此 SMP 集群存在多层次的并行资源，节点间的和节点内部。

针对高并发 WMTS 服务的系统架构具体实现如图 6.16 所示。架构分为三层：最上层为负载均衡层，Nginx 作为反向代理服务器进行负载均衡；中间层为应用服务层，使用扩

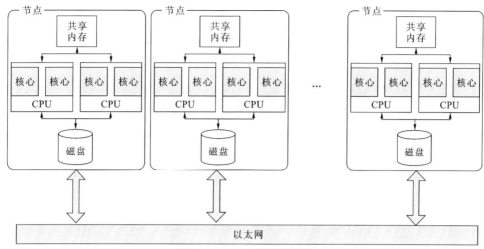

图 6.15　SMP 集群示意图

展开源的 GeoWebCache 来提供 WMTS 应用服务；底层为数据层，利用分布式 MongoDB 数据库存储海量瓦片数据。

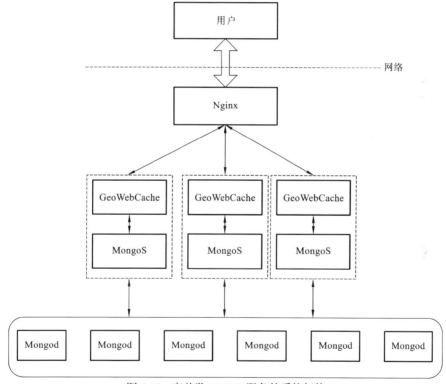

图 6.16　高并发 WMTS 服务的系统架构

2. 存储模型设计

在 WMTS 瓦片模型中，地图数据按照瓦片为单位来组织，瓦片根据需要以不同分辨率来存储，形成从粗分辨率到细分辨率、从小数据量到大数据量的金字塔结构。金字塔每一层的分辨率由投影方式固定，相邻两层的分辨率为四倍关系，栅格金字塔地图模型实际上是一个四叉树结构模型。以墨卡托投影为例，栅格地图金字塔中第 0 层只有 1 张瓦片，第 1 层有 4 张瓦片。

瓦片金字塔的每层数据最初设计为存储在一个 MongoDB 表中。然而，每层瓦片的数量随着金字塔层级的增加而快速增加，如果底层的所有瓦片都存储在一个 MongoDB 表中，那么单表的数据量会很庞大，导致查询性能降低。

案例中提出了一个优化的存储模型，其基本思想是减少存储在一个 MongoDB 表中的瓦片数。对于较高层（例如：1～12），每层瓦片数量较少，可存储在一张表中；对于底层（例如：13～15），每层的瓦片数量较大，采用四叉树结构将该层分割为若干子层。可以使用 4^（当前级别-12）计算分割的子层的数量，并且将属于同一个子层的瓦片组织到一个 MongoDB 表中，这种分割方法可以控制每层瓦片的数量。从金字塔中的瓦片位置（level，col，row）到存储表中的记录位置（table_name，record_key）的转换如下所示。

代码：从金字塔中的瓦片位置到存储表中的记录位置的转换

```
1:    Position_Convertion(level,col,row,table_name,record_key)
2:    {
3:        table_name='EPSG_900913_';
4:        if(level<13)
5:            table_name is appended with level num;
6:            record_key=hash(col,row);
7:        else
8:            table_name is appended with level num;
9:            num_tiles=4^ level;
10:           num_subs=4^(level-12);
11:           sub_col=col/(2^12);
12:           sub _row=row/(2^12);
13:           table_name is appended with sub_col num;
14:           table_name is appended with sub_row num;
15:           record_key=hash(col,row)
16:       end if
17:       return table_name, record_key;
18:   }
```

6.6.3 实验结果及分析

1. 实验数据

实验数据来自美国邻近地区的陆地卫星图像，经纬度范围为 72°～132° E，20°～48° N。整个瓦片金字塔共有 15 层，共包含 91 330 776 个瓦片。每个瓦片的平均大小约为 12 kB，总数据大小约为 1 TB。关于瓦片数据集的详细信息如表 6.6 所示。

表 6.6　金字塔不同层级的瓦片数据集

层	行数	列数	瓦片数量	大小/GB	10 000 张瓦片查询耗时/s
1	1	2	2	$2.143\ 1\times10^{-5}$	52
2	2	2	4	$4.329\ 3\times10^{-5}$	67
3	3	3	9	$9.766\ 67\times10^{-5}$	76
4	4	6	24	0.000 258 568	82
5	7	12	84	0.000 932 785	88
6	13	22	286	0.003 370 382	91
7	26	43	1 118	0.013 629 335	94
8	50	86	4 300	0.051 477 337	92
9	99	172	17 028	0.196 899 891	92
10	197	342	67 374	0.805 088 253	95
11	393	683	268 419	3.225 658 244	96
12	785	1 366	1 072 310	13.077 450 07	97
13	1 568	2 732	4 283 776	46.147 618 79	133
14	3 136	5 462	17 128 832	192.724 189 7	173
15	6 270	10 923	68 487 210	720.786 522	203

　　下面是一个 tile 请求 URL 示例，Openlayers 客户端显示的 WMTS 地图如图 6.17 所示。

```
http://192.168.0.30: 8080/geospeed/service/wmts?request=GetTile & version=
1.0.0&layer=usa&style=default&format=image/jpeg & TileMatrixSet=EPSG: 900913 &
TileMatrix=EPSG: 900913: 3&TileRow=x&TileCol=y.
```

图 6.17　Openlayers 客户端显示的 WMTS 地图

2. 实验环境

　　本案例的所有实验都是基于一个服务器集群进行。集群由 10 台机器组成，1 台机器作为负载均衡器，3 台 WMTS 服务器；3 台 WMTS 服务器连接到一个由 6 个节点组成的

MongoDB 数据库。另外 3 个额外的客户端 PC 用来评估框架的可伸缩性。所有服务器都通过专用的 1 千兆以太网链路连接。

3. 结果分析

本案例通过三个实验来评估所提出的高并发 WMTS 的性能和可伸缩性。HELP Workload 基于互联网地图浏览日志进行实现，可以模拟真实用户如何浏览 WMTS 地图，并以统计角度完成地图行为，HELP 工作负载的表现要比传统工作负载（例如，重复静态 URL、随机请求）更贴合实际应用场景。

所有实验均采用 20 s 的预热和 10 min 的稳定周期采集实验数据。用于量化性能的指标包括以服务器为中心和以网络为中心的指标，以服务器为中心的指标是页面加载时间和吞吐量，吞吐量是系统在 1 s 内可以处理的瓦片数量，以网络为中心仅指网络吞吐量。

高并发 WMTS 系统性能评估：对 WMTS 系统进行了评估实验，HELP Workload 的评估结果如图 6.18 至图 6.20 所示。

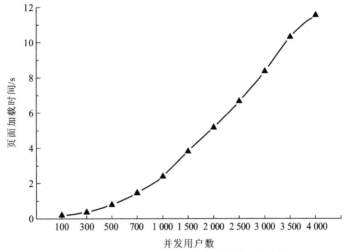

图 6.18　HELP Workload 所示的页面加载时间

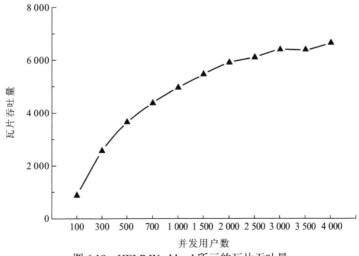

图 6.19　HELP Workload 所示的瓦片吞吐量

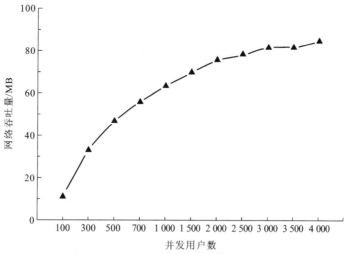

图 6.20　HELP Workload 所示的网络吞吐量

如图 6.18 所示，当用户数量小于 1 000 时，从 HELP Workload 加载页面的时间增长非常缓慢，当用户小于 1 000 时，HELP Workload 的响应时间接近 2 s，当用户增加到 4 000 时，页面加载时间急剧上升到大约 12 s。

在图 6.19 中，当并发用户的数量超过 1 000，HELP Workload 的页面加载时间大幅增加，但是网络吞吐量图（图 6.20）表明，最大的网络吞吐量大约是 80 MB，没有网络带宽的上限（1 千兆以太网的有效网络带宽约为 100～110 MB）。结果表明，当并发用户超过 1 000 时，累计的请求量几乎耗尽现有的 WMTS 系统的处理能力。

增加 WMTS 节点的实验：在已有的 WMTS 系统的 Web 服务层中，将 GeoWebCache 节点的数量从 3 个增加到 6 个。本实验的目的是评估高并发性 WMTS 是否可以通过增加服务节点来提高其性能。实验结果如图 6.21 所示。

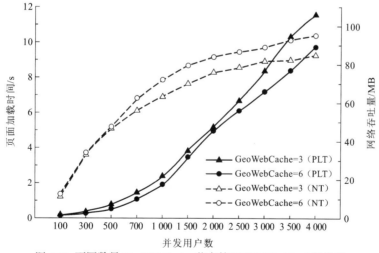

图 6.21　不同数量 GeoWebCache 节点的 HELP Workload 的性能

图 6.21 中，当服务节点从 3 个增加到 6 个时，性能提高了近 15%，负载时间减少了 0.5～2.0 s，网络吞吐量增加了 5～10 MB。当 GeoWebCache 节点数量增加时，处理 tile 请求的总能力也会增加，并导致页面加载时间减少。实验结果表明，该 WMTS 框架可以依

靠中间层服务节点的数量进行扩展，以处理高并发用户请求。

增加 mongod 节点实验：在 WMTS 系统的存储层，将 mongod 节点从 6 个增加到 9 个。本实验目的是评估通过增加数据库节点是否可以提高 WMTS 的性能。实验结果如图 6.22 所示。

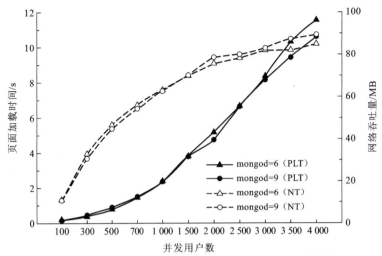

图 6.22 不同数量 mongod 节点的 HELP Workload 的性能

图 6.22 中，当 mongod 节点的数量从 6 增加到 9 时，HELP Workload 的结果几乎没有变化，这意味着增加 mongod 的数量对性能影响不大。实验结果表明，WMTS 框架的性能瓶颈在中间服务层，而不是存储层。

参 考 文 献

高强, 张凤荔, 王瑞锦, 等, 2017. 轨迹大数据: 数据处理关键技术研究综述. 软件学报, 28(4): 959-992.

林子雨, 2017. 大数据技术原理与应用. 2 版. 北京: 人民邮电出版社.

马友忠, 孟小峰, 2015. 云数据管理索引技术研究. 软件学报, 26(1): 145-166.

王凯, 陈能成, 陈泽强, 2017. 基于 MongoDB 的轨迹大数据时空索引构建方法. 计算机系统应用(6): 227-231.

王波涛, 梁伟, 赵凯利, 等, 2018. 基于 HBase 的支持频繁更新与多用户并发的 R 树. 计算机科学, 45(7): 42-52.

向隆刚, 高萌, 王德浩, 等, 2019. Geohash-Trees: 一种用于组织大规模轨迹的自适应索引. 武汉大学学报 (信息科学版), 44(3): 436-442.

AGRAWAL R, AILAMAKI A, BERNSTEIN P A, et al., 2008. The Claremont report on database research. ACM Sigmod Record, 37(3): 9-19.

ALARABI L, 2017. St-hadoop: A mapreduce framework for big spatio-temporal data. Proceedings of the 2017 ACM International Conference on Management of Data, Chicago, Illinois: 40-42.

BOHN R B, MESSINA J, LIU F, et al, 2011. NIST cloud computing reference architecture. 2011 IEEE World Congress on Services, Washington, DC: 594-596.

CHAKKA V P, EVERSPAUGH A, PATEL J M, 2003. Indexing large trajectory data sets with SETI. CIDR, Asilomar, CA: 75-76.

CHENG B, GUAN X, 2016. Design and evaluation of a high-concurrency web map tile service framework on a high performance cluster. International Journal of Grid and Distributed Computing, 9(12): 127-142.

ELDAWY A, MOKBEL M F, 2015. Spatialhadoop: A mapreduce framework for spatial data. 2015 IEEE 31st International Conference on Data Engineering, Seoul: 1352-1363.

FECHER R, WHITBY M A, 2017. Optimizing spatiotemporal analysis using multidimensional indexing with GeoWave. Free and Open Source Software for Geospatial (FOSS4G) Conference Proceedings, Boston. 17(1): 12.

FOSTER I, ZHAO Y, RAICU I, et al., 2008. Cloud computing and grid computing 360-degree compared. 2008 Grid Computing Environments Workshop, Austin, TX: 1-10.

GEORGE L, 2011. HBase: The definitive guide: Random access to your planet-size data. Sebastopol, CA: O'Reilly Media.

GUAN X, VAN OOSTEROM P, CHENG B, 2018. A parallel N-dimensional space-filling curve library and its application in massive point cloud management. ISPRS International Journal of Geo-Information, 7(8): 327.

HAN D, STROULIA E, 2013. Hgrid: A data model for large geospatial data sets in hbase. 2013 IEEE Sixth International Conference on Cloud Computing, Santa Clara, CA: 910-917.

HSU Y, PAN Y, WEI L, et al., 2012. Key formulation schemes for spatial index in cloud data managements. 2012 IEEE 13th International Conference on Mobile Data Management, Bengaluru, Karnataka: 21-26.

HUGHES J N, ANNEX A, EICHELBERGER C N, et al., 2015. Geomesa: A distributed architecture for spatio-temporal fusion. Geospatial Informatics, Fusion, and Motion Video Analytics V. International Society for Optics and Photonics, 9473: 94730F.

LI R, HE H, WANG R, et al, 2020. JUST: JD urban spatio-temporal data engine. 2020 IEEE 36th International Conference on Data Engineering (ICDE), Dallas, Texas: 1558-1569.

NISHIMURA S, DAS S, AGRAWAL D, et al., 2013. MD-HBase: Design and implementation of an elastic data infrastructure for cloud-scale location services. Distributed and Parallel Databases, 31(2): 289-319.

TAO Y, PAPADIAS D, 2001. MV3R-Tree: A spatio-temporal access method for timestamp and interval queries. 27th International Conference on Very Large Data Bases, Roma. 1: 431-440.

TEAM APACHE HBASE, 2016. Apache HBase reference guide version 2(0). Apache.

UDDIN R, RAVISHANKAR C V, TSOTRAS V J, 2018. Indexing moving object trajectories with hilbert curves. The 26th ACM SIGSPATIAL International Conference on Advances in Geographic Information Systems, Seattle, Washington: 416-419.

VAN LE H, TAKASU A, 2018. G-hbase: A high performance geographical database based on HBase. IEICE Transactions on Information and Systems, 101(4): 1053-1065.

WHITBY M A, FECHER R, BENNIGHT C, 2017. Geowave: Utilizing distributed key-value stores for multidimensional data. International Symposium on Spatial and Temporal Databases, Arlington, VA: 105-122.

WHITE T, 2009. Hadoop: The definitive guide. Sebastopol, CA: O'Reilly Media.

ZHANG C, ZHU L, LONG J, et al., 2018. A hybrid index model for efficient spatio-temporal search in HBase. Pacific-Asia Conference on Knowledge Discovery and Data Mining: 108-120.

ZHANG N, ZHENG G, CHEN H, et al., 2014. Hbasespatial: A Scalable spatial data storage based on Hbase. 2014 IEEE 13th International Conference on Trust, Security and Privacy in Computing and Communications, Beijing: 644-651.

ZHENG Y, 2011. Computing with spatial trajectories. Berlin: Springer Science & Business Media, 161-172.

第7章　时空大数据可视化

7.1　时空大数据可视化概述

时空大数据是包含空间位置和时间标签的多维数据，该类数据蕴含了与地理环境感知、人类社会活动相关的丰富信息，对社会综治、智慧城市、商业智能等领域具有重要的研究意义。然而时空大数据具有多尺度、属性高维、语义关联、时空动态关联等特性（李德仁 等，2015），基于原始数据人们无法直观感知其中隐藏的规律信息；同时相较文本等媒介，图形图像承载更高的信息量（Card，1999），因此可视分析已成为挖掘时空大数据隐藏信息的重要手段。

时空大数据可视化是基于计算机图形图像学、地图制图学、统计学等相关理论技术，对可视化对象的空间位置、时间标签及相关属性信息建立可视化表征或隐喻（如图案、颜色、符号等），并利用计算机交互式地将其显示在输出设备上，以增强用户对抽象数据的认知能力（任磊 等，2014）。

7.1.1　时空大数据可视化特征

时空大数据除具有大数据普遍存在的"5V"特征，即数据量（volume）大、数据类型（variety）多样、增长速度（velocity）快、价值（value）密度相对较低及数据质量（veracity）具有较高信噪比外，还具有多尺度、属性高维、语义关联及时空动态关联等特性。因此，为了有效挖掘与分析时空大数据中隐藏的丰富信息，相比于常规的大数据可视化，时空大数据可视化需要顾及时空多维动态关联性及多尺度关联性两大特征。

1. 时空多维动态关联性

时空大数据的多维属性信息会随着时间和空间位置的变换而改变，此类变化是可通过可视化方式表征的。然而，常规大数据可视化往往仅关注可视化对象在某一时刻或某一位置的相关属性信息表达，忽略了其在一定时间内的动态变化过程。时空大数据可视化在常规大数据可视化的基础上，从可视化对象的空间位置坐标、时间标签及多维属性信息三方面建立了不同的可视化表征或隐喻（如颜色、符号等），进而实现了时空大数据演变过程的可视化表达。

2. 多尺度关联性

时空大数据在不同尺度条件下，所含信息存在差异。这些差异共同构成了时空大数据的完整性和多样性。然而，常规大数据可视化往往对数据整体进行表达，忽略了数据在不同尺度的差异性。时空大数据可视化可根据尺度对原始数据进行分类分级，并建立不同尺度间的关联关系，后续便可根据用户的需求，在不同尺度下展示不同类别的数据，进而实现数据的多层级可视化表达及多尺度关联分析。

7.1.2 时空大数据可视化流程

根据 Card（1999）提出的经典可视化参考模型，可将时空大数据可视化理解为从原始数据到可视化视觉元素再到人的视觉感知的一系列转换过程，该过程如图 7.1 所示。

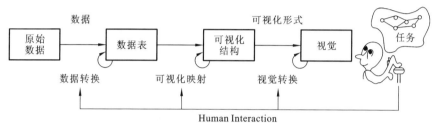

图 7.1 可视化参考模型（Card，1999）

1. 数据分析、处理与转换

对于原始数据，首先需要对其进行整体分析，以确定数据的结构、组成等相关信息。其次，原始数据中往往存在部分异常数据或冗余数据，此类数据会对数据质量、数据分析及可视化表达产生较大的影响，因此为保证后续实验结果的正确性，必须对原始实验数据进行预处理。最后，可根据研究目标所需的可视化方案选择性地对原始数据的类型/结构进行转换，便于后续可视化的调用。

2. 可视化映射

可视化映射也被称为"编码"，是时空大数据可视化流程中最重要的环节，具体指基于某种映射关系将数据值转换为形状、色相、符号等视觉元素的过程。其中，映射关系着数据本身的价值能否最大化，因此确定映射关系尤为重要。任磊等（2014）针对可视化映射提出了两个基本条件：一是保留数据的原貌，不可对数据所代表的本质进行更改，以保证数据的真实性；二是可视化映射的结果必须易于被用户理解和感知，同时可充分反映数据特征。

3. 视图变换

视图变换是指基于计算机图形图像学、地图制图学等相关技术，将可视化映射结果进行编码实现，并最终渲染在输出设备上的过程。另外，该步骤还包含了与上述"编码"相对应的"解码"环节，即用户对视觉元素进行解析、感知的过程。

7.1.3 时空大数据可视化发展概况

时空大数据可视化技术的起源可追溯至地图制图学的诞生。研究学者基于地图制图学，利用简易的地图分布形式及相关可视化元素实现了数据空间维度信息的可视化表达。后来，直到 20 世纪 70 年代，研究学者开始将时间维度信息引入对象空间维度及相关属性信息变化的研究中，提出了一些基本理论，逐步形成了兼顾时空两维度的时空大数据可视化方法（李力 等，2019）。参考 Godfrey 等（2016）的分类方法，根据可视化查询返回的数据类型，现有时空大数据可视化可划分为基于原始数据的可视化和基于预处理数据的可视化。

1. 基于原始数据的可视化

基于原始数据的可视化是最基本的时空可视化分析方法。该方法无须对数据进行任何分析处理，直接将原始数据通过恰当的可视化组件（如：柱状图、折线图、散点图等）进行展示，因此在此类方法中计算机主要承担的是"可视"部分，而"分析"部分则需要用户通过观察可视内容完成（王祖超 等，2015）。

基于原始数据的可视化实现需要对海量的数据进行加载，因此为提高查询效率，这一类型可视化方案多采用高性能分布式计算平台，如 Google 的 Big Query、开源的 MapD 及 CartoDB 等。其中，Big Query 是一个基于云平台的大数据分析网络服务，其通过融合分布式计算、列存储、数据压缩等技术，支持用户使用类 SQL 的语法对亿级记录数据进行在线查询分析及交互式可视化。MapD 是一个开源的大规模并行数据库，其利用图形处理单元对数据库处理时空数据的过程进行加速，使其能以毫秒级的响应来分析处理数十亿行的数据（Root et al.，2016）。CartoDB 支持用户对数据进行在线存储，并可自动将数据与地图关联，实现了基于地图的数据可视化效果的快速创建。

基于原始数据的可视化可以支持精确的单条数据查询，亦可显式展现数据在地图中的分布特征。但在大数据时代背景下，由于屏幕上的像素数量有限，该方法会出现可视化元素堆叠覆盖的情况，进而导致用户体验感较差。同时，此方法在硬件上所需的资源庞大且成本往往较高。

2. 基于预处理数据的可视化

基于预处理数据的可视化指先对数据进行压缩（如采样、过滤及聚合等方法），再将预处理结果展示，以减少可视化的数据量，从而解决海量数据所产生的可视化成本高、可视化元素堆叠等问题。

其中，采样方法涉及原始数据集的子集选取及用户自定义的空间/时间/属性条件过滤，此两类操作控制着原始数据集中哪些数据可以被可视化。因此，该方法可能存在所选数据子集太大或不具有代表性而无法实现有效可视化等问题。聚合是指通过统计落入每个预定义分组内的数量，进而将原始数据集转换为层次树结构的方法（Guan et al.，2020）。特别地，聚合过程依赖于广泛使用的"数据立方体"（data cube）概念。该概念最早由 Gray 等（1997）提出，其本质属于多维的概念，可进行旋转、上卷、钻取、切块及切片等操作，实现了从不同层面对多维数据进行细分和汇总的操作，满足了用户进行实时数据查询和分析的需求。然而对于高维立方体，大部分立方体单元为空，由此便产生了存储冗余、内外存消耗高等问题。

为解决数据立方体的存储冗余问题，许多研究学者提出了多种扩展结构以减少数据立方体的内存消耗，如 Dwarf（Sismanis et al.，2003）、Nanocubes（Lins et al.，2013）、imMens、Hashedcubes（Pahins et al.，2016）及 Gaussian Cubes（Wang et al.，2016）等。其中，Dwarf 结构主要通过合并存储的方式识别和消除数据立方体中的前缀冗余、后缀冗余，进而大幅降低内存消耗。后续，Nanocubes 在 Dwarf 的基础上进行了扩展，添加了不同层级的空间维度、时间维度及属性维度，能够支持多维时空交互式查询。imMens 通过将高维数据立方体划分为多个子立方体达到降维的目的，从而减少总内存消耗。Hashedcubes 是一种快速且易于实现的数据结构，可在分析大型多维数据集时满足交互式的可视化查询。此外，除了传统的数据立方体结构之外，Gaussian Cubes 还可利用其他组件（如多元高斯）以支持数据分析及可视化。

尽管上述拓展结果提高了可视化效率，但数据可伸缩性仍未得到充分解决。例如，imMens 能够支持的最大维度是四维，且无法自由扩展到更高的属性维度。另外，目前基于分布式平台的方法得到了更为广泛的应用，如 VisReduce（Im et al.，2013）、TBVA（Cheng et al.，2013）等。其中，VisReduce 建立在分布式 NoSQL 数据库的基础上，实现了在线聚合和数据压缩。然而该方案仅对原始数据在线聚合，随着数据量增大，聚合过程中会消耗更多的时间，难以支持交互式可视化。此外，TBVA 通过 Spark 集群（Zaharia et al.，2010）对大数据进行离线预处理，预先生成不同空间层级的瓦片数据，并计算各个瓦片的属性维度统计值，以实现交互式可视化。然而 TBVA 不支持空间/时间范围查询及时空特征分析。

综上，基于数据预处理的可视化可较好地解决硬件资源庞大、可视化元素重叠等问题，是当前时空大数据可视化的主流实现方式。同时，各类分布式计算平台也为时空大数据可视化的实现提供了强有力的支持，显著提升了可视化效率。

7.2 LOD 技 术

7.2.1 LOD 概述

在当前大数据时代背景下，数据规模呈现爆炸式增长（孟小峰 等，2013），以往常规的数据可视化方法越来越无法满足海量数据所需的时空维度及尺度关联等交互式动态可视化。普通可视化将所有数据同步进行渲染和绘制，往往会产生硬件设施过载、存储空间消耗较大等问题。同时由于屏幕像素数量有限，会产生数据堆叠覆盖严重等现象，进而导致用户体验感较差。因此，如何满足海量数据的实时渲染及绘制需求是时空大数据可视化面临的新挑战。

针对上述问题，在可视化层面国内外研究学者提出了 LOD（level of detail）技术、渲染优化、视椎体过滤等多类解决方案。其中 LOD 技术得到了最为广泛的应用。LOD 全称为"多层次细节"，该概念最早由 Clark 提出（1976），其旨在不影响画面视觉效果的条件下，从原始数据中提炼出一系列能够代表研究对象重要特征的简化模型，以减少场景的几何复杂度，实现数据的实时渲染。后续，专家学者在此基础上开展了系列研究，提出了离散LOD、连续型 LOD 及多分辨率 LOD 等多种扩展类型。如今，LOD 方法因其能够满足大数据实时渲染和绘制的需求，已普遍应用于虚拟现实、交互可视化、飞行仿真等各类领域。

7.2.2 LOD 构建方法

LOD 构建的基本原理可简要概括为从原始数据中提炼一系列能够代表研究对象重要特征的简化模型。根据 LOD 提炼方法的不同，广义上 LOD 构建方法可分为采样构建和聚合构建两类。

1. LOD 采样构建方法

LOD 采样构建的基本原理是按照某类特定规则，自上而下对原始数据进行剖分采样，并将剖分结果存储至文件中，后续可视化时根据用户设置的视点参数等判断条件加载不同的层级文件，以有效降低场景绘制所需的数据量，进而实现数据的实时绘制（Zha et al., 1999）。

这里以基于八叉树结构构建 LiDAR 点云 LOD 层级为例，阐述采样构建的基本原理，如图 7.2 所示。图 7.2 右侧所展示的八叉树结构中，每个节点对应图左侧空间中的一个正方体区域。另外，在八叉树结构中每个节点含有 8 个子节点，相应地，正方体区域可划分为等大的 8 个小正方体区域。由上述划分原理可得 LOD 的基本构建流程为基于原始数据，自上而下将数据划分至八叉树的各节点中，并以节点为主要对象，当一个节点中的数量到达一定阈值后，对节点进行下一层级的划分，直至完成所有数据的划分（王磊 等，2016）。

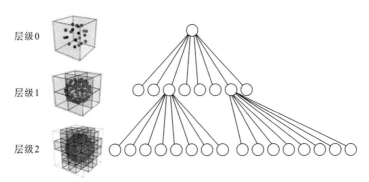

图 7.2　八叉树剖分构建 LOD 示意图

后续越来越多的研究学者对 LOD 采样构建进行了深入研究，提出了多类 LOD 构建方法。以 LiDAR 点云为例，Schütz（2016）提出了一种改进的八叉树对点云数据进行剖分，自上而下对数据进行泊松采样，利用生成的八叉树构建 LOD，并将八叉树节点储存为分片文件。孟放等（2006）提出了一种基于层次聚类的 LOD 构建过程，先将点云数据进行数据分块处理，然后进行层次聚类，通过定义拟合要素拟合每一个类并计算拟合误差，从而生成误差控制下的不同层次的细节信息。Gobbetti 等（2004）提出了一种层状点云，其使用一个总是沿着最长轴分裂的二叉树，在层次结构的每个节点中储存点云的子样例，从而用层次结构构建 LOD。Wimmer 等（2006）提出了嵌套八叉树结构，此结构类似于层状点云，每个节点的子样本都是在内接八叉树的辅助下建立的，其中外部八叉树用于确定可见性，内部八叉树用于创建子样本。Scheiblauer 等（2011）提出可修改嵌套八叉树，其基于嵌套的八叉树，但是为了提高插入和删除操作的性能，内部的八叉树被一个网格所取代。

2. LOD 聚合构建方法

LOD 聚合构建原理是根据不同粒度对原始数据进行分组，通过计算不同分组单元内数据项的数量，最终将原始数据划分为数据聚合的层次树结构，并在可视化不同层级显示对应层次数据，以实现数据的多样化展示及实时绘制。

瓦片金字塔模型是一种静态多分辨率层次模型（姚慧敏 等，2007），属于典型 LOD 聚合构建实例，如图 7.3 所示。金字塔包含 L 个图层（Layer/Level），每个图层由 $M \times N$ 个正方形瓦片（tile）拼接而成，每个瓦片再由 $n \times n$ 像素（pixel）组成（一般默认为 256×256），像素值就是可视化的内容（殷君茹 等，2015）。瓦片金字塔模型组织数据的方法是根据不同分辨率需求，人为划分若干等级，然后自下而上逐级聚合处理好的地图图片。例如，金字塔共分 L 层，则以第 L 层为基础，从地图的原点开始，从左往右，从上往下按照 2×2 个像素合成一个像素的原则生成第 L-1 层，再以此类推，往上不断聚合直到第 0 层。该组织方式能够在同一空间参考下，根据需求将地图或影像数据以不同分辨率进行存储与显示，从而形成分辨率由粗到细、数据量由小到大的金字塔结构，在用户访问时，可直接调取缓存的地图瓦片，以有效缩短服务器的地图生成时间和传送时间，缓解服务器压力，减少网络负载和响应时延。

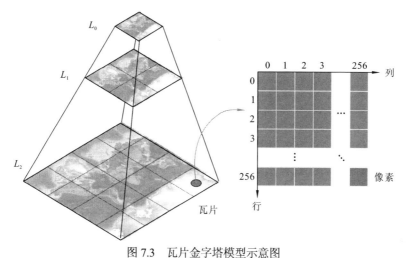

图 7.3　瓦片金字塔模型示意图

7.3　分布式内存计算框架

7.3.1　Spark 简介

Apache Spark 是专为大规模数据处理而设计的内存计算引擎，其于 2009 年诞生在 UC Berkeley AMP Lab（加州大学伯克利分校的 AMP 实验室），后续其在 2010 年通过 BSD 许可协议正式对外开源发布，在 2013 年加入 Apache 孵化器项目，并于 2014 年正式成为 Apache 软件基金会的顶级项目。

1. Spark 主要特点

Spark 是基于内存计算的大数据并行计算框架，其将中间运行输出与最终结果均存储在内存中，相比于 Hadoop 采用在运行结束后将数据存放到磁盘中的模式，该方法极大程度节省了大量磁盘的读写时间，其运行速度显著超过 Hadoop。Spark 提供了包括批处理、交互式查询、流式计算、图计算、机器学习等一站式数据解决方案，实现了多种计算模式，可减少开发、维护和部署多个平台的人力、物力成本，并且可在应用中将各组件结合使用，满足特定需求。

另外，Spark 具有兼容性强的显著特征，其应用程序可运行在大量平台上，如 Hadoop、Mesos、Kubernetes、Standalone 或云端服务器等。同时，Spark 可访问上百种数据源，并完全兼容 Hadoop 所支持的数据，如 HDFS、Cassandra、HBase、Hive 等。

2. Spark 分布式架构

Spark 采用分布式集群的主从（Master-Slave）架构模型，如图 7.4 所示。其中，Master（cluster manager）节点负责整个集群的资源管理与分配；Worker 节点负责接收 Master 节点的命令，并启动 Driver 和 Executor。客户端提交应用后，启动 Driver 进程准备 Spark 应用程序的运行环境，并与 Master 进行通信，申请相关资源，最后进行任务调度将计算任务发送到 Worker 上执行。

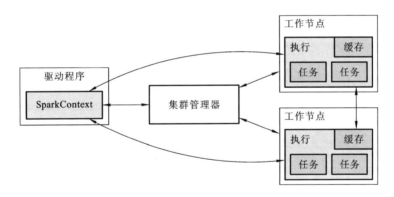

图 7.4　Spark 分布式架构示意图

3. Spark 生态圈

Spark 生态圈结构如图 7.5 所示，其以 Spark 为核心，从持久化层（如 HDFS、Amazon S3 等）读取数据，以 MapReduce 的模式进行分布式计算，然后利用资源管理器（如 Yarn 或自带的 Standa lone）执行任务调度，以支撑构建于平台上的各类应用。除了主要的基础部分，生态圈还提供了应对具体场景的功能组件，如 Spark SQL、Spark Streaming、MLlib/MLbase、Spark R 等。

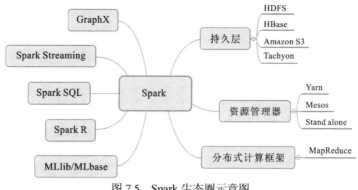

图 7.5　Spark 生态圈示意图

7.3.2　Spark 内存数据抽象

1. 弹性分布式数据集（RDD）

Spark 核心建立在统一的抽象弹性分布式数据集（resilient distributed datasets，RDD）之上，这使得 Spark 各组件可以无缝地进行集成，能够在同一个应用程序中完成大数据处理。RDD 相关特性如下。

（1）RDD 可以分为多个分区，一个 RDD 的不同分区可以保存到集群中的不同节点上，从而实现并行计算。

（2）RDD 只读而无法修改，对 RDD 进行转换会产生新的 RDD 对象。

（3）RDD 能够依据依赖列表（Lineage）追溯到最早的 RDD，并且可向上追溯到所存储的数据，这使得 Spark 能够在每个中间过程不执行磁盘读写的条件下实现容错。

2. 分布式数据集（Dataset/DataFrame）

在 SparkSQL 中，Dataset/DataFrame 是一种以 RDD 为基础的分布式数据集，其对底层的 RDD 抽象进行封装并做了优化，使其更加方便、高效。其中，Dataset 是 Spark 1.6 中添加的一个新接口，它具备了 RDD 的相关优点（如强类型、使用强大 lambda 函数的能力）及支持 Spark SQL 优化执行的相关优点。DataFrame 是对象类型为 Row 并带有 schema 元信息的 Dataset，其携带的 schema 元信息，描述了 DataFrame 所表示的二维表数据集每一列名称和类型。这使得 Spark SQL 得以洞察更多的结构信息，从而对数据源以及作用于 DataFrame 之上的变换进行针对性的优化。

7.3.3　Spark 计算模式

1. MapReduce 计算模式

Spark 是类 MapReduce 的计算框架。Shuffle 是 MapReduce 的核心，主要作用于具有宽依赖关系的 RDD 中，将 map 端的输出按指定的规则进行"打乱"，reduce 端接收属于自己的数据进行处理。

具体地，在 Spark 中，父子 RDD 之间的关系可分为宽依赖和窄依赖两类，如图 7.6 所示。其中，宽依赖关系表示父 RDD 的每个分区对应子 RDD 的多个分区；窄依赖关系表示父 RDD 的每个分区仅对应子 RDD 的一个分区。对于具有宽依赖关系的 RDD 之间需要进行 shuffle 操作，将父 RDD 分区的数据按照规则分发到不同子 RDD 分区，对具有相同 Key 的数据记录进行聚合操作。

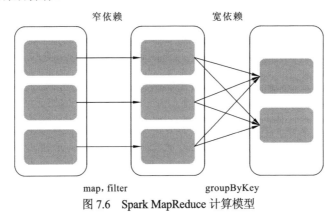

图 7.6　Spark MapReduce 计算模型

2. Iterative 计算模式

相比于 Hadoop 的 MapReduce 计算框架每次计算都需要读写磁盘，Spark 可将重要数据缓存在内存之中重复利用，因此非常适合于迭代计算，极大程度提高了运行效率。Spark 主要通过将多个计算步骤组成 pipeline 以实现在内存中完成计算，该过程如图 7.7 所示。

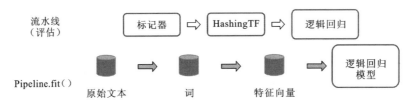

图 7.7　Spark MLlib Pipeline 计算模型

3. Streaming 计算模式

Hadoop 的 MapReduce 及 Spark SQL 等只能进行离线批量计算，无法满足实时性要求较高的业务需求。Spark Streaming 是基于 Spark core 的一个扩展，可以实现高吞吐量的，具备容错机制的实时流数据处理，其模型如图 7.8 所示。Spark Streaming 接收 Kafka、Flume、HDFS 等各种来源的实时输入数据，将数据按照时间段拆分成多个 batch，然后将每个 batch 交给 Spark 的计算引擎进行处理，最后输出一个结果数据流，用于可视化或者持久化储存。

图 7.8　Spark Streaming 计算模型

7.4　应用1：海量LiDAR点云数据可视化系统

7.4.1　点云数据可视化

1. 海量点云数据概述

点云是指在同一空间参考下，通过三维坐标（X，Y，Z）、分类值、强度值及颜色等属性信息来表达对象的空间分布特征及表面特性的海量点集合。通过对点云数据的处理与分析，可以获得被测物体表面的形态与其他详细性质。LiDAR（light detection and ranging，激光雷达）是一种非接触主动式快速获取物体表面三维密集点云的技术（杨必胜 等，2017）。相比于传统测量方式，LiDAR 技术在精度、速度、便捷性等方面都具有较大的提升，所获得的点云数据分辨率高，数据量庞大。由于计算机内存有限及数据处理能力的不足，处理海量点云数据时存在速度慢、效率低等问题。因此，使用合理高效的方式组织、管理、可视化海量点云数据尤为重要。

2. 海量点云数据可视化现状

在海量点云可视化中，由于数据量庞大，考虑传输速度与内存消耗，无法实现对全部数据的加载与渲染，而应按需动态调度部分数据。因此，LOD 技术被广泛应用于海量点云可视化。该技术基本原理是，在渲染时根据不同的标准选择适当的层次模型，在损失物体细节的条件下加速场景显示，提高系统响应能力。但当前的点云可视化软件主要采用离散 LOD（discrete level of detail，DLOD）技术（Schütz et al.，2019），如果相邻节点不处于同一层级，会产生由数据密度不同而导致的层级跃变现象，影响可视化效果。此外，海量点云中的点是离散的，相互之间无拓扑关系，进行三维重建需要消耗大量的时间与空间资源，因此现有的海量点云渲染方式往往舍弃了三角网格表达方式，而采用基于点形式（Sedláček et al.，2019）的方式。同时大部分的点云数据也缺乏法线向量，导致无法使用常见的光照模型，且物体边界模糊，难以区分，可视化效果较差。

现有的点云可视化软件大多采用单机离线模式（邱波 等，2019），如 CloudCompare、TerraSolid 等，但此方法便携性较差，在不同计算机上需要重新下载安装。伴随着 HTML5、JavaScript 的发展，越来越多客户端功能被移植到浏览器上，此方法解决了平台不同所造成的交互困难问题，扩展性强。

综上，本应用首先建立基于连续 LOD（continuous level of detail，CLOD）的点云层级分布概率模型，并利用概率模型为离散采样点赋以连续层级属性，同时结合数据立方体概念和八叉树结构对点云金字塔进行分片，生成总体、索引、分片数据三种类型的点云文件。进而基于多尺度渲染需求和视椎体裁剪设计了自顶向下的节点筛选算法，并制定了相应的数据传输方案。最后基于 Three.js 开发了海量点云在线可视化系统，系统支持 CLOD 连续层级可视化，同时点云渲染采用离屏渲染、EDL（eye-dome lighting，EDL）等技术提高了可视化效果。

7.4.2 系统实现及关键技术

1. 基于 CLOD 的点云金字塔模型

DLOD 是 LOD 中最为常见的一种方式，以块为基本划分单位，根据预定方案将模型划分成离散的整数层级，如谷歌地球。DLOD 以四叉树结构组织影像数据，其次根据需要对不同层级的影像进行调度与显示。但当相邻的两张影像不处于同一层级时，会因分辨率不同而产生密度跃变问题。针对密度跃变问题，国内外研究学者基于 DLOD 提出了 CLOD 方法，其通过在离散层级之间划分更多的等级来优化可视化效果，使相邻离散层级之间过渡自然，如图 7.9 所示。

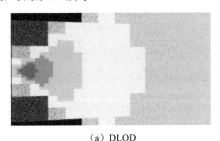 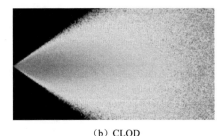

(a) DLOD   (b) CLOD

图 7.9　DLOD 与 CLOD 示意图

在 DLOD 中，假设数据维度为 d，则相邻整数层级之间的点数量之比为 2^d。若点云中第 0 层级中的点数为 p，总点数为 P，依据等比数列求和公式，可计算得到最大层级 L 为

$$L = \text{round}\left(\frac{\ln(p - P + P \cdot 2^d) - \ln p}{d \cdot \ln 2} - 1 \right) \tag{7.1}$$

在 CLOD 中，为了使层级连续，以微分思想对整数层级再分层。若一个整数层级被划分为 r 个子层级，则相邻子层级之间点数量也需保持固定的倍数关系，应为 $2^{\frac{d}{r}}$。将前 n 子层级的点数量和表示为 S_n，若层级自变量为 x，自变量取值粒度为 $\frac{1}{r}$，则每个点的层级范围为 $\left[0, L + \frac{r-1}{r}\right]$，点云中小于层级 x 的点数量占全部点云数量的概率为

$$F(x) = \frac{S_{x \cdot r + 1}}{P} = \frac{1 - 2^{\frac{d}{r} + d \cdot x}}{1 - 2^{d \cdot (L+1)}} \tag{7.2}$$

当子层级的划分数量 r 逼近于无穷大时，累积概率可看作是连续的函数，利用它的反函数便可以依据随机数生成符合 CLOD 概率分布的层级属性，如下：

$$\text{level} = \frac{\ln(1 + U \cdot (2^{d(L+1)} - 1))}{d \cdot \ln 2} \tag{7.3}$$

式中：U 为随机数；level 为层级。

2. 点云数据分片

数据分片是指设计一定的拆分策略将原始整体数据转换为若干分片数据的过程。当使用数据时，只需要按需加载相关的分片，而不用将整体数据全部载入。利用八叉树结构对

点云数据进行分片，首先需要获取点云的最小正方体包围盒，然后利用点云的 LOD 信息，整数细节层级对应八叉树层级节点，按照位置属性将点数据划分至相应层级的八叉树节点中，最后将每个节点包含的点数据生成分片文件。

单机由于内存、CPU 以及硬盘等限制，无法有效处理海量点云数据，而分布式计算框架 Spark 将数据及计算任务分发到分布式集群中，可极大提高海量数据的处理效率。点云分布式处理过程如图 7.10 所示，具体步骤如下。

（1）加载点云数据，对数据格式进行分析，遍历数据获取点云包围盒、点数量等信息。

（2）使用 map 算子，基于 CLOD 公式获取点的细节层级，并根据点的位置信息获取点所属的八叉树节点；其次，以八叉树节点编码为 Key，点数据为 Value。

（3）使用 groupByKey 算子，将具有相同八叉树节点编码 Key 的点数据进行合并。

（4）使用 foreach 算子，以 Key 作为文件名，将点数据集写入分片文件。

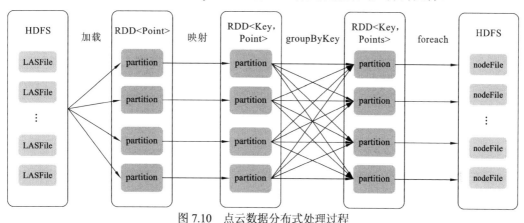

图 7.10　点云数据分布式处理过程

3. 海量点云实时调度方案

1）分片文件筛选算法

由于生成的八叉树节点数量过多，计算机无法一次性快速加载所有的数据，需要按需动态调度部分数据，本应用基于层级遍历思想，设计了自上而下的节点筛选算法，筛选条件包括：一是节点的包围盒需要与视椎体相交，目的是排除不可见的节点，保证所需加载的节点都处于可视范围内，提高加载数据的利用率；二是节点的离散层级属性需要小于其包围盒到视点的最近距离处的层级阈值，判断公式为

$$\text{level} < \text{level}_{max} - \text{level}_{max} \frac{\text{level} \cdot \sqrt{(x-u)^2 + (y-v)^2 + (z-w)^2}}{\text{distance}} \tag{7.4}$$

式中：u、v、w 为视点在三维空间中的坐标；distance 为视点到远平面的距离；level_{max} 为所有点中的最大层级，目的是在保证可视化效果的基础上，尽可能地减少所需加载的节点数量，在视点较近处加载密度更大的数据，而较远处则较为粗略。

2）数据压缩

在完成节点的筛选后，需要进行数据传输，考虑客户端与服务端交互的实时性，有必要对数据文件进行压缩。本应用的压缩方法主要有三种：一是对类型为浮点型的数据进行相同比例的放大处理，转换为整型数据，并记录该比例数据，如 123.24，处理后为 12 324，同时存储 0.01 作为客户端解析时的缩放比例；二是将每个点的坐标减去所属节点包围盒的左下角坐标，保证所储存的数据均为正数，且数值较小；三是对数值进行不定长字节储存，利用字节的最高位作为标志位，避免了数值较小时造成空间浪费。

3）分片文件传输方式

通过网络传输获取数据最常见的方式是利用 AJAX（asynchronous javascript and XML）技术发送 HTTP（hyper text transfer protocol）请求，但该方式数据发送和接收完成后就会断开连接，这样会导致客户端需要不断向服务器发出请求。同时，浏览器对同域名请求的并发量也有一定的限制，如 Chrome，它的并发连接个数最大为 6，即同时处理 6 个请求，如果短时间有大量的请求，则需要较长的时间。对此，本应用采用 WebSocket 协议以解决上述问题，其是超文本标记语言（hyper text markup language，HTML）中的一种新协议，浏览器和服务器只需要完成一次握手，两者之间就可以创建持久性的连接，并进行双向数据传输，直到客户端或者服务端的某一方主动关闭连接，且不会受到并发量的限制。

此外，本应用利用 IndexedDB 数据库作为缓存，它相较于常见的 webStorage、Cookie 等形式的缓存，存储空间更大，数据格式多样，且兼容性强，提高了已传输数据的重复加载效率，在第二次打开网页时无须连接网络便可以直接加载缓存中的数据。

4. Point-based 海量点云渲染

1）属性着色

点云通常利用 RGB 属性来着色，但该属性并不是激光扫描的固有属性，不包含 RGB 属性的点云数据需要将其余属性映射到 RGBA 通道以进行着色（Schütz，2016），这些属性包括：层级、高程、地物类型、激光反射强度等。

2）点的尺寸调整

点的尺寸对在线可视化有很大影响，尺寸较小，点之间的空隙较为明显，但性能有所提升；尺寸较大，可以减少相邻点之间的空隙，但性能会随之下降，并增加遮挡伪像。若以固定尺寸渲染点云，当用户移动视点至较近位置时，点间空隙会放大，有明显的镂空感。因此，本应用依据视点的坐标来动态调整点云中每个点的尺寸。考虑 LOD 的原则，离视点较近的位置处模型较为细致，所需加载的点云数据更多，所以可以使用小尺寸渲染点云。而随着离视点的距离不断扩大，加载的点云数量逐渐减少，利用较大尺寸来渲染这些点可以填补由数据稀疏所形成的空隙。

3）EDL 技术

为了在不具有法线向量的条件下，提高可视化时的深度感知效果，本应用采用了 EDL 算法来处理物体的深度显示，以突显物体边界（Boucheny et al.，2011）。如图 7.11 所示，使用了 EDL 的可视化结果明显提升了界面的深度感知效果，更加贴近现实。

EDL 技术的整体架构如图 7.12 所示，GPU 在当前屏幕缓冲区以外新开辟一个缓冲区进行渲染，而不是直接绘制在显示屏上，将离屏渲染生成的彩色与深度图像存储为两个纹理。其次，对深度图像逐像素进行计算，生成阴影，最后再结合彩色图像，即每个像素的RGB 分量乘以 EDL 阴影值，重新生成一幅新图像，显示在屏幕上。

（a）未采用 EDL 技术　　　　　　　　　（b）采用 EDL 技术

图 7.11　EDL 渲染效果对比图

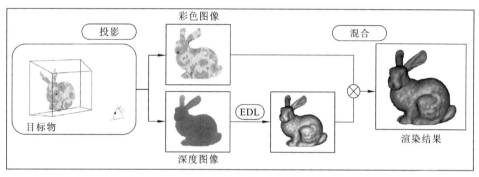

图 7.12　EDL 渲染架构图

具体计算方法为：通过遍历对比当前片元与其八邻域方向上一定距离内片元的深度，计算每个方向上的 EDL 值，最后将 8 个方向上的 EDL 值叠加后取平均，经过归一化处理后得到最终的 EDL 值，如下：

$$\text{edl} = \frac{\sum\limits_{i=1}^{8} \max(0, \log_2(\text{depth}) - \log_2(\text{neighbor}_i))}{8} \tag{7.5}$$

式中：depth 为当前片元的深度；neighbor_i 为该片元周围第 i 个片元的深度。

7.4.3　实验结果及分析

1. 实验数据

本应用的实验数据来源于 AHN3（actueel hoogtebestand nederland，AHN），原文件格式为 LAS，大小为 26 GB，共包含 970 000 000 个点。在利用 7.4.2 小节中所提出的分片方案对原数据进行划分，并通过自定义的存储格式对数据进行压缩和处理后，共形成分片文件 55 665 个，总大小为 9.4 GB，压缩率达到 36.15%。

2. 实验环境

本系统测试及开发相关设备信息如表 7.1 及表 7.2 所示。

表 7.1　客户端设备信息

属性	配置信息
设备型号	HP ProBook 430 G3
CPU	Intel i5-6200U
内存/GB	8
分辨率	1366×768
浏览器	Chrome 80

表 7.2　服务端设备信息

属性	配置信息
CPU	Intel Xeon Platinum 8163 CPU
内存/GB	31
OS	Ubuntu 18.04.3
JVM	JVM 1.8.0
Hadoop	Hadoop 2.7.7
Spark	Spark 2.4.4
HBase	HBase 1.4.9

3. 可视化界面

　　本系统的可视化界面如图 7.13 及图 7.14 所示，主要包括三维点云、虚拟地球及工具栏三部分。其中：三维点云部分使用 Three.js 开源可视化库进行实现和交互；虚拟地球利用 Cesium.js 对 OpenStreetMap 提供的街景地图进行了加载。

图 7.13　可视化界面（局部）

内存 : 17 数据库 : 0 服务器 : 0   总点数:232095   time:307

图 7.14　可视化界面（整体）

4. 实验验证

1）数据分片实验验证

为检测本应用提出的基于分布式集群解决方案的高效性，设计了不同数量级的数据分片实验，并与现有的点云可视化系统 Potree 提供的分片工具 PotreeConverter 进行了对比，实验场景如表 7.3 所示。

表 7.3　数据分片实验场景

数量级	输入文件大小/GB	输入点数目
小	0.4	15 000 000
较小	1.0	50 000 000
中等	1.8	90 000 000
较大	13.0	500 000 000
大	26.0	970 000 000

实验结果如图 7.15 所示。观察实验结果，可明显发现 SparkSpliter 的分片效率远高于 PotreeConverter。对于小数量级的点云数据，两者处理时间相差不多，这是因为基于分布式集群的处理涉及较多的网络传输消耗，需要将处理数据分发到各个计算机节点。但是随着数据量的增加，由于单机内存大小和 CPU 处理速度的限制，PotreeConverter 处理时间呈指数级增长。同时，由于单机的磁盘限制，所处理的点云数据量是有上限的。相较于 PotreeConverter，基于分布式集群的 SparkSpliter 处理时间大大减少，并且随着数据量的增大，处理时间增长平稳。SparkSpliter 将数据处理任务分布到多个计算机节点中并行处理，具有高扩展性，处理效率和储存容量随着计算机节点的增加而增加。所以对于海量点云的分布和储存管理，基于分布式集群的解决方案具有极大的优势。

2）可视化效果测试

为了更好地比较 DLOD 模型与 CLOD 模型两者间的可视化效果，本应用将点的尺寸设置为相同定值进行对比测试，实验结果如图 7.16 所示。

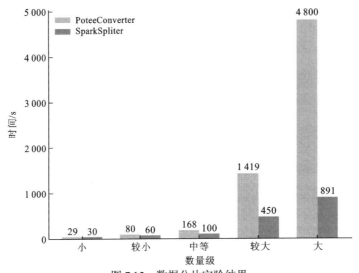

图 7.15 数据分片实验结果

（a）DLOD模型

（b）CLOD模型

图 7.16 DLOD 与 CLOD 效果对比图

观察图 7.16 可发现，图 7.16（a）有明显的层级分界线即存在点的密度突变现象，而图 7.16（b）相较于前者，密度变化较为缓和，没有明显的分界线，具有更好的可视化效果。另外，图 7.16（a）中一共有 513 695 个点，而图 7.16（b）中只有 300 566 个点，因此 CLOD 相较于 DLOD，在提升可视化效果的同时，也有效减少了数据的加载数量。

7.5 应用 2：海量 POI 数据可视化系统

7.5.1 POI 数据可视化背景

近年来，随着个人智能设备、物联网、社交媒体及浮动车 GPS 等数据采集手段的发展与成熟，数据源日益丰富，采集的数据量呈爆炸式增长，称为"时空大数据"。其中，基于位置的兴趣点数据（point of interest，POI）最为典型，具有数据范围大、数据类型多样等特点。

POI 指特定空间范围内用户感兴趣的点状数据，如出租车点位数据、签到数据等。POI 数据具有时空特征及高维属性特征，通常可表示为 $(S,T,A_1,A_2,\cdots,A_n)$ 形式。其中，S 表示 POI 数据的空间位置坐标信息（一般由经度和纬度表示），T 表示时间标签，$A_1,A_2,\cdots,A_n$ 表示数据所具有的 n 个属性信息。

大数据时代背景下，POI 具有海量、属性高维等特征，因此多采用高性能硬件环境及数据压缩方案（如采样、过滤及聚合等）识别数据内在模式、推断数据相关性及因果关系，以充分发挥数据价值，支持相关决策（De Oliveira et al.，2003）。其中，采用高性能硬件环境的方法可有效提升可视化效率，但数据堆叠覆盖的现象仍然存在，同时硬件成本往往较高。另外，数据压缩方案将原始数据映射为数据量相对较小且内容相近的可视化元素，可有效解决数据海量所造成的渲染效率低等系列问题。但此类方案无法兼顾POI 数据的时空及高维特征。因此，如何有效可视化 POI 数据的时空及属性信息，解决海量数据所造成渲染压力等问题，同时充分发挥分布式计算的优势，是海量 POI 数据可视化亟待研究的问题。

综上，本应用以出租车数据为研究对象，基于数据聚合和分布式计算等技术，提出了一种多维度聚合金字塔（multidimensional aggregation pyramid，MAP）数据组织模型，解决以往大数据可视化方案时空/多维属性支持不足的问题。其次，基于高性能的 Spark 集群及分布式数据库 HBase 设计一套面向点状时空大数据的开源可视化框架（MAP-Vis），以期解决海量 POI 数据渲染性能低、感知和交互可视化伸缩性差、用户体验感不佳等系列问题。

7.5.2 系统实现及关键技术

1. 多维度聚合金字塔模型相关定义

本应用基于时空立方体及 2D 瓦片金字塔模型设计多维度聚合金字塔（MAP），如图7.17 所示。其中，时空立方体的拓展类型 S×T×A（空间×时间×属性）立方体，为 MAP模型基础单元的构建奠定了基础；2D 瓦片金字塔模型的二维空间层次聚合思想，为 MAP模型实现时/空/属性多维度聚合提供了启示。

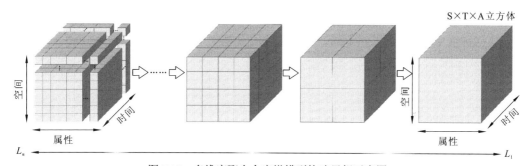

图 7.17 多维度聚合金字塔模型构建思想示意图

多维度聚合金字塔模型在空间维，以瓦片金字塔的方式进行逐级聚合；在时间维，其通过预先设定的时间粒度对数据进行划分重组；在属性维，其通过扁平化的属性聚合树进行各维度属性值的聚合。其中，时间、空间维是密切相关的，二者构成的整体标识为一个时空单元，并作为 Key，离散的属性维聚合树为 Value，两者以键值对（key-value-pair）的方式进行挂接。这样在时空聚合的同时，属性维也随之聚合，如此可得到一个包含空间、时间、属性维度的多维时空金字塔模型，如图 7.18 所示。

对于 MAP 模型，相关概念定义如下。

（1）属性聚合树（flattened attribute aggregation tree，FAA_Tree）。属性聚合树是对时空对象的多维属性单元逐维度聚合，所形成的树形结构。以图 7.18 中下方表格为例，表中有

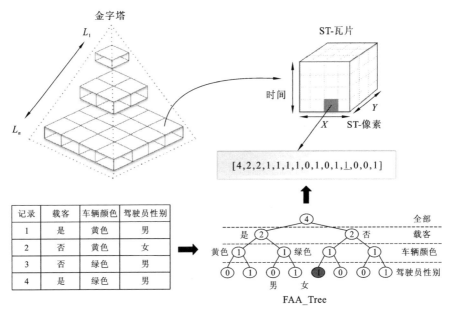

图 7.18　多维度聚合金字塔模型

4 条出租车的记录且每条记录有三个属性，分别为载客与否、车辆颜色及驾驶员性别。图中的 4 条记录，通过统计聚合得到图 7.18 中右侧的属性聚合树结构，再对其做广度优先遍历，得到可结构化存储的定长一维数组，如式（7.6）所示。与原始树形结构相比，固定长度的一维数组为后续数据的存储和处理提供了极大的便利。

$$\text{FAA\_Tree} = \{a_{all},\ a_1,\ a_2,\ \cdots,\ a_n\} \qquad (7.6)$$

（2）时空像素（spatio-temporal pixel，ST-Pixel）。本应用将上述提及的 S×T×A 立方体定义为时空像素，如图 7.19 所示。由于时空像素容纳了多维属性信息，时空像素本质是一个 4D 数据单元，也是 MAP 模型的最小数据单元。时空像素的定义如下：

$$\text{ST-Pixel} = \{[l,\ x,\ y,\ t], a_j\} \qquad (a_j \in \text{FAA\_Tree}) \qquad (7.7)$$

式中：l 为多维度金字塔的层级；x 和 y 为该时空像素对应空间范围的中心或某一角的点坐标；t 为预设时间粒度的刻度坐标；a_j 为属性聚合树中的一个单元。

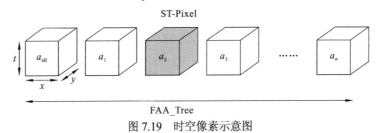

图 7.19　时空像素示意图

（3）时空瓦片（spatio-temporal tile，ST-Tile）。由于时空像素本质属于 4D 单位结构，无法在客户端以 2D 地图的方式展示。因此，本应用定义了一个类似 2D 模型的瓦片，即时空瓦片，如图 7.20 所示。时空瓦片是 MAP 模型显示的基础单位，其由具有相同时间标签和属性值的时空像素组成，它定义为式（7.8）的五元组。

$$\text{ST-Tile} = \{[l,\ X,\ Y], t_k, a_j\} \qquad (t_k \in T,\ a_j \in \text{FAA\_Tree}) \qquad (7.8)$$

式中：l 为多维度金字塔的层级；X、Y 分别为时空瓦片的行列号；t_k 为预设时间粒度中的某个时间；a_j 为属性聚合树中的一个单元。

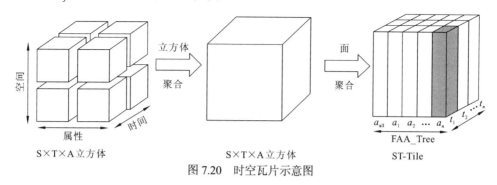

图 7.20　时空瓦片示意图

2. 多维度聚合金字塔模型相关操作

为构建多维度聚合金字塔模型，需要定义如下相关操作。

（1）Extract 操作。提取原始记录中的地理位置信息、时间信息及属性信息，同时将地理位置信息和时间信息转换为时间瓦片中的坐标，将属性信息生成属性聚合树并序列化，如下：

$$\textbf{Extract}(l,[\text{Lon, Lat}], w) = \text{ST-Pixel}([l, x, y], t, \text{FAA\_Tree}) \tag{7.9}$$

（2）Group 操作。分两步，如式（7.10）所示。首先建立时空像素与时空瓦片间的映射关系，即确定时空像素应隶属的具体时空瓦片。其次，对所有映射相同时空瓦片的时空像素进行规约，并根据时空像素计算出一个新的属性聚合树，即时空瓦片的聚合树是所有时空像素的属性聚合树累加的结果。

$$\textbf{Group}(\text{ST-Pixel}([l_n, x, y, t]))$$
$$= \text{ST-Tile}([l, X, Y], t_k, a_j, \bigcup_{i=1}^{n \times n} \text{ST-Pixel})(t_k \in T, \ a_j \in \text{FAA\_Tree}) \tag{7.10}$$

（3）Aggregate 操作。与 2D 瓦片金字塔模型的聚合操作相同，MAP 中的聚合操作也从底部到顶部逐级进行，从而获取金字塔中的所有时空瓦片，如下：

$$\text{Aggregate}(\text{ST-Tile}(l_n, X_{2i}, Y_{2i}, T, \text{FAA\_Tree}), \text{ST-Tile}(l_n, X_{2i}, Y_{2i+1}, T, \text{FAA\_Tree}),$$
$$\text{ST-Tile}(l_n, X_{2i+1}, Y_{2i}, T, \text{FAA\_Tree}), \ \text{ST-Tile}(l_n, X_{2i+1}, Y_{2i+1}, T, \text{FAA\_Tree})) \tag{7.11}$$
$$= \text{ST-Tile}(l_{n-1}, X_i, Y_i, T, \text{FAA\_Tree})$$

（4）key-value-pair 操作（KVP）。拆分 FAA_Tree 里的每一个节点，并分别将节点与时空瓦片的 SFC 编码联合编码，生成 Key；每个节点对应得时空像素集合作为 Value，生成键值对，如下：

$$\text{KVP}(\text{ST-Tile}(l_n, X, Y, \text{FAA\_Tree})) = \text{Tuple(key,value)} \tag{7.12}$$

3. 时空大数据可视化框架

（1）框架总体架构。本应用开发了时空数据可视化原型系统 MAP-Vis，其架构如图 7.21 所示。MAP-Vis 系统采用浏览器/服务器（browser/server，B/S）架构，主要包括三个组件，从下往上分别是高性能集群，中间件和可视化客户端。其中：底层 Linux 集群主要负责从原始数据集中生成和存储多维金字塔模型；中间件通过数据访问接口解析来自客户端的查询请求，并从数据库中过滤出相应的结果用于客户端可视化；客户端主要对从后台获取的热图数据、时序数据和属性数据进行可视化。

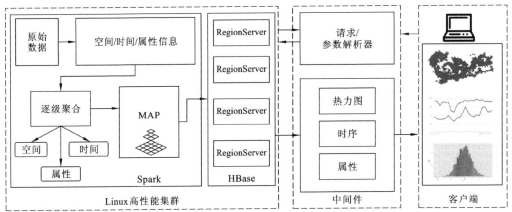

图 7.21　MAP-Vis 系统框架

（2）时空数据预处理。在 **MAP** 构建过程中，将对输入的原始数据进行处理，并自下而上不断聚合。因此，首先需要计算底层数据；其次，不断往上层聚合迭代生成上面的层级。迭代聚合过程的伪代码如下所示。

算法：MAP 模型预处理

输入： 原始数据(包含经纬度、时间标签及其余属性)Rm(lng,lat,time,attributes)，
　　　　 m=1,2,…,N;

空间最大层级 l_n；时间粒度 tBin;

输出： MAP 模型

1:　　**for** each record R_i in original records **do**

2:　　　　FAA_Tree=flatten($attributes$)

3:　　　　t_j=tBin($time$)

4:　　　　$ST\text{-}Pixel_{ij}$=**Extract**(lon,lat,ln,FAA_Tree,t_j)

5:　　**end for**

6:　　**for** each $Pixel_{ij}$ in the same Tile with $Tile_{kj}$ **do**

7:　　　　**Group** $Pixel_{ij}$ to $Tile_{kj}$

8:　　**end for**

9:　　**for** each $Tile_{kj}$ with $Faa\_Tree = a_{all}, a_1, …, a_s$ **do**

10:　　　　**Key-Value** $Tile_{kj}$ to $Tile_{kjs}$

11:　　**end for**

12:　　$Tile_{ln}$←All($Tile_{kjs}$)

13:　　**for** $i=l_{n-1}, l_{n-2}, …, 1$ **do**

14:　　　　$Tile_{li}$=**Aggregate**($Tile_{li+1}$)

15:　　**end for**

16:　　**return** $Tile_{li}$, $i=0,1,2,…,n$;

完整的预处理步骤如下。

步骤1：定义所需的输入参数，包括预处理的原始记录、金字塔的最大层级 l_n 及时间粒度 $tBin$。通过上述定义的 Extract 操作，从原始记录中提取地理空间信息、时间信息及其余属性维度信息，得到每条记录对应的时空像素及属性聚合树。

步骤2：利用 Spark 的 Map/Reduce 操作，将属于相同时间间隔 t_k 内同一时空瓦片的时空像素聚合起来，生成聚合数据。由于每个像素的属性聚合树是序列化之后的数组结构，属性聚合树中每一个下标索引即代表一种属性字段，因此可以进一步对属性聚合树下的各个属性字段进行聚合，得到每个瓦片在不同时间下不同属性维度的聚合数据。

步骤3：将时空瓦片层级 l、瓦片 k 的 SFC 编码、时间 t 及属性聚合树单元联合生成 Key，聚合之后的像素集合作为 Value，生成键值对。最终获得 MAP 中最大层级 l_n 的聚合数据。

步骤4：完成步骤3后，根据金字塔逐层聚合关系不断聚合便可得到 l_{n-2}, l_{n-3}, …，1层级的瓦片数据，并使用 Aggregate 操作以构建多维度聚合金字塔。

（3）数据组织与存储。为提高 MAP-Vis 的存储扩展性，本应用选择分布式的 HBase作为本系统的存储数据库。与传统的关系型数据库不同，HBase 属于非关系型数据库，其数据按键值对（key-value）形式进行组织。其中，每行代表一个数据对象，并由一个行键和一个或多个列组成（George，2011）。因此，行键和列的设计对于多维数据查询的效率至关重要。

分析多维度聚合金字塔组织模型的特性可得：MAP 在空间维度上通常具有较多的层级；原始数据在时间上分布较为分散，导致沿时间维度的记录数量庞大；另外，由于数据所具有的属性信息往往有限，同时又采用了序列化结果进行表达，属性聚合树的长度往往较短。因此，综合考虑上述 MAP 的特性，最终将空间信息和时间信息放在行键中，属性信息放置于列族中，让时空做纵向扩展，属性做横向扩展。该设计方案的好处是在数据更新索引时，不会频繁地插入和删除列，保证了整体表结构的稳定性。

具体地，首先使用 Z 曲线将每个记录的空间坐标编码为 sfc_code。MAP-Vis 的 HBase存储架构如表7.4所示，行键由 sfc_code、金字塔层级 l 及时间信息 t 组成。另外，设置了Heatmap 和 Sum 两个列族。其中，Heatmap 列族负责存储时空瓦片数据；Sum 列族的每一列都用于存储相应时间 t 下所有时空像素的聚合值。

表7.4　MAP-Vis 的 HBase 存储架构

行键	CF: Heatmap				CF: Sum			
	F_1	F_2	…	F_n	F_1	F_2	…	F_n
L_T_Z2	A_{all}	A_1	…	A_n	S_{all}	S_1	…	S_n

（4）面向可视化的多维查询。通常 HBase 支持两种数据访问模式：全盘扫描（scan）及单点查询（get）。本应用的多维查询是通过 HBase 全盘扫描操作实现的。值得注意的是，当返回数据量非常大的情况下，全盘扫描模式获取数据就会在网络 I/O 层面遇到瓶颈。为此 HBase 提出了协处理器（CoProcessor）的概念，通过协处理器可以在服务器端对查询范围内的结果进一步聚合，得到中间聚合结果返回客户端，从而提高查询效率。图 7.22为 MAP-Vis 系统基于 HBase 协处理器概念实现的时空查询示意图。具体多维查询伪代码如下所示。

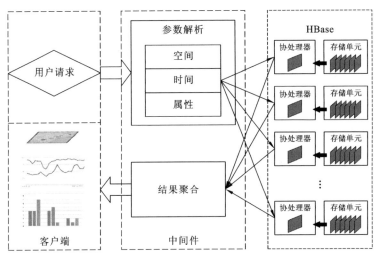

图 7.22　MAP-Vis 系统的多维查询

算法：多维查询伪代码

输入：Qtime(Tstart,Tend)

Qbbox(minLat,minLon,maxLat,maxLon)

AttributeList

输出：ResultSet

```
1:    SpatialRanges=getSpatialRangeswithSFC(Qbbox);
2:    QtimeBins=getTimeBins(Qtime,timeCoarseBin);
3:    AttributeFilter=getQualifierFilter(AttributeList);
4:    for each timeBin in QtimeBins do:
5:       for each range in SpatialRanges do:
6:           strartRowkey=Tstart＋range.rangeStart;
7:           endRowkey=Tend＋range.rangeEnd;
8:           rowkeyRange=(startrowkey,endrowkey);
9:           Scan=scan(rowkeyRange,AttributeFilter);
10:          ResultScanner=table.getScanner(Scan);
11:          for each Result in ResultScanner do:
12:              if Result in Qrange and Result in Qtime:
13:                  Resultset.add(Result);
14:              endif
15:          end for
16:       end for
17:    end for
18:    return ResultSet
```

具体步骤如下。

步骤 1：交互式可视化操作将产生一组请求，该请求是由空间范围、时间范围及相关属性构成的，这些请求将以异步模式分别发送到服务器。当服务器接收到查询请求时，中间件将请求分解为空间/时间/属性三类具体查询类型。

步骤 2：对于空间查询类型，查询请求将被递归划分为多级 SFC 单元，而转换后的空间范围是利用 Guan 等（2018）提出的算法进行计算的。

步骤 3：对时间和属性查询类型进行离散化处理并与 Step2 中转换后的空间范围结果进行连接，以得到 HBase 行键对应的扫描范围。

步骤 4：将扫描范围发送到 HBase 进行扫描操作，得到初始扫描结果。再调用 HBase 数据库端的协处理器，将初始扫描结果进行时间聚合和精过滤，以得到满足查询请求的聚合数据，最终便可将查询结果返回前端进行渲染。

7.5.3 实验结果及分析

1. 实验数据

本应用以纽约曼哈顿区的出租车数据为可视化对象，该数据集记录了 2014 年 1 月至 2016 年 6 月共 30 个月的出租车信息，数据量大小约 54 GB。其中，单条记录包含了出租车乘客的上下车空间位置，乘客支付方式等其他信息。

2. 实验环境

本应用集群测试的基本环境共 9 个节点，集群的节点配置如表 7.5 所示。

表 7.5　集群节点配置信息

属性	配置信息
CPU	双路六核 Intel（R）
内存/GB	32
网络	1 Gbps
OS	CentOS 6.2 64bit
JVM	JVM 1.8.0
HBase	HBase 1.2.0
Spark	Spark1.6.0
Zookeeper	Zookeeper 3.4.5

3. 可视化界面

本系统的可视化界面如图 7.23 所示，其基于 HTML、CSS、JavaScript 实现，主要包括地图视图、时间轴视图及属性柱状图视图三部分。其中，地图视图的底图是利用 Leaflet.js 所对 OpenStreetMap 提供的基础底图进行加载；时间轴及属性柱状图部分使用 D3.js 开源可视化库进行实现和交互。

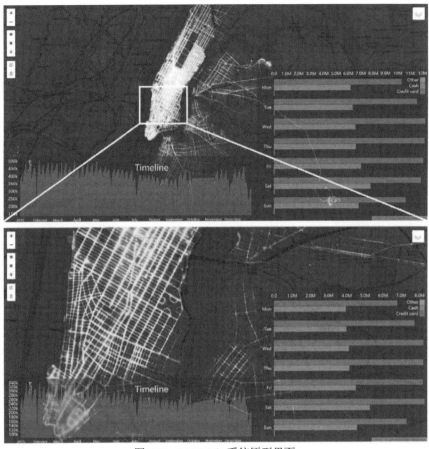

图 7.23　MAP-Vis 系统原型界面

4. 实验验证

1）MAP 模型有效性验证

根据上述多维数据查询方案可知，系统可视化交互操作与空间/时间/属性三因素相关。因此，本应用通过比较四类空间范围（图 7.24）、三类时间尺度（日/月/年）、全部/单个属性的不同组合场景下的查询效率，以探讨在不同时空尺度查询场景下，MAP 模型是否均具有高效的查询效率。

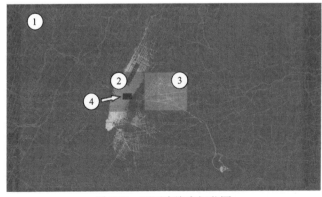

图 7.24　不同查询空间范围

实验结果如表 7.6 所示。观察表数据可明显发现，随着空间范围的增大，数据查询规模逐渐增加，响应时间保持在 10 ms 左右，并未呈现明显的线性增长。这表明 MAP 模型在面对不同时空组合查询场景时，具有较好的扩展性，可保证毫秒级的响应速度。

表 7.6 不同时空范围组合场景实验结果

实验序号	空间范围	GeoHash 搜索深度	时间跨度	属性选择	瓦片数量	数据量/MB	响应时间/ms
1	0.58×0.22	12	1 年	全部	32	0.874	6
			1 月	全部	32	0.391	6
				单个	32	0.255	6
			1 天	全部	32	0.155	6
2	0.08×0.03（城市）	15	1 年	全部	32	3.808	10
			1 月	全部	32	2.204	10
				单个	32	1.311	9
			1 天	全部	32	0.370	6
3	0.08×0.03（郊区）	15	1 年	全部	36	0.889	7
			1 月	全部	36	0.238	7
				单个	36	0.097	7
			1 天	全部	36	0.041	6
4	0.018×0.008	17	1 年	全部	40	5.538	12
			1 月	全部	40	1.853	12
				单个	40	0.609	9
			1 天	全部	40	0.110	10

2）MAP 数据预处理能力扩展性验证

本应用利用了 Spark 集群进行了预处理操作，因此为验证其拓展性，以 Spark 预处理集群为实验对象，以集群的计算节点数作为自变量，统计预处理时间变化（不包括导入 HBase 数据库的时间）。

MAP 数据预处理能力扩展性验证结果如图 7.25 所示。观察图 7.25 可明显发现，节点的增加使得预处理时间从 360 min 下降到 160 min，效率提升了约 1.3 倍。由此可得，通过引入更多的计算节点，Spark 集群便可具有更多可用于共享预处理任务的工作节点，进而显著提高了预处理效率。另外，由图 7.25 观察可得，当节点数超过 8 个时，效率提升明显减缓。该现象符合阿姆达尔定律，表明存在部分不能在节点间执行并行计算的预处理操作（Guan et al.，2020）。

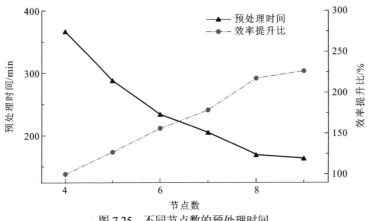

图 7.25　不同节点数的预处理时间

参 考 文 献

李力, 刘梦茜, 谷宇航, 等, 2019. 网络三维技术下的时空可视化分析. 测绘与空间地理信息, 42(5): 94-97.

李德仁, 马军, 邵振峰, 2015. 论时空大数据及其应用. 卫星应用(9): 7-11.

孟放, 查红彬, 2006. 基于 LOD 控制与内外存调度的大型三维点云数据绘制. 计算机辅助设计与图形学学报, 18(1): 1-8.

孟小峰, 慈祥, 2013. 大数据管理: 概念、技术与挑战. 计算机研究与发展, 50(1): 146-169.

邱波, 张丰, 杜震洪, 等, 2019. 一种面向移动终端地理场景点云在线可视化的集成型索引. 浙江大学学报(理学版), 46(1): 104-113, 123.

任磊, 杜一, 马帅, 等, 2014. 大数据可视分析综述. 软件学报, 25(9): 1909-1936.

王磊, 郭清菊, 姜晗, 2016. 基于改进的八叉树索引与分层渲染的海量激光点云可视化技术. 软件, 37(3): 114-117.

王祖超, 袁晓如, 2015. 轨迹数据可视分析研究. 计算机辅助设计与图形学学报, 27(1): 9-25.

杨必胜, 梁福逊, 黄荣刚, 2017. 三维激光扫描点云数据处理研究进展、挑战与趋势. 测绘学报, 46(10): 1509-1516.

姚慧敏, 崔铁军, 邵世新, 等, 2007. 基于四叉树的 LOD 地形模型及其数据组织方法研究. 地理信息世界, 5(6): 56-59.

殷君茹, 侯瑞霞, 唐小明, 等, 2015. 基于瓦片金字塔模型的海量空间数据快速分发方法. 吉林大学学报(理学版), 11(53): 1269-1274.

BOUCHENY C, RIBES A, 2001. Eye-dome lighting: A non-photorealistic shading technique. Kitware Source Quarterly Magazine, 17: 1-15.

CARD M, 1999. Readings in information visualization: Using vision to think. San Francisco: Morgan Kaufmann.

CHENG D, SCHRETLEN P, KRONENFELD N, et al., 2013. Tile based visual analytics for Twitter big data exploratory analysis. 2013 IEEE International Conference on Big Data, Santa Clara, CA, USA: 2-4.

CLARK J H, 1976. Hierarchical geometric models for visible surface algorithms. Communications of the ACM, 19(10): 547-554.

DE OLIVEIRA M C, LEVKOWITZ H, 2003. From visual data exploration to visual data mining: A survey. IEEE Transactions on Visualization and Computer Graphics, 9(3): 378-394.

GEORGE L, 2011. HBase: The definitive guide. Andre, 12(1): 1-4.

GOBBETTI E, MARTON F, 2004. Layered point clouds: Asimple and efficient multiresolution structure for distributing and rendering gigantic point-sampled models. Computers & Graphics, 28(6): 815-826.

GODFREY P, GRYZ J, LASEK P, 2016. Interactive visualization of large data sets. IEEE Transactions on Knowledge and Data Engineering, 28(8): 2142-2157.

GRAY J, CHAUDHURI J, BOSWORTH A, et al., 1997. Data cube: A relational aggregation operator gener-alizing group-by, cross-tab, and sub-totals. Data Mining and Knowledge Discovery, 1(1): 29-53.

GUAN X, VAN OOSTEROM P, CHENG B, 2018. A parallel N-dimensional space-filling curve library and its application in massive point cloud management. ISPRS International Journal of Geo-Information, 7(8): 327.

GUAN X, XIE C, HAN L, et al., 2020. MAP-Vis: A distributed spatio-temporal big data visualization framework based on a multi-dimensional aggregation pyramid model. Applied Sciences, 10(2): 598.

IM J F, VILLEGAS F G, MCGUFFIN M J, 2013. VisReduce: Fast and responsive incremental information visualization of large datasets. 2013 IEEE International Conference on Big Data, Santa Clara, CA, USA: 25-32.

LINS L, KLOSOWSKI J T, SCHEIDEGGER C, 2013. Nanocubes for real-time exploration of spatiotemporal datasets. IEEE Transactions on Visualization & Computer Grap-hics, 19(12): 2456.

PAHINS C A L, STEPHENS S A, SCHEIDEGGER C, et al., 2016. Hashedcubes: Simple, low memory, real-time visual exploration of big data. IEEE Transactions on Visualization and Computer Graphics, 23(1): 671-680.

ROOT C, MOSTAK T, 2016. MapD: A GPU-powered big data analytics and visualization platform. ACM SIGGRAPH 2016 Talks, Anaheim California: 1-2.

SCHEIBLAUER C, WIMMER M, 2011. Out-of-core selection and editing of huge point clouds. Computers & Graphics, 35(2): 342-351.

SCHÜTZ M, 2016. Potree: Rendering large point clouds in web browsers. Technische Universität Wien, Wiedeń.

SCHÜTZ M, KRÖSL K, WIMMER M, 2019. Real-time continuous level of detail rendering of point clouds. 2019 IEEE Conference on Virtual Reality and 3D User Interfaces (VR). Osaka, Japan: 103-110.

SEDLÁČEK J, KLEPÁRNÍK R, 2019. Testing dense point clouds from uav surveys for landscape visualizations. Journal of Digital Landscape Architecture, 4: 258-265.

SISMANIS Y, DELIGIANNAKIS A, KOTIDIS Y, et al., 2003. Hierarchical dwarfs for the rollup cube. Proceedings of the 6th ACM international workshop on Data warehousing and OLAP, New Orleans, Louisiana, USA: 17-24.

WANG Z, FERREIRA N, WEI Y, et al., 2016. Gaussian cubes: Real-time modeling for visual exploration of large multidimensional datasets. IEEE Transactions on Visualization and Computer Graphics, 23(1): 681-690.

WIMMER M, SCHEIBLAUER C, 2006. Instant points: Fast rendering of unprocessed point clouds. SPBG, Boston, Massachusetts, USA: 129-136.

ZAHARIA M, CHOWDHURY M, FRANKLIN M J, et al., 2010. Spark: Cluster computing with working sets. HotCloud, 10(10-10): 95.

ZHA H, MAKIMOTO Y, HASEGAWA T, 1999. Dynamic gaze-controlled levels of detail of polygonal objects in 3-D environment modeling. Second International Conference on 3-D Digital Imaging and Modeling (Cat. No. PR00062). Ottawa, Canada: 321-330.

第8章　分布式地理时空过程模拟

8.1　地理过程模拟概述

8.1.1　地理系统与地理过程

1. 地理系统

"地理系统"概念最早由钱学森先生于1988年提出，"地理系统是一种复杂巨系统，开放的复杂巨系统"。地理系统是指地球表层内地理要素通过能量流、物质流和信息流的作用结合而成的，具有一定结构和功能的整体。地理系统具有显著的自组织特征，在其动态发展过程中划分为若干圈层状结构的子系统，包括大气、水、生物、土壤、岩石和人类等子系统。生物、土壤和以人类活动为特征的人类圈是地理系统发展到高级阶段的产物（陈述彭，1991）。

同时地理系统，又是在特定地理边界约束下一组结构有序、功能互补的要素集合。在遵从地理学基本规律条件下，上述要素在自身地理系统内部或系统之间，以物质、能量和信息的交换为手段，要素与要素、要素与环境间不断相互作用，形成一个动态的、成等级的、有层次的、可实行反馈的开放系统。地理系统又包含自然地理系统和人文地理系统。

自然地理系统是人类生存和发展的物质基础，是由地球表层中的大气、岩石、地貌、地表水、地下水、土壤、动植物群落等在能量流、物质流作用下有机结合而形成的具有一定结构、能完成一定功能的自然整体。它是一个开放系统，具有物质性、整体性、自组织和动态性等基本特征。

人文地理系统是指人文地理诸要素相互作用、相互制约，有规律地组合而成的统一体系。人文地理系统以人类为中心，人类有目的活动、行为导致各种人文现象在地理空间上分布、扩散、变化。它又由社会文化地理系统、经济地理系统、城市地理系统、人口地理系统、军事地理系统、历史地理系统等子系统组成。

2. 地理过程

地理过程是指地理系统在一段时间内由各组成要素相互作用共同驱动其演化的轨迹，往往涉及自然、人文、经济等诸多因素，强调地理事物随时间和空间的变化特征（冷疏影 等，2005）。

表层上，地理过程是一个时间维度有序的状态序列，表达地理要素在时间和空间上的演变，通常用"状态"来描述。这个层次强调了地理要素在过程中的演化。深层上，地理过程存在地理要素间复杂相互作用，驱动着参与过程的地理要素发生状态演化，通常用"行为"来描述。这个层次强调了地理过程作为系统所包含的演化机制。因此，地理过程的研究：一方面是从数据模型角度建模、表达地理要素在时间和空间上的变化，进而完整描述系统的过去和历史；另一方面是认识和刻画驱动要素变化的相互作用机制，进而构建模拟模型实现对系统未来的预测。

许多地理现象具有非线性、多尺度性、随机性、自组织等复杂性特征，这也导致了地理过程难以用精确的基于微分/差分方程的系统动力学公式描述，而是借助于自组织理论、耗散结构和协同进化理论应用于地理过程的研究。

8.1.2 地理过程模拟

地理过程建模着重探寻地理现象的发展过程及因果关系，是连接演变历史和当前格局的桥梁。许多地理现象的时空动态发展过程往往比其最终形成的空间格局更为重要，如城市扩展、疾病扩散、火灾蔓延、人口迁移、经济发展等（黎夏 等，2009）。只有对这些地理现象的发展过程进行深层次的剖析，才能清晰认识地理过程发展背后的驱动原因。

现实中科学研究主要有两类基本方法：理论方法和实验方法。理论方法从最基本的原理出发，通过逻辑推理和数学推导得出规律；实验方法则是通过设计适当的实验系统，从测量得到的结果中分析规律，得出结论。实验方法又分为两大类，一类是直接在真实的系统上进行，另一类是根据已有先验知识建立模型，通过对模型的实验来代替或者部分代替对真实系统的实验，即模拟实验，将模拟实验的结果与真实的系统的观测值进行比较，调整并优化模型，在这种迭代中提高对真实系统的认知。

地理过程所属的地理系统是一个开放的复杂巨系统，也是自然、社会、经济多因素共同作用的一个动态系统。这也就决定了地理学很难像物理、化学等学科那样构建于坚实、完整的理论基础上，进而无法对地理现象进行严谨的数理逻辑推演。同时地理过程又是一个不可逆的、现实难于重现的发展过程，因此地理过程研究只能采取模拟实验的研究方法来探索其深层次蕴含的复杂演变机制。

地理过程模拟通常采取一种迭代式认知方法，属于"实验-验证-修正-再实验"研究范式。它从微观入手，首先定义参与地理过程的空间实体及实体间的潜在作用模式，进而探寻微观空间实体之间相互作用形成的宏观地理格局是否符合现实世界结果，若存在差异则对实验参数、实体行为、作用模式进行调整优化，直至实验格局和客观结果一致。因此，地理过程模拟是以一种进化的、涌现的角度来理解复杂地理系统的演化过程。

地理过程模拟通过计算机模拟实验再现地理现象发展历程，可以有效地表达地理现象的时空动态性；通过模拟推理可以对地理现象的未来状态进行有效预测，可以为管理决策提供支持；通过修改模拟实验的条件或参数可以进行不同组合实验，可以分析地理现象在不同场景下的发展变化，从而确定最优的地理发展模式，指导真实地理系统的优化和调控。

地理过程模拟依赖于地理模拟系统。地理模拟系统是以地理过程模型（元胞自动机、多智能体等）为基础融合 GIS、遥感、计算机等技术形成的，通过虚拟模拟实验，对复杂系统进行模拟、预测、优化、分析和显示的系统。因此，地理模拟系统常与 GIS 进行紧耦合，GIS 已经具备完整的、强大的空间数据管理、空间分析、图形可视化等功能，可以有效支撑地理过程模拟所需的数据存储、空间分析、结果评价、过程显示。而地理模拟系统则可以弥补 GIS 较弱的空过程模拟能力的不足。

在新的大数据时代背景下，地理过程模拟技术也呈现新的发展趋势：高性能并行计算技术推动着地理过程模拟向规模化、精细化方向发展；传感技术的发展推动地理过程模拟集成实时动态数据；另外高时空分辨率的观测数据，为地理过程模拟提供了真实、精确的实验数据，有效地促进了地理过程模拟向更应用化方向迈进。

8.2　地理过程模拟模型

8.2.1　地理元胞自动机

元胞自动机（cellular automata，CA）建模方法源自 20 世纪 50 年代美国数学家 Von Neumann 关于生物细胞自我复制现象的研究，并经过英国数学家 John Horton Conway 的"Game of Life"模型演示，以及英国学者 Stephen Wolfram 对初等元胞机的深入研究（Wolfram，1986），得以推广和完善。CA 模型属于时间、空间、状态都离散的网格动力学模型，也是一种"自底向上"的地理过程模拟方法，即通过局部空间相互作用来复现、预测复杂系统的时空演化。1970 年 Tobler 指出 CA 模型在地理过程建模中的优势，随后大量学者对传统 CA 模型进行扩展以支持复杂地理时空过程的建模，如城市边界扩张、土地利用覆盖变化、交通过程模拟等。

CA 模型包含 5 个基本元素：元胞空间、状态集合、影响邻域、转换规则、离散时间步长，其形式化定义如下：

$$CA = \{S, A, N, F, T\} \tag{8.1}$$

式中：S 为二维规则元胞空间，由一系列规则的离散元胞构成；A 为元胞的属性、状态集合；N 为中心元胞的影响邻域，常见的有 Moore 邻域、Von Neumann 邻域等；F 为转换规则，是定义在中心元胞和邻域元胞状态及其属性之上的映射函数；T 为时间步长，决定时空过程的演化速度。

如图 8.1 所示，CA 模型首先将地理空间规则划分为离散单元（cell，也称之为元胞），如正方形格网、六边形蜂窝等（罗平 等，2005）。地理空间中的地理要素通过空间采样方法近似为大小有界的规则单元集合（类似 GIS 栅格数据模型）。格网单元包含元胞状态和其他地理属性。单个元胞状态来源于预定义的有限状态集合，支持从某一状态到另一状态的转换。CA 模型基于空间局部相互作用假设，模型构建需要定义影响单元状态变化的邻域范围，邻域形状定义通常采用 Moore 或 Von Neumann 邻域，邻域大小（即影响半径）可以自行设定。所有格网单元的状态转换遵循全局统一的转换规则。转换规则的输入为当前中心元胞状态、邻域内元胞状态及中心元胞其他额外地理属性。转换规则的定义由最初显式的 if-then 规则定义，已经发展为支持具有更复杂逻辑的隐式规则定义，如典型的 ANN-CA（Yang et al.，2016；Almeida et al.，2008）、Logistic-CA（Munshi et al.，2014）等。

随着对地观测能力的发展，高时空分辨率的遥感影像数据大大丰富，这进一步推动了 CA 模型在地理时空过程研究中的应用。在这些应用中，底层格网空间分辨率逐步提高；模拟的地理空间范围也越来越大，与此同时规则格网 CA 模型存在的空间尺度敏感性问题

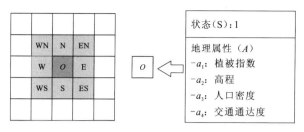

$$S_i^{t+1} = f(S_i^t, A_i^t, \Omega_i)$$

转换规则：

$$\Omega_i = \{\text{N, EN, E, ES, S, WS, W, WN}\}$$

图 8.1　CA 模型示意图

越来越严重（Menard，2008），即针对同一研究区域，输入不同空间分辨率的数据得到的结果差异很大且难以预测（Barreira-González et al.，2017）。相关学者（Stevens et al.，2007；Flache et al.，2001）也指出，CA 模型中离散的规则元胞是对真实地理空间的一种低层次、割裂式的表达，单个元胞本质上可能是多个地理实体的混合体。

针对这些问题，部分学者提出了 VCA（vector-based CA，矢量 CA）模型（Pinto，2010；Moreno et al.，2007；O'Sullivan，2001）。与传统的格网 CA 模型相比，VCA 模型利用矢量数据模型表达地理要素，从而用形状不规则的元胞代替原来的规则格网元胞，并基于这些不规则元胞之间的拓扑邻接关系或距离关系来定义彼此的邻域。不同学者采用不同的空间分割方法得到不同认知层次上的"地理要素"集合，常如 Voronoi 多边形（Long et al.，2015）、Delaunay 三角网（Hu et al.，2004；Flache et al.，2001）、地籍地块、土地利用图斑（González et al.，2015；Dahal et al.，2014；Moore，2011；Menard，2008；Hu et al.，2004）等。其中，地块、图斑由于最贴近真实地理空间中的地理要素变化单元而成为 VCA 模型中主流元胞定义来源。

正是由于 VCA 元胞的不规则性，模型中邻域定义也随之具有较大的灵活性，相关学者对此进行了深入的研究（Moreno et al.，2009），总结了 VCA 模型中不同邻域定义方式、不同领域大小对城市增长模拟的影响。例如，Dahal 等（2015）指出，城市总体上的增长量对邻域定义不敏感，但是增长形成的空间模式对其非常敏感。作为改进，Barreira-Gonzalez 等（2017）基于景观指数提出了基于面积度量的空间格局指标来衡量 VCA 邻域影响。

总体而言，VCA 模型一定程度解决了标准格网 CA 模型空间尺度敏感性问题，适应了时空过程建模中对真实化、精细化地理空间表达的强烈需求，但目前 VCA 的成熟度和应用范围远不如规则格网 CA，仍有很大提升空间。此外，VCA 模型虽然在思想上非常接近多智能体模型，但依旧不能有效表达具备自主意识和目的性的"人"的行为决策。

8.2.2　多智能体模型

随着对地理过程研究的深入，研究热点从纯自然地理过程逐渐转向人文过程、人文自然综合过程研究。CA 模型中元胞单元不能移动且转换规则的全局统一性，导致 CA 不能满足此类地理过程建模的需求。越来越多学者选择智能体模型（agent based model，ABM）来分析、模拟包含人类活动的时空过程（Shanthi et al.，2012；Sengupta et.al.，2003；Bonabeau，2002）。

ABM 的核心思想是通过无中心的、局部的、异质性的自主行动个体（即智能体，Agent）之间的相互作用产生宏观、整体的格局（Macal et al.，2009）。每个智能体都有自己的行为特征，可以控制自己的各种行动，并感知周围的环境信息，根据预先设定的规则执行自己的决策及相互作用。它综合了博弈论、复杂系统、社会计算、进化学习、蒙特卡罗模拟等一些理论和方法的思想。

与 CA 模型中的规则网格元胞相比，智能体在"外观上"没有几何形状的限制，能够对真实的地理实体进行完整建模，不存在格网 CA 模型的空间尺度敏感性问题；在交互上，Agent 不光支持邻域约束的空间交互，还支持远程作用关系定义（Telecoupling）；在行为上，Agent 具备复杂的决策和学习能力。这些独特优势促使 ABM 被广泛应用于不同领域"社会成员"间的交互行为建模，积累了许多成功的应用案例，有效地验证了其对复杂系统的建模能力，例如社会学领域（Conte et al.，2014）、经济学领域（Nwaobi，2011）、生态学领域（Grimm et al.，2006）。

ABM 的一般框架如图 8.2（a）所示。直观上 Agent 是具备环境感知能力的个体，它能根据感知的信息及自身状态进行决策，然后执行选定动作。许多学者尝试从 Agent 的决策行为应具备的特性来对其加以区分。其中，被广泛认同的是 Wooldridge 根据 "智能程度"给出的"强 Agent、弱 Agent"提议："弱 Agent"具有自治性、反应性、社会性、主动性；"强 Agent"还拥有适应性、移动性、协作性、理性等属性（Wooldridge et al.，1995）。也有学者提出根据 Agent 决策行为的智能程度来分类。如图 8.2（b）所示，Russell 等（2010）将 Agent 分为：简单反射型 Agent、基于模型的反射 Agent、基于目标的 Agent 和基于效用的 Agent。研究人员可以根据问题选择 Agent 类型，实现满足需求的智能体。

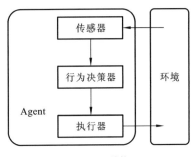

Agent类型	世界观	行为决策
简单反射型Agent	观察	条件-行为决策表
基于模型的反射Agent	观察+模型	条件-行为决策表
基于目标的Agent	观察+模型+推演	目标
基于效用的Agent	观察+模型+推演	效用函数

（a）Agent结构　　　　　　　　　　　（b）Agent分类

图 8.2　多智能体模型中通用 Agent 结构和 Agent 分类

随着 ABM 模型的应用和推广，相关机构在归纳总结 ABM 建模必备功能基础上研发了通用 ABM 建模平台，并开放给各领域研究学者使用。最早的通用 ABM 建模平台是圣塔菲研究所（Santa Fe Institute）研发的 SWARM 平台（王昊 等，2014），但是 SWARM 二次开发使用较为小众的 Objective-C 语言；随后，美国西北大学的 Uri Wilensky 教授研发的 NetLogo 软件（Sklar，2014；Tisue et al.，2004），支持用简单易学的 NetLogo 语言进行 ABM 建模，但是 NetLogo 只能支持小规模、逻辑简单的模型构建；此外，还有基于跨平台 Java 语言开发的 ABM 建模平台，如 MASON（Luke et al.，2005）、Repast（Jiang et al.，2006）等。常见的通用 ABM 建模平台特性归纳如表 8.1 所示。

表 8.1 常见通用 ABM 建模平台

平台	研发单位	开发语言	编程要求	可视化
SWARM	圣菲塔研究所（SFI）	Objective-C；Java	高	具备
MASON	乔治梅森大学	Java	高	具备
Repast	阿贡国家实验室	Java；C#；Python	高	具备
AnyLogic	AnyLogic 公司	Java	高	具备
NetLogo	美国西北大学	NetLogo	低	具备
Cormas	法国国际农业研究中心	Smalltalk	低	具备
GAMA	越南国立大学等	GAML/Java	低	具备

8.3 地理过程分布式模拟

随着空间数据采集能力的增强，采集的数据呈现高时空分辨率、海量动态、属性高维等特征，为大规模、综合性时空过程建模提供了丰富数据支持。同时，随着物联网、传感网的发展，描述底层地理实体的观测数据井喷式爆发，时空过程模型的精细程度不断提升。因此，时空过程模型向着规模化、精细化方向发展（王海军 等，2016；Bonabeau，2013），但是大规模和精细化也同时带来庞大的存储和计算需求。已有许多学者指出，计算能力已经成为限制在可接受时间内求解复杂 ABM 模型的主要因素（Shook et al.，2013），如复杂城市场景模拟（Kim et al.，2015；Zia et al.，2013）、全球范围 LULC 变化精细模拟（Pijanowski et al.，2014；Guan et al.，2010）。因此，大规模 ABM 模型的高效模拟需求驱动着其从传统的单机模拟向分布式高性能模拟方向发展。

8.3.1 并行 CA 模拟

由于 CA 中的基本计算单元"元胞"呈规则排列，元胞之间交互行为是局部的，而且元胞的状态转换规则是统一的，CA 模型天生具备可并行性（Cannataro et al.，1995）。相关学者于 20 世纪 90 年代就着手大规模 CA 模型并行化的研究（Hansen，1993）。Cannataro 等（1995）基于 Master/Slave 架构研发出对用户友好的 CAMEL（Cellular Automata environMent for systEms modeLing）编程环境，支持用户利用并行计算解决大规模 CA 模型的计算问题。Hutchinson 等（1996）针对格网数据处理算法研发出并行邻域计算系统 NEMO（NEighbourhood MOdelling）。Norman 等（2010）研发了 CAPE 建模环境（cellular automaton programming environment）并应用于岩石裂隙发育过程模拟。这些系统平台的模型分解方法为后续的 CA 模型并行化研究提供了丰富的经验（Ding et al.，1996；Overeinder et al.，1996；Nicol，1994）。

这些并行模拟系统是为标准 CA 模型而设计，模型的分解策略建立在"等面积蕴含计算负载均衡"的假设基础上。然而在 CA 模型中，地理对象在空间上的分布不一定均匀，各个元胞的计算复杂度可能存在差异。针对该问题，黎夏等（2009）提出一种称为"线性扫描"的负载均衡技术：它首先粗略地统计每行中可以被转换成城市用地的元胞及不能转换元胞的数量，然后基于该数值估计每行的计算量，最后根据估计行计算量采用 row-wise 划分方法对 CA 模型进行分解。实验表明通过该策略可以取得更好的负载均衡，从而减少总体计算时间。同时也表明，CA 模型中元胞间计算复杂度异质性对模型并行效率有极大的影响，动态负载均衡虽然会引入额外的计算和通信消耗，但总体有助于并行效率的提升。

另外，早期的并行 CA 系统依赖并行底层操作系统提供的系统函数加以实现，与软硬件环境紧耦合，不利于学习和推广。随着并行环境硬件的发展，对应并行开发模型的标准化、框架化，改变了以往 CA 模型并行化与特定软硬件环境紧耦合的局面。例如，相关学者在总结并行 CA 工作的基础上，研发了基于 MPI 标准接口实现的通用并行栅格数据计算库。其中，关庆峰等研发的 pRPL 1.0（Guan，2019）和 pRPL 2.0（Guan et al.，2014），应用在 SLUTH 模型并行化验证了它在大规模 CA 模型中的有效性，得到了较为广泛的关注。Shashidharan 等（2016）基于 pRPL 研发了面向城市扩张模拟的 pFUTURES 系统。其次，GPU 的普及为 CA 模型的并行化提供了新的方向。GPU 硬件高速发展，以及 CUDA、OpenCL 等 GPU 编程开发库的出现，加速了 GPU 在并行 CA 模拟中的应用。而且 GPU 中 SIMD 并行架构非常适合 CA 模型的并行化，很多学者尝试用 GPU 实现大规模 CA 模型的并行化问题，取得了显著效果（Gibson et al.，2015；尹灵芝 等，2015；李丹 等，2012；Richmond et al.，2010）。但同时，这类应用也存在并行粒度的选择及 CPU/GPU 协同的问题（Gibson et al.，2015）。

8.3.2　并行 ABM 模拟

在并行计算技术广泛应用之前，"Super-individual"策略（Scheffer et al.，1995）或依赖更高性能的计算服务器是实现大规模 ABM 模拟的常用方法。Super-individual 策略中将相似的智能体聚合成"超级个体"以减少智能体数量，但是这种策略需要维护个体和超级个体的关联关系，而且个体间异质性的忽略导致模型真实度、准确度降低。通过高性能计算来实现大规模 ABM 模拟，可以同时保证模型的准确度和计算效率，从而逐渐成为主流的大规模 ABM 模拟手段。

根据并行计算理论，模型并行化策略需要同时兼顾计算负载均衡和通信消耗，两者是影响 ABM 并行模拟效率的关键因素。在现有文献中，ABM 并行化策略通常采用"Agent Parallel"和"Domain Decomposition（域分解）"两种（Fachada et al.，2016；Parry et al.，2012）。Agent Parallel 策略（Li et al.，2016；Kiran et al.，2010）直接将模型中的 Agent 按 ID 均分至各处理单元，各处理单元之间通过消息传递维持全局状态的一致性。Agent Parallel 策略能够很好地保证计算的负载均衡，但是忽略 Agent 之间的空间结构信息，对于通信消耗量没有进行优化。因此，它适用于 Agent 间交互很少或关联关系非常简单的 ABM 模型并行化。这种策略在早期的经济领域应用较为广泛。但是，对于 Agent 间交互频繁、关联关系非常复杂的 ABM 模型，Agent Parallel 策略会因为大量的通信消耗而导致实现逻辑复杂，且并行效率不高。

根据地理学第一定律，地理空间上邻近的 Agent 之间更可能存在频繁的相互作用，因此域分解策略（Borges et al.，2015）在模型分解中直接对地理空间进行划分，并将各子空间包含的 Agent 交由对应的处理器单元负责。因此，绝大部分 Agent 之间的局部交互作用被限制在同一处理器单元中，从而大大减少通信消耗。域分解策略包括按行/列划分、格网划分、不规则四叉树划分等。例如，Wang 等（2006）在计算网格上采用按行划分的分解方法将 ALFISH 模型并行化，探究南佛罗里达州鱼群和鸟类的数量动态变化关系进行。Tang 等（2011）采用按行划分的分解方法对大规模土地利用中的观点传播进行了深入研究。Zia 等（2013）基于 ABM 构建城市规模的交通模型，探究紧急事件下不同的行人或车辆的移动策略对城市疏散效率的影响，并采用格网划分策略对模型并行化。

为了有效支撑大规模多智能体模拟的构建，相关研究机构还研发了通用的分布式多智能体建模平台。主流的如 Repast HPC（Collier et al.，2013）、D-MASON（Cordasco et al.，2014）及 FLAME HPC（Kiran et al.，2010；Richmond et al.，2010）等。表 8.2 中列出了三个主流的开源分布式多智能体建模平台，并对它们提供的功能进行对比。

表 8.2　已有的通用分布式多智能体模拟平台

平台	Repast HPC	D-MASON	FLAME HPC
研发单位	美国阿贡国家实验室	萨勒诺大学和 ISISLab	英国 SESC
发布时间	2010-12	2011-08	2008-06
开发语言	C++	Java	C
通信接口	MPI	ActiveMQ	MPI
实体表达	具备位置属性，但缺乏几何特征	具备位置属性，但缺乏几何特征	抽象实体，不具备位置和几何特征
空间表达	以 Grid 空间为主	以 Grid 空间为主	缺乏环境建模能力
模型分解	格网分解	按行或列分解	Agent Parallel

综合表 8.1 和表 8.2，上述开源的通用分布式多智能体建模平台与传统的单机建模平台相比，它们侧重于采用规则格网空间模型进行建模，缺乏对象化、矢量化建模方法，不能有效支持复杂时空过程建模。此外，它们在大规模并行模拟时模型分解策略上简单地借鉴和应用域分解方法，没有充分考虑时空过程模拟中广泛存在的空间异质性，不能有效应对空间对象分布的不均匀性，容易出现计算任务负载不均，从而导致整体并行效率底下。

8.4　应用 1：实时信息支持下大规模微观交通过程模拟

8.4.1　微观交通过程模拟

城市交通过程模拟是智能交通的一项重要研究内容。城市交通系统作为一个以人、车为中心的复杂系统，依靠基于微分方程的数值方法不能实现精确的模拟和预测。近年来智能体仿真技术因为其自身的灵活性和可扩展性，能够集成多种自适应算法而逐渐成为城市交通过程模拟的主流。基于多智能体的交通过程模拟采用"自底向上"的研究途径，用具有人工智能的 Agent 模拟现实交通系统中的主体及彼此间相互作用，进而模拟出系统的整体性质和演化过程。虽然基于智能体的交通过程模拟已在国内外进行广泛深入的研究，归纳总结还存在如下问题。

（1）现有的智能体模型重视交通主体抽象和行为关系建模，忽视实时交通状况信息的动态集成。目前各种传感器技术广泛应用，城市交通流感知能力得到了长足进步。各种交通传感设备如高清探头、地感线圈、ETC 卡口、GPS 等遍布城市的各个角落，实时地采集当前城市交通运行状况信息。如何将实时交通运行状况信息接入并集成到交通 Agent 模型是提高城市交通过程模拟真实性必须解决的问题。

（2）受限于建模复杂度及计算能力，现阶段微观交通模拟平台多采用集中式软件架构，模拟模型主要集中在局部区域内非真实地理场景的交通状况模拟，所能处理的路网节点数量和模拟的实体数量极其有限，满足不了智慧城市建设综合性、广泛性的需求。

（3）大规模微观交通过程模拟对动态模拟过程可视化的效率提出了较高的要求，现有模拟平台的可视化架构无法满足大规模智能体动态可视化的实时性需求。城市交通过程模拟高效、实时、动态可视化可以将决策者置于"近真实"的地理场景，直观、形象、定量地理解交通模拟模型动态演化过程，进而对城市交通问题进行快速分析、判断、决策。

因此，本案例基于城市交通传感数据实时接入、大规模交通过程并行模拟、复杂过程动态可视化等关键技术，实现基于高性能集群的微观交通过程模拟系统。分布式模拟系统包含三个组件，分布式数据存储中心 DiSTDB、分布式模拟引擎 DiSIME 和可视化分析 UI 组件 VAUI。

8.4.2　大规模微观交通过程分布式模拟

在全面调研现有的城市交通模拟模型及实时交通数据信息的基础上建立基于分布式计算环境的大规模城市实时交通模拟模型。

1. 微观交通过程模型抽象

Repast HPC 平台作为一个通用的分布式多智能体模拟平台，在顶层接口上包括模拟上下文（shared context）、智能体（agent）和空间（projection）定义。本案例基于 Repast HPC 平台，通过调研多智能体模型构建的基础上扩展原生的 Repast HPC 顶层接口使之支持智能体的几何属性表达以及常用的空间查询能力，更好应对地理过程模拟的需求。扩展衍生的对象结构 UML 图如图 8.3 所示。

在图 8.3 中，SimScenario 代表时空过程模拟场景，由 GeoAgentLayer、ContextLayer 和 CommProxy 组成。CommProxy 作为该进程对外进行数据交互的代理，负责分发该进程内决策实体、环境实体的状态包及接收其他进程发送给本进程的决策实体、环境实体状态包。本书提出的时空过程建模组件严格区分决策实体和环境实体。其中，决策实体具备感知、决策及行动的能力，对应 GeoAgent；环境实体表征决策实体所处的环境，不具备决策能力，对应 ContextFeature。多个 GeoAgent 聚合为 GeoAgentLayer，相应地 ContextFeature 聚合为 ContextLayer。GeoAgentLayer 和 ContextLayer 都具备空间索引功能，以支持高效空间查询。

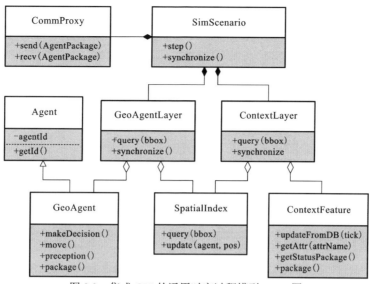

图 8.3　集成 GIS 的通用时空过程模型 UML 图

2. 城市路网通行成本分析

路网的通行成本作为车辆寻径的最重要的因素之一，是交通模拟中核心内容。如式（8.2）所示，影响道路通行成本的因素主要有：道路自身因素 I_{self}、社会因素 $I_{scoiety}$ 和自然因素 I_{nature}。道路自身因素影响因子主要有道路等级、道路长度、路面状况和其他道路的连接性等；社会因素主要有节假日、经济活跃度及人口聚集度等；自然因素主要考虑道路积水、积雪状况（一般在灾害天气考虑）等。在考虑这些因素的基础上，建立多层次评价模型对以上因素进行综合得到道路通行评价指标 I_{total}。

$$I_{total} = \omega_1 I_{self} + \omega_2 I_{society} + \omega_3 I_{nature} \qquad (8.2)$$

式中：ω_1、ω_2、ω_3 分别表示相应的权重，满足 $\omega_1 + \omega_2 + \omega_3 = 1$。

3. 实时交通信息接入与集成

如图 8.4 所示，在集成实时路况信息情况下，某些影响道路通行成本的因素如道路拥挤、实时道路人气度、积水、积雪状况等可以和真实环境动态保持一致，可以提高交通模拟精度。从实时路况信息中可以提取得到真实环境下交通事故发生点、实时的交通管制信息等信息，进而辅助改变车辆寻径行为。

在集成实时交通信息之前，大部分（除道路拥挤状况外）影响道路通成本的因子在模拟过程中是静态保持不变的；集成实时交通信息之后，通过各类传感器可以得到真实的影响因子观测值，将它们动态同步到模拟中可以大大提升模拟精度。

如图 8.5 所示，实时交通数据注入管道连接传感器数据供给端和后端实时数据存储分发中心 DiSTDB。DiSTDB 实现传感网实时观测数据连续地导入 DiSTDB 中，以供模拟引擎 DiSIME 运行时读取。数据注入管道支持多种类型传感器及可配置 ETL（extraction transformation and load，抽取/转换/装载）操作。

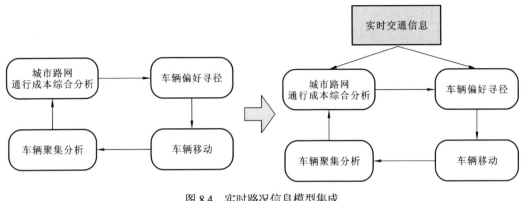

图 8.4 实时路况信息模型集成

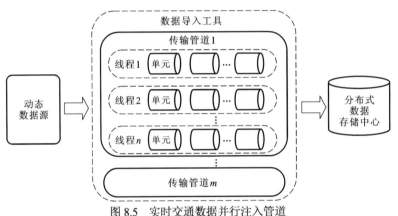

图 8.5 实时交通数据并行注入管道

DiSTDB 基于分布式 NoSQL 数据库 MongoDB 构建,支持快速时空数据查询。DiSTDB 作为外部数据和时空过程模拟、模拟引擎 DiSIME 和可视化组件 VAUI 之间数据交换通道。传感器观测的外部数据通过数据导入工具(data ingestion tool,DIT)存放到 DiSTDB 中,DiSIME 组件在运行时通过预定义的接口获取到现实世界中的实时动态数据,为时空智能体的决策提供支持。DiSIME 组件在运行过程中产生的中间状态数据,包括时空智能体的位置属性、几何形状、属性信息等,可以连续地存放到 DiSTDB 中并提供给 VAUI 进行场景更新。

4. 分布式交通过程模拟

如图 8.6 所示,Taxi 类继承 GeoAgent 类,表示交通模拟中的车辆对象;WaterLoggingPoint 和 RoadSegmentStatus 继承 ContextFeature 类,表示积水点和路网状态。

车辆智能体的行为决策流程图如图 8.7 所示,车辆智能体首先根据自身当前的位置判断是否已到达目的地,如果还未达到目的地车辆智能体则先获取/感知路网的状态(通过实时交通地图)等,判断是否需要更改路线,最后决定自己的车辆行驶速度。

本应用中的模型分解策略采用"Agent Parallel"分解策略。在该分解策略中,所有参与建模的车辆智能体按 ID 均匀分配到各进程,不考虑车辆的空间位置及彼此之间的空间临近性。

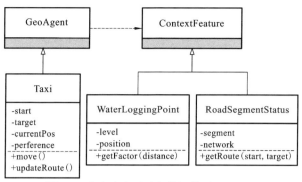

图 8.6 分布式交通过程模拟模型 UML 图

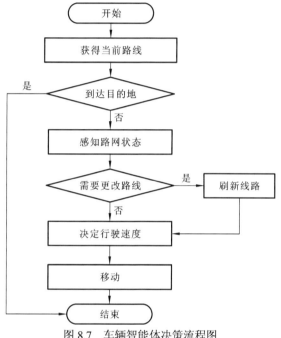

图 8.7 车辆智能体决策流程图

8.4.3 实验结果及分析

本实验采用的路网由 68 909 节点和 86 141 条边组成，模拟了 10 000 个车辆路径选择和交通状态演变过程。交通模拟实验环境在一个由 13 台机器组成的 MPI 高性能计算集群上。其中，一个计算节点作为集群管理节点，一个节点用作 VAUI 节点，6 个计算节点作为 DiSIME 运行节点，5 个节点作为 DiSTDB 存储节点。各计算节点详细配置信息如表 8.3 所示。

表 8.3 交通模拟实验基本软硬件环境

类型	Manager	VAUI	DiSIME	DiSTDB
数量	1	1	6	5
CPU	Intel Xeon E5-2665（2×8 cores，2.40 GHz）	Intel Xeon E5-2620（2×6cores，2.00 GHz）	Intel Xeon E5-2620（2×6 cores，2.00 GHz）	Intel Xeon E5-2620（2×6 cores，2.00 GHz）

Type	Manager	VAUI	DiSIME	DiSTDB
内存	32 GB（1 333 MHz）	32 GB（1 333 MHz）	32 GB（1 333 MHz）	32 GB（1 333 MHz）
硬盘	250 GB（15 k r/min，SAS）	500 GB（15 k r/min，SAS）	500 GB（15 k r/min，SAS）	500 GB（15 k r/min，SAS）
内核	3.10.0–123.el7.x86_64		3.10.0–123.el7.x86_64	3.10.0–123.el7.x86_64
操作系统	CentOS 7	Windows 7	CentOS 7	CentOS 7

交通模拟过程可视化效果如图 8.8 所示。图中的矩形框中心路口处有一个积水/淹水点，该积水点随着时间的推移而愈发严重。如图 8.8（a）所示，在积水不严重的时候会有多辆车通过该路口，并且从（b）至（d），随着积水严重程度的提升通过该路口的车辆越来越少，且其他路口的车辆越来越多。

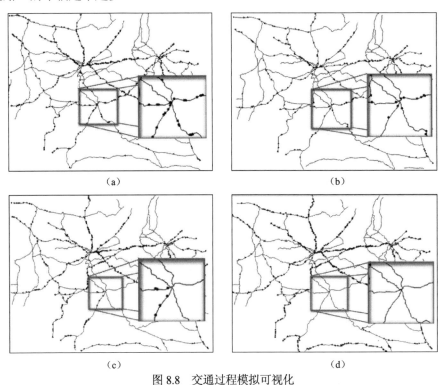

（a） （b）

（c） （d）

图 8.8　交通过程模拟可视化

如表 8.4 和图 8.9 所示，该交通模型在 1～14 个计算进程下模拟时间由 4 个多小时减少到 1416.12 s。

表 8.4　分布式模拟总时间

计算进程数量	耗时/s	加速比	并行效率
1	17 878.97	1.000	1.000 0
2	9 006.12	1.985	0.992 5
4	4 632.91	3.859	0.966 5

计算进程数量	耗时/s	加速比	并行效率
6	3 106.32	5.756	0.964 8
8	2 368.19	7.550	0.943 7
10	1 908.56	9.368	0.936 8
12	1 635.97	10.929	0.910 8
14	1 416.12	12.625	0.901 8

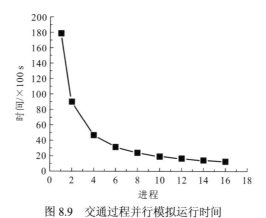

图 8.9　交通过程并行模拟运行时间

如图 8.10 所示，模拟实验的加速比呈现近线性增长，并行效率也保持在 0.9 以上。这是因为智能体之间的交互主要由环境作为中介进行传递，而智能体之间没有直接的交互，因此，进程之间的通信消耗较低。

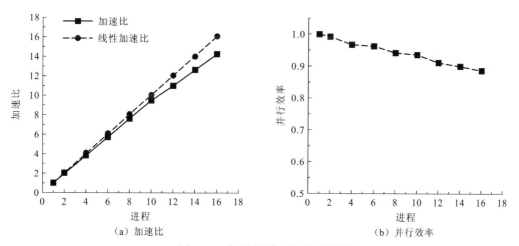

（a）加速比　　　　　　　　　　　　　（b）并行效率

图 8.10　交通过程加速比与并行效率

8.5 应用2：基于元胞自动机的分布式林火蔓延模拟

8.5.1 林火蔓延模型

作为严重突发性事故，森林火灾不仅可以短时间烧毁森林资源，还会毁灭其他林中繁衍的动植物资源，进而导致自然生态失衡、生物多样性遭到破坏。因此迫切需要研究林火的发生条件及时空演化机制，以便更好地预防林火事故，以及出现林火时更加及时有效地进行扑救。

林火蔓延是一种受控于复杂气象条件（温度、湿度、风向、风速等）、地形等多因素下多可燃物组分燃烧、扩散的自然现象。自从 1946 年 W.R. Fons 首先提出林火蔓延的数学模型以来（Wallace，1946），针对不同可燃物类型同时基于各种各样的假定，学者提出了多种林火蔓延模型，包括 McArthur 模型、加拿大国家林火蔓延模型、王正非林火蔓延模型等。其中，基于元胞自动机的林火蔓延模型正逐渐被人们熟知和使用，原因为该类模型在表达林火蔓延建模中表现出独特优势，主要表现为：①基于元胞自动机的林火蔓延模型可以与遥感影像、数字地面模型等栅格数据进行无缝集成；②CA 模型在时空维度离散，易于和并行计算结合，从而方便对计算模拟和可视化加速。

林火蔓延模型，首先假设蔓延过程发生在一定范围地形表面，所涉及的地理空间按照一定粒度划分成均匀格网。格网单元即 CA 模型元胞，形状一般为正方形。每个元胞包含当前位置的物理属性，包括地形特征、植被类型、树种可燃性、气象条件等。每个元胞在给定时刻处于某一状态（不可燃烧、未燃烧、燃烧、熄灭），其状态的转换根据自身因素和预定义的邻域状态计算出燃烧概率决定。随着时间推移，区域内元胞按一定次序从未燃烧、燃烧、熄灭的状态逐步转换，从而实现林火的蔓延过程模拟。

通常基于 CA 的林火蔓延模型主要考虑以下三方面因素。

（1）森林自身条件。森林自身条件包括地表植被组成、森林树种、森林内部结构。不同的植被类型、不同森林树种会包含不同的可燃组分，物理化学特性也不一样，因此具有不同的燃烧特性。例如落叶松与水曲柳不易发生火灾，红松和樟子松易发生火灾，大山杨是抗火性树种。

（2）地形条件。影响燃烧的地形条件包括高程、坡度、坡向等。地形条件主要影响扩散速度。在其他因素相同条件下，山地火灾扩散快于平地火灾，坡陡的地方火灾扩散快于缓坡。这主要是因为随着地形坡度角增大，上部空间的氧气含量更高，燃烧产生的热辐射更易起到烘烤的作用。

（3）气象条件。气象条件包括风向、风速、大气温度、大气湿度，这是森林燃烧的重要因素。例如长期干燥无雨的季节更易发生火灾，寒冷潮湿的雨天很少发生火灾。风向、风速在燃烧时可以起到推波助澜的作用。

王正非（1983）提出的林火蔓延速度计算方程大体如下：

$$R = R_0 K_s K_w K_\phi \tag{8.3}$$

式中：R_0 为初始蔓延速度，它根据经验公式构建回归方程，包括日最高气温 T，平均风级 W，日最小湿度 h 等；K_s 是可燃物配置格局更正系数，根据不同可燃物类型进行系数修正；K_w 是风速调整系数，风速可以八邻域方向进行分解；K_ϕ 是地形坡度调整系数。结合上述公式就可以计算出正在燃烧的中心元胞向周围 8 个元胞的燃烧蔓延速度。

元胞（i, j）在 $t+1$ 时刻的燃烧状态是由其邻域元胞在 t 时刻向其蔓延的速度 R 和元胞在 t 时刻的燃烧状态共同决定。t 时刻未燃烧或者已经熄灭的元胞向周围元胞的蔓延速度为 0，这样它对 $t+1$ 时刻元胞（i, j）的状态没有影响。只有正在燃烧的元胞才会有向 8 邻域方向蔓延的速度分量 R。

如式（8.4）所示，基于 CA 的林火蔓延模型常用元胞内已燃烧部分比例来表达元胞状态，式中 $\text{Area}_{\text{burn}}$ 表示元胞（i, j）中已燃烧的面积；$\text{Area}_{\text{total}}$ 表示该元胞的总面积。若比例 $S_{i,j}^{t}$ 为 0，表示未燃烧，比例为大于等于 1 时表示该元胞已经完全燃烧，0 到 1 之间表示正在燃烧。

$$S_{i,j}^{t} = \frac{\text{Area}_{\text{burn}}}{\text{Area}_{\text{total}}} \tag{8.4}$$

综合中心元胞状态和邻域燃烧蔓延速度，元胞（i, j）在 $t+1$ 时刻的燃烧状态可以由式（8.5）计算得

$$\begin{aligned}
S_{i,j}^{t+1} = S_{i,j}^{t} &+ \frac{(R_{i-1,j}S_{i-1,j}^{t} + R_{i,j-1}S_{i,j-1}^{t} + R_{i,j+1}S_{i,j+1}^{t} + R_{i+1,j}S_{i+1,j}^{t})\Delta t}{a} \\
&+ \frac{(R_{i-1,j-1}^{2}S_{i-1,j-1}^{t} + R_{i-1,j+1}^{2}S_{i-1,j+1}^{t} + R_{i+1,j-1}^{2}S_{i+1,j-1}^{t} + R_{i+1,j+1}^{2}S_{i+1,j+1}^{t})\Delta t^{2}}{2a^{2}}
\end{aligned} \tag{8.5}$$

式中：a 为元胞边长。

8.5.2 分布式林火蔓延模拟

分布式林火蔓延模拟案例使用的模拟系统与应用 1 交通过程模拟一致。模型的抽象、构建和任务划分具体如下。

1. 林火蔓延模型抽象

基于 CA 的林火蔓延模型首先采用规则的格网空间对整个研究区域进行表达。格网空间中的每个 Cell 单元代表研究区域的规则地块，其状态值取 4 种状态中的一个：0-燃烧中、1-未燃、2-燃烧结束和 3-不可燃。每次迭代过程中，各 Cell 单元根据 Moore 邻域相互作用更新状态值。在状态更新计算中，每个 Cell 单元需要考虑自身和邻域内 Cell 单元的状态取值及相关地理因子，如地物类型、风速、风向、温度、湿度、高程等。

如图 8.11 所示，在模拟引擎 DiSIME 中，分别对 Cell 单元的地理要素和环境因素进行建模，对应的扩展对象为 Parcel 和 Weather。在 Parcel 中，status 表示其状态值；neighbors 表示其邻域 Cells；height 表示单元地形特征；burnableIndex 标识其可燃指数；computeProbailityToBurn 方法在 status 取 1 时，计算其可燃概率。在 Weather 中，由 wind、temperature、humidness 属性分别表示风速风向、温度、湿度等因素。

如图 8.12 所示，每个 Parcel 的决策流程图围绕自身状态展开。其中，MT 表示一个元胞单元可处于状态 0 的最长时长；Parcel 中的 computeProbailityToBurn 方法通过融合影响林火蔓延的各种地理因素的作用直接对林火蔓延的最终结果产生影响，是整个林火蔓延的

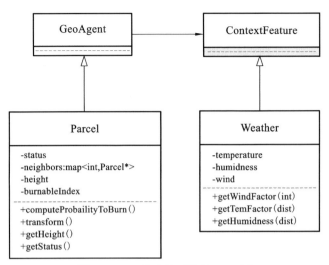

图 8.11　CA 林火蔓延模型 UML 图

核心。已有的文献中采用多种方法实现 computeProbailityToBurn，但都遵循基本规律：环境中的温度越高，火线蔓延越快；湿度越低，火线蔓延越快；火线沿着更高地势方向、风向蔓延。

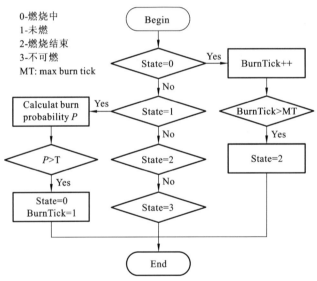

图 8.12　CA 林火蔓延模型元胞单元决策流程图

2. 模拟任务划分

林火蔓延模型的任务划分采用域分解策略，也就是规则格网划分。规则格网划分策略，首先需要输入待分解范围（numRows，numCols）和分解粒度（numX，numY）。同时该划分策略采取带重叠区域的格网划分，所以还需要提供邻域大小参数 overlap。图 8.13 示例，对 4×4 大小的地理空间采用（numX=2，numY=2，overlap=1）的规则格网划分后，生成的最终模型分块数据。

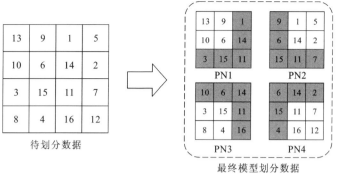

图 8.13　CA 林火蔓延模型任务分解示意图

8.5.3　实验结果及分析

本实验数据采用黑龙江地区的某林区数据、高程数据。整个研究区域划分为 77 721×6 233 个元胞单元，元胞在 x 和 y 方向上空间分辨率都为 30 m。此外，模型中所用的温度、湿度由相关气象部门获得，用户可以参考设定，风向风速数据用户自行设定。实验数据如图 8.14 所示。

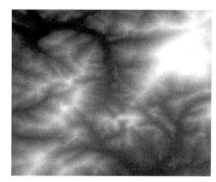

（a）植被影像　　　　　　　　　　　　　（b）DEM 数据

图 8.14　实验区域植被影像和 DEM 数据

首先，先对火灾蔓延结果进行分析，以验证模型的正确性。如图 8.15 所示，林灾蔓延模型在风速设定为 0 km/h、5 km/h、10 km/h 情况下经过相同一段时间模拟所得的火灾蔓延结果图。

通过对比各图中的蔓延结果可以看出，总体上火线会沿着风向和高程上升方向蔓延。其中，风速越大，拉伸效果越明显。该趋势与现实世界观察的林火蔓延趋势情况一致，从而验证了基于 DiSIME 构建的林火蔓延模型模拟结果正确性。

从并行计算角度分析，需要计算模型在不同并行任务数下的加速比和并行效率。同时为了评估任务划分粒度的影响，这里设定了 7 组平行对比实验，其中邻域大小均设置为 3，$numX/numY$ 分别为 1，2，3，4，5，6，8。如表 8.5 所示，林火蔓延模型的总体计算时间总体上随着并行任务数的增多快速下降。

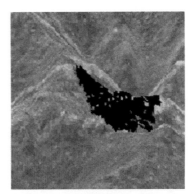

（a）初始着火点　　　　　　　　　　　　（b）风速=0 m/s

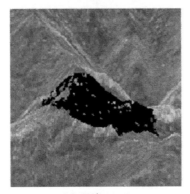
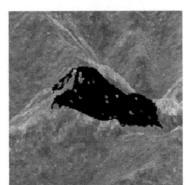

（c）风速=5 m/s　　　　　　　　　　　　（d）风速=10 m/s

图 8.15　不同风速条件下林火蔓延示意图

表 8.5　不同分割参数下模拟运行时间及加速比

分割参数	进程数	耗时/s	加速比	并行效率
1×1	1	2 587.16	1.00	1.00
2×2	4	815.31	3.17	0.79
3×3	9	371.95	6.96	0.77
4×4	16	212.72	12.16	0.76
5×5	25	138.92	18.62	0.75
6×6	36	97.29	26.59	0.74
8×8	64	71.69	36.09	0.74

如图 8.16 所示：图 8.16（a）中展示加速比随着并行任务数增加的变化趋势，以及与线性加速比的对比；图 8.16（b）展示并行效率随着并行任务数增大的变化趋势。

从图 8.16（a）中可以看出并行加速比一直呈现上升趋势，表明并行加速效应一直存在；但是随着并行任务数的增大，它与线性加速比偏离度越来越大，表明并行加速效应在减弱。从图 8.16（b）中的并行效率呈下降趋势也证明了这一点。这是因为划分的子任务内部存在重叠的元胞单元，模拟过程中为了维护重叠元胞的状态一致模拟引擎需要进行通信同步。随着并行任务数增多，重叠元胞数量增大，同步引发的通信消耗也相应增加，计算通信比下降，进而导致模拟并行效率下降。

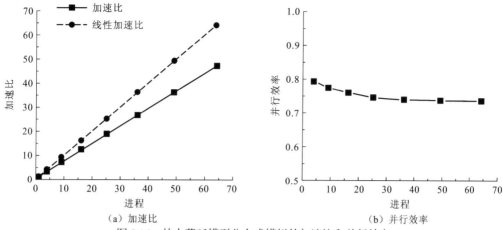

（a）加速比　　　　　　　　　（b）并行效率

图 8.16　林火蔓延模型分布式模拟的加速比和并行效率

参 考 文 献

陈述彭, 1991. 地理系统与地理信息系统. 地理学报, 58(1): 1-7.

惠珊, 芮小平, 李尧, 2016. 一种耦合元胞自动机的改进林火蔓延仿真算法. 武汉大学学报(信息科学版), 41(10): 1326-1332.

冷疏影, 宋长青, 2005. 陆地表层系统地理过程研究回顾与展望. 地理科学进展, 20(6): 600-606.

黎夏, 李丹, 刘小平, 等, 2009. 地理模拟优化系统 GeoSOS 及前沿研究. 地球科学进展, 24(8): 899-907.

李丹, 黎夏, 刘小平, 等, 2012. GPU-CA 模型及大尺度土地利用变化模拟. 科学通报, 57(11): 959-969.

罗平, 耿继进, 李满春, 等, 2005. 元胞自动机的地理过程模拟机制及扩展. 地理科学进展, 25(6): 724-730.

王昊, 刘涛, 孙思远, 2014. 基于 Swarm 平台的 Agent 建模仿真探讨. 无线互联科(9): 148.

王海军, 夏畅, 刘小平, 等, 2016. 大尺度和精细化城市扩展 CA 的理论与方法探讨. 地理与地理信息科学, 32(5): 1-8.

王正非, 1983. 山火初始蔓延速度测算方法. 山地研究, 1(2): 42-51.

尹灵芝, 朱军, 王金宏, 等, 2015. GPU-CA 模型下的溃坝洪水演进实时模拟与分析. 武汉大学学报(信息科学版), 40(8): 1123-1129, 1136.

ALMEIDA C M, GLERIANI J M, CASTEJON E F, et al., 2008. Using neural networks and cellular automata for modelling intra-urban land-use dynamics. International Journal of Geographical Information Science, 22(9): 943-963.

BARREIRA-GONZÁLEZ P, BARROS J, 2017. Configuring the neighbourhood effect in irregular cellular automata based models. International Journal of Geographical Information Science, 31(3): 617-636.

BONABEAU E, 2002. Agent-based modeling: Methods and techniques for simulating human systems. Proceedings of the National Academy of Sciences, 99(suppl 3): 7280-7287.

BONABEAU E, 2013. Big data and the bright future of simulation: The case of agent-based modeling. 2013 Winter Simulations Conference (WSC), Washington, DC: 1-1.

BORGES F, GUTIERREZ-MILLA A, SUPPI R, et al., 2015. Strip partitioning for ant colony parallel and distributed discrete-event simulation. Procedia Computer Science, 51: 483-492.

CANNATARO M, DI GREGORIO S, RONGO R, et al., 1995. A parallel cellular automata environment on multicomputers for computational science. Parallel Computing, 21(5): 803-823.

COLLIER N, NORTH M, 2013. Parallel agent-based simulation with repast for high performance computing. Simulation, 89(10): 1215-1235.

CONTE R, PAOLUCCI M, 2014. On agent-based modeling and computational social science. Frontiers in Psychology, 5: 668.

CORDASCO G, MANCUSO A, MILONE F, et al., 2014. Communication strategies in distributed agent-based simulations: The experience with D-mason. European Conference on Parallel Processing, Porto: 533-543.

DAHAL K R, CHOW T E, 2014. An agent-integrated irregular automata model of urban land-use dynamics. International Journal of Geographical Information Science, 28(11): 2281-2303.

DAHAL K R, CHOW T E, 2015. Characterization of neighborhood sensitivity of an irregular cellular automata model of urban growth. International Journal of Geographical Information Science, 29(3): 475-497.

DING Y, DENSHAM P J, 1996. Spatial strategies for parallel spatial modelling. International Journal of Geographical Information Systems, 10(6): 669-698.

FACHADA N, LOPES V V, MARTINS R C, et al., 2016. Parallelization strategies for spatial agent-based models. International Journal of Parallel Programming, 45(3): 449-481.

FLACHE A, HEGSELMANN R, 2001. Do irregular grids make a difference? Relaxing the spatial regularity assumption in cellular models of social dynamics. Journal of Artificial Societies and Social Simulation, 4(4): 1-6.

GIBSON M J, KEEDWELL E C, SAVIĆ D A, 2015. An investigation of the efficient implementation of cellular automata on multi-core CPU and GPU hardware. Journal of Parallel and Distributed Computing, 77: 11-25.

GONZÁLEZ P B, GÓMEZ-DELGADO M, BENAVENTE F A, 2015. Vector-based cellular automata: Exploring new methods of urban growth simulation with cadastral parcels and graph theory. Proceedings of the 4th International Conference on Computers in Urban Planning and Urban Management, Cambridge MA: 7-10.

GRIMM V, RAILSBACK S F, 2006. Agent-based models in ecology: Patterns and alternative theories of adaptive behaviour//Billari F C, Fent T, Prskawetz A, et al., eds. Agent-based computational modelling: Applications in demography, social, economic and environmental sciences. Heidelberg: Physica-Verlag HD: 139-152.

GUAN Q, 2019. pRPL: An open-source general-purpose parallel raster processing programming library. Sigspatial Special, 1(1): 57-62.

GUAN Q, CLARKE K C, 2010. A general-purpose parallel raster processing programming library test application using a geographic cellular automata model. International Journal of Geographical Information Science, 24(5): 695-722.

GUAN Q, ZENG W, GONG J, et al., 2014. pRPL 2. 0: Improving the parallel raster processing library. Transactions in GIS, 18: 25-52.

HANSEN P B, 1993. Parallel cellular automata: A model program for computational science. Concurrency and Computation: Practice and Experience, 5(5): 425-448.

HU S Y, LI D R, 2004. Vector cellular automata based geographical entity. Proceedings of 12th International Conference on Geoinformatics, Gavle, Sweden: 249-256.

HUTCHINSON D, LANTHIER M, MAHESHWARI A, et al., 1996. Parallel neighbourhood modelling. Proceedings of the 4th ACM International Workshop on Advances in Geographic Information Systems, New York: 25-34.

JIANG C H, HAN W, HU Y H, 2006. REPAST-A multi-agent simulation platform. Journal of System Simulation, 18(8): 2319-2322.

KIM I H, TSOU M H, FENG C C, 2015. Design and implementation strategy of a parallel agent-based schelling model. Computers, Environment and Urban Systems, 49: 30-41.

KIRAN M, RICHMOND P, HOLCOMBE M, et al., 2010. FLAME: Simulating large populations of agents on parallel hardware architectures. Proceedings of the 9th International Conference on Autonomous Agents and Multiagent Systems, Toronto: 1633-1636.

LI X, ZHANG X, YEH A, et al., 2010. Parallel cellular automata for large-scale urban simulation using load-balancing techniques. International Journal of Geographical Information Science, 24(6): 803-820.

LI Z, GUAN X, LI R, et al., 2016. 4D-SAS: A distributed dynamic-data driven simulation and analysis system for massive spatial agent-based modeling. ISPRS International Journal of Geo-Information, 5(4): 42.

LONG Y, SHEN Z, 2015. V-BUDEM: A vector-based Beijing urban development model for simulating urban growth//Long Y, Shen Z, eds. Geospatial Analysis to Support Urban Planning in Beijing. Berlin: Springer: 91-112.

LUKE S, CIOFFI-REVILLA C, PANAIT L, et al., 2005. MASON: A multiagent simulation environment. Simulation, 81(7): 517-527.

MACAL C M, NORTH M J, 2009. Agent-based modeling and simulation. Proceedings of the 2009 Winter Simulation Conference (WSC), Austin, Texas: 86-98.

MENARD A, 2008. VecGCA: A vector-based geographic cellular automata model allowing geometric transformations of objects. Environment and Planning B: Planning and Design, 35: 647-665.

MOORE A, 2011. Geographical vector agent based simulation for agricultural land use modelling. Sharjah: Bentham Science Publisher.

MORENO N, MARCEAU D, 2007. Performance assessment of a new vector-based geographic cellular automata model. Proceedings of the International Conference on Geo-Computation, Ireland, 3-5.

MORENO N, WANG F, MARCEAU D J, 2009. Implementation of a dynamic neighborhood in a land-use vector-based cellular automata model. Computers, Environment and Urban Systems, 33(1): 44-54.

MUNSHI T, ZUIDGEEST M, BRUSSEL M, et al., 2014. Logistic regression and cellular automata-based modelling of retail, commercial and residential development in the city of Ahmedabad, India. Cities, 39: 68-86.

NICOL D M, 1994. Rectilinear partitioning of irregular data parallel computations. Journal of Parallel and Distributed Computing, 23(2): 119-134.

NORMAN M G, HENDERSON J R, MAIN I G, et al., 2010. The use of the CAPE environment in the simulation of rock fracturing. Concurrency & Computation Practice & Experience, 3(6): 687-698.

NWAOBI G, 2011. Agent-based computational economics and African modeling: Perspectives and challenges. Available at SSRN 1972350.

O'SULLIVAN D, 2001. Exploring spatial process dynamics using irregular cellular automaton models. Geographical Analysis, 33(1): 1-18.

OVEREINDER B J, SLOOT P M, HEEDERIK R N, et al., 1996. A dynamic load balancing system for parallel cluster computing. Future Generation Computer Systems, 12(1): 101-115.

PARRY H R, BITHELL M, 2012. Large scale agent-based modelling: A review and guidelines for model scaling//Heppenstall A, Crooks A, See L M, et al., eds. Agent-based models of geographical systems. Berlin: Springer: 271-308.

PIJANOWSKI B C, TAYYEBI A, DOUCETTE J, et al., 2014. A big data urban growth simulation at a national scale: Configuring the GIS and neural network based Land Transformation Model to run in a High

Performance Computing (HPC) environment. Environmental Modelling & Software, 51(0): 250-268.

PINTO N N, 2010. A cellular automata model based on irregular cells: Application to small urban areas. Environment and Planning B: Planning and Design, 37(6): 1095-1114.

RICHMOND P, WALKER D, COAKLEY S, et al., 2010. High performance cellular level agent-based simulation with FLAME for the GPU. Briefings in Bioinformatics, 11(3): 334-347.

RUSSELL S J, NORVIG P, 2010. Artificial intelligence: A modern approach (3 edition). London: Peason Education.

SCHEFFER M, BAVECO J M, DEANGELIS D L, et al., 1995. Super-individuals a simple solution for modelling large populations on an individual basis. Ecological Modelling, 80(2): 161-170.

SENGUPTA R R, BENNETT D A, 2003. Agent-based modelling environment for spatial decision support. International Journal of Geographical Information Science, 17(2): 157-180.

SHANTHI M, RAJAN E G, 2012. Agent based cellular automata: A novel approach for modeling spatio-temporal growth processes. International Journal of Application or Innovation in Engineering and Management, 1(3): 56-61.

SHASHIDHARAN A, VAN BERKEL D B, VATSAVAI R R, et al., 2016. pFUTURES: A parallel framework for cellular automaton based urban growth models. The Annual International Conference on Geographic Information Science. Montreal: 163-177.

SHIYUAN H, DEREN L, 2004. Vector cellular automata based geographical entity. Geoinformatics: 249-256.

SHOOK E, WANG S, TANG W, 2013. A communication-aware framework for parallel spatially explicit agent-based models. International Journal of Geographical Information Science, 27(11): 2160-2181.

SKLAR E, 2014. NetLogo, a multi-agent simulation environment. Artificial Life, 13(3): 303-311.

STEVENS D, DRAGICEVIC S, 2007. A GIS-based irregular cellular automata model of land-use change. Environment and Planning B: Planning and Design, 34(4): 708-724.

TANG W, BENNETT D A, WANG S, 2011. A parallel agent-based model of land use opinions. Journal of Land Use Science, 6(2-3): 121-135.

TISUE S, WILENSKY U, 2004. NetLogo: A simple environment for modeling complexity. International Conference on Complex Systems, Boston: 16-21.

TOBLER W R, 1970. A computer movie simulating urban growth in the detroit region. Economic Geography, 46(sup1): 234-240.

WALLACE L, 1946. Analysis of fire spread in light forest fuels. Journal of Agricultural Research, 72(3): 93.

WANG D, BERRY M W, CARR E A, et al., 2006. A parallel fish landscape model for ecosystem modeling. Simulation, 82(7): 451-465.

WOLFRAM S, 1986. Random sequence generation by cellular automata. Advances in Applied Mathematics, 7(2): 123-169.

WOOLDRIDGE M, JENNINGS N R, 1995. Intelligent agents: Theory and practice. The Knowledge Engineering Review, 10(2): 115-152.

YANG X, ZHAO Y, CHEN R, et al, 2016. Simulating land use change by integrating landscape metrics into ANN-CA in a new way. Frontiers of Earth Science, 10(2): 245-252.

ZIA K, FARRAHI K, RIENER A, et al., 2013. An agent-based parallel geo-simulation of urban mobility during city-scale evacuation. Simulation, 89(10): 1184-1214.

第9章　高性能计算支持的深度学习与时空计算

9.1　高性能计算与人工智能

1955年8月达特茅斯学院约翰·麦卡锡（John McCarthy）联合哈佛大学马文·闵斯基（Marvin Lee Minsky）、贝尔电话实验室克劳德·香农（Claude Shannon）、IBM公司罗切斯特（Nathaniel Rochester）提出了一项议案"人工智能达特茅斯夏季研讨会"（A Proposal for the Dartmouth Summer Research Project on Artificial Intelligence），建议1956年夏天在新罕布什尔州汉诺威的达特茅斯学院进行为期2个月、10位学者参加的人工智能研讨会。这份议案最终获得了洛克菲勒基金会的资助，研讨会如期举行，会上人工智能概念（artificial intelligence）正式被提出。

回顾发展历史，人工智能的发展经历了三次浪潮（图9.1），其中第三次浪潮从2000年一直持续到现在。首先，个人计算机、互联网、物联网等信息技术的蓬勃发展，为人工智能新一阶段的高速发展奠定了基础条件。人工智能的基础理论不断夯实，以统计学习、机器学习为代表的模型算法在诸多领域得到了广泛应用，并取得了显著效果。2006年，多伦多大学Geoffrey Hinton 教授和他的学生 Ruslan Salakhutdinov在 *Sicence* 上发表文章提出深层网络训练中梯度消失问题的解决方案：无监督预训练对权值进行初始化，加有监督训练微调，至此开启了深度学习在学术界和工业界的浪潮。标志性事件是 2012 年 Hinton 课题组首次参加 ImageNet 图像识别大赛，以大幅领先对手的成绩取得了冠军，使深度学习引起了各界的注意。近年来，以深度学习为代表的人工智能模型，在计算机视觉、语音识别、自然语言处理等领域取得了巨大的进步。究其原因，以深度学习模型为代表的复杂算法、以 GPU 为代表的高性能计算环境提供的强大算力，和互联网/物联网积累的海量大数据，三者完美结合直接促成了这次浪潮，将人工智能再次推向繁荣期。

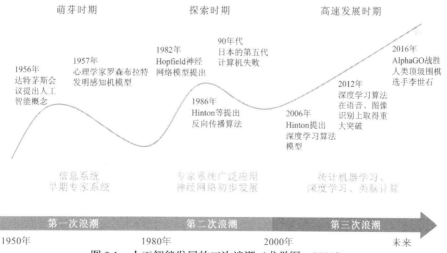

图 9.1　人工智能发展的三次浪潮（尤学军，2020）

（1）高性能计算的发展促进深度学习模型的发展、成熟与普及。深度学习发展可以追溯到 AlexNet 模型的提出（Krizhevsky et al.，2012），该模型扩展了经典卷积神经网络 LeNet5 结构，添加 Dropout 层减小过拟合，首次采用 GPU 实现卷积神经网络的加速。相较 LeNet5，AlexNet 模型使用了更加深层的网络，参数量高达千万级，通过数据增广（data augmentation）生成大规模图像样本进行训练。AlexNet 模型取得显著的算法效果提升，准确率远超第二名（Top5 错误率为 15.3%，第二名为 26.2%）。为支撑 AlexNet 模型训练，Hinton 课题组使用了两块英伟达 GTX 580 GPU 训练模型，由于单个 GTX 580 GPU 只有 3GB 显存，这限制了在其上训练的网络规模，他们在每个 GPU 中放置一半神经元，将网络模型分布在两个 GPU 上进行并行计算，大大加快了 AlexNet 的训练速度。AlexNet 模型的成功给业界带来启发：一方面是神经网络的模型规模增大有助于提升识别效果；另一方面，GPU 等高性能计算环境可以提供非常高效的算力，用来支撑大规模神经网络模型的训练。

随着深度学习在语音识别、自然语言处理、计算机视觉及搜索推荐等领域的应用，模型架构越来越复杂，层级越来越深，模型参数指数级增长，训练一个模型需要的浮点计算量也越来越大。2018 年末，谷歌发布的 BERT（bidirectional encoder representations from transformers，预训练语言）模型在机器阅读理解顶级水平测试 SQuAD 1.1 中表现出惊人的成绩：在全部两个衡量指标上全面超越人类，并且还在 11 种不同 NLP 测试中创出最佳成绩，包括 GLUE 基准达到 80.4%，MultiNLI 准确度达到 86.7%，因此 BERT 成为了 NLP 领域里程碑式的进展。在这惊人成绩的背后，是强大算力提供的支撑。BERT 训练数据采用了英文的开源语料 Books Corpus 及英文维基百科数据，一共有 33 亿个词。同时 BERT 模型的标准版本有高达 1 亿的参数量，与 GPT（Generative Pre-Training）模型持平，而 BERT-Large 版本有 3 亿多参数量，这应该是目前自然语言处理中最大的预训练模型。谷歌使用了 16 个自己研发的 TPU 集群（共 64 块 TPU）来训练 BERT-Large，花费约 4 天的时间。

同时，随着多核 CPU、GPU 等高性能计算环境的普及，深度学习用户群的扩大，通用开源的深度学习计算框架逐步成熟。早期，框架层面主要集中在利用异构并行优化方法实现神经网络算法，基于定制化的方案解决模型训练问题，模型架构上抽象不足，复用性不强，同时还未解决神经网络模型训练方法 min-batch SGD（stochastic gradient descent，随机梯度下降）的并行化，因此早期框架的模块性、模型描述能力、自动微分能力、易用性、可维护性都很差。随后，来自伯克利的 Caffe 在计算机视觉模型领域进一步降低了神经网络模型研发门槛，来自百度的 PaddlePaddle 在自然语言领域对时序模型描述具有更好的易用性。最后，TensorFlow、PyTorch、MXNet，Caffe 改进版本 Caffe2，以及架构优化后的 PaddlePaddle，分别在多方面增强了框架的表达能力，降低了研发模型的门槛，提升模型迭代设计的效率，都形成了以 Python 为前端的描述模型、适应异构计算的后端引擎、支持自动微分、甚至自动计算优化的计算框架。这些成熟、易用的深度学习计算框架推动深度学习技术进一步的广泛应用。

（2）人工智能的算力需求又推动了高性能计算软件硬件架构的变革。正是因为人工智能的蓬勃算力需求，反过来又推动了高性能计算软硬件架构的变革，具体表现为两方面，一是深度学习硬件的架构发展和性能提升，二是分布式计算框架逐步支持深度学习应用。

深度神经网络在训练过程中会进行大量的浮点运算，如果仅仅靠 CPU 去训练一个深度网络模型，需要花费很长的时间，所以目前广泛使用 GPU 加速。相较同等价格或功耗的 CPU，

GPU 在浮点运算、吞吐带宽等指标上可以提供数十倍于 CPU 的性能。然而，不同场景下算力需求也有差异，如离线训练要求高性能，在线推理要求低功耗，因此更专有、更复杂的硬件结构不断推陈出新。例如，谷歌在 2015 年 6 月的 I/O 开发者大会上推出的计算神经网络专用芯片 TPU（tensor processing unit），为优化自身的 TensorFlow 机器学习框架而打造，主要用于 AlphaGo 系统、谷歌地图、谷歌相册和谷歌翻译等应用中进行搜索、图像、语音等智能模型（Jia et al.，2014）。区别于 GPU，谷歌 TPU 采用 ASIC（application-specific integrated circuit，应用型专用集成电路）芯片方案，CISC 指令集（complex instruction set computing，复杂指令集计算），是一种专为特定应用需求而定制的芯片。

谷歌最初的第一代 TPU 仅用于深度学习推理。从性能上看，第一代谷歌 TPU 采用了 28 nm 工艺制造，功耗约为 40 W，主频 700 MHz。TPU 通过 PCIe Gen3 x16 总线连接到主机，实现了 12.5 GB/s 的有效带宽。同时第一代 TPU 还应用了一种称为量化的技术进行推理预测，也就是用 8 位整数而不是 16 位或 32 位浮点精度对神经网络进行预测，在保证适当的准确度条件下减少所需的内存消耗和计算资源。多个 TPU 设备通过高速互联网络堆叠可以形成 TPU 集群，如图 9.2 所示。目前谷歌发布了三代 TPU 产品。

Cloud TPU v2

180 teraflops
64 GB High Bandwidth Memory（HBM）

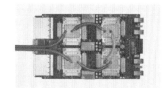

Cloud TPU v3

420 teraflops
128 GB HBM

Cloud TPU v2 Pod（beta）

11.5 petaflops
4 TB HBM
2-D toroidal mesh network

Cloud TPU v3 Pod（beta）

100+ petaflops
32 TB HBM
2-D toroidal mesh network

图 9.2　Google TPU 设备及 TPU 集群[①]

人工智能的爆发，也推动提升了分布式计算框架对机器学习应用支持能力。现有的分布式计算框架能够实现高效、灵活的分布式环境部署，包含成熟、稳定的资源管理和任务调度，可以为机器学习模型的并行计算提供良好的支撑。因此，一些分布式计算平台开始融入机器学习计算能力，也出现了大量的基于分布式计算技术的机器学习应用案例。

Apache Spark 是专为大规模数据处理而设计的快速通用的计算引擎，它除了拥有 Hadoop MapReduce 具备的优势，同时还基于内存计算可以更好地适用于数据挖掘、机器学习等需要迭代的算法。Spark 的机器学习库 MLlib（machine learning library）支持分类、回归、聚类、推荐、主题建模等常见的机器学习算法。MLlib 可以与 Spark SQL、GraphX、

---

① https://en.wikipedia.org/wiki/Tensor_Processing_Unit.

Spark Streaming 等无缝集成，构建强大的数据计算中心。但 MLlib 在支持深度学习方面的能力还欠佳，不支持复杂网络结构（如 RNN、LSTM 等）和大量可调超参。此外，现有深度学习计算框架主要采用 Python 作为前端接口语言，后端引擎则多采用 C＋＋编程语言，跟以 Java 为核心语言的 Hadoop 生态有一定的兼容性代价，后期维护成本大。Intel 公司开源的 BigDL 是一个基于 Spark 的分布式深度学习库，用户可以将它们的深度学习应用程序作为标准的 Spark 程序，直接运行在现有的 Spark 或 Hadoop 集群之上。BigDL 提供了对深度学习更加全面的支持，包括数值计算（通过 Tensor）和高层次神经网络等，并兼备高性能和高可扩展性。

除了基于 Hadoop 生态扩展深度学习计算服务能力，也有基于云容器架构的分布式方案。在企业私有化基础服务架构中，Kubernetes 经常被选择为机器学习平台基础架构。Kubernetes 发展于 Docker 容器技术。Docker 容器技术主要作用是隔离，通过对系统的关键资源的隔离，实现了应用级的主机抽象，而 Kubernetes 则是在抽象主机的基础上，实现了应用级的集群抽象。为了能够更好地支持机器学习算法在 Kubernetes 上的分布式训练，Kubeflow 应运而生。Kubeflow 主要组件有 tf-operator、PyTorch-operator、mpi-operator、pipelines 等，其中前三者分别实现对 Tensorflow、PyTorch、Horovod 的分布式训练的支持。Kubeflow 得益于 Kubernetes 的扩展性和调度能力，非常适合应用于大规模分布式训练和 AutoML。

因此，随着云上高性能生态的持续迭代，从 KVM 虚拟化架构发展到容器架构，云生态的研发效率、部署效率、运行效率不断提高，云上基础架构的优势逐步凸显，深度学习框架生态也朝着云生态方向发展。

9.2　深度学习概述

深度学习（deep learning，DL）是一种以深层次的人工神经网络为架构，对输入数据进行表征学习的算法，是机器学习的一个分支（Jia et al.，2014）。而人工神经网络（artificial neural network，ANN），是模仿生物神经网络的结构和功能，通过将大量人工神经元相互连接组成网络进行计算，实现对函数的估计或近似。人工神经元（artificial neuron）是人工神经网络的最基本单元，即一个有若干输入和一个输出的模型，如图 9.3 所示。人工神经元首先将输入数据（输入）进行线性映射（输入向量与权向量的内积），然后连接一个简单的非线性函数（激活函数），最终得到一个标量结果（输出）。

深度神经网络（deep neural network，DNN）在简单人工神经网络模型上进一步发展。首先，引入了隐藏层的概念，隐藏层即除了输入层和输出层的中间处理层，隐藏层可以多层叠加，通过隐藏层堆叠从而增强模型的表达能力。除了网络层级深度的增加，网络的宽度也会增加，即神经元输出个数增加到了多个，从而灵活适用于多种问题，例如分类、回归、降维、聚类等。深度学习还对激活函数做了扩展，新引入的激活函数比如 Tanh、Softmax、ReLU（recitified linear unit，线性整流函数）在有效提高模型的表达能力的同时也能简化计算过程，从而更加有效地进行梯度下降及误差的反向传播。典型的深度神经网络如图 9.4 所示。

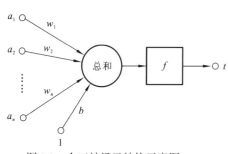

图9.3 人工神经元结构示意图

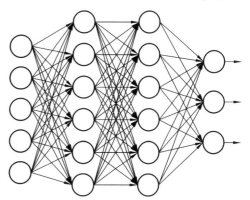

图9.4 典型深度神经网络结构

深度神经网络内部层与层之间是全连接，即第 i 层的每一个神经元与第 $i+1$ 层的所有神经元直接相连。DNN 计算通过前向传播的方式，从输入层开始一层一层地向前计算（线性映射和激活转换），至输出层得到最后输出结果。深度神经网络的学习过程主要是通过误差的反向传播和梯度下降的方法对各网络层中的参数进行优化，进而提高整个模型的精度。反向传播中最重要的部分就是链式求导法则。

深度神经网络包括深度信念网络、循环神经网络、卷积神经网络等，已广泛应用于计算机视觉、语音识别、自然语言处理、音频识别、机器翻译、生物信息学、药物设计、医学图像分析等领域。深度学习模型，在某些领域所产生的结果可与人类专家的表现相媲美，甚至在某些情况下超过人类专家的表现[①]。

9.2.1　卷积神经网络

卷积神经网络（convolutional neural networks，CNN）是一类包含卷积计算且具有深度结构的面向规则结构数据特征提取的深度前馈神经网络（LeChun，1989）。卷积神经网络的研究始于 20 世纪 80 至 90 年代，经过几十年的发展，CNN 已经成为当前深度学习领域的研究热点，并已成功应用于多个应用领域。

卷积神经网络的输入是具有规则结构的数据，例如图像和视频中的像素点排列整齐的矩阵数据，以图像为例，一张彩色图片的输入大小为 32×32×3（对应图像的高度×宽度×深度），前两位数字表示输入图片高度和宽度均为 32 像素，3 表示每个像素的特征数（或者称为深度），这里表示通道数，默认情况下分别表示 RGB 格式下各个通道的值。卷积神经网络主要采用了卷积数学运算，而卷积神经网络是在其至少一层中使用卷积来代替一般的矩阵乘法（Jia et al.，2014）。

CNN 是前馈神经网络的一种，典型的卷积神经网络主要由 4 种类型的层组成：卷积层、池化层、RELU 层及全连接层，这些不同的层通过相互堆叠来形成完整的 CNN 网络结构。

（1）卷积层（convolution layer，CONV）。卷积层是 CNN 的核心，该层的参数由一组可学习的过滤器（或核，Kernel）组成。卷积核具有较小的感受野（receptive field），但会

---

① Google's AlphaGo AI wins three-match series against the world's best Go player. TechCrunch. 25 May 2017.

延伸到输入图像的整个深度。如图 9.5 所示，一次卷积运算相当于用卷积核中的各个位置的参数与图像中相应位置的像素作点积运算，而参与运算的像素，则是以图像中每个像素为中心的，大小与卷积核相同的一小块图像中的所有像素。卷积运算的数学表达式为

$$S(i,j) = \sum_m \sum_n I(i+m, j+n)K(m,n) \tag{9.1}$$

式中：I 为输入图像；K 为卷积核；(i, j) 为图像中像素的坐标，而(m, n)则表示以卷积核中心为原点的卷积核中的元素的坐标，该式表示卷积运算是图像矩阵和卷积核的按位点乘。一个卷积层包含多个卷积核，在卷积层的前向计算过程中，每个卷积核都在输入图像的宽度和高度上进行卷积，计算卷积核与输入之间的点积，并生成该过滤器的二维激活图（activation map）。卷积层中通过叠加卷积核的方式可以分别学习原始图像不同尺度的特征。

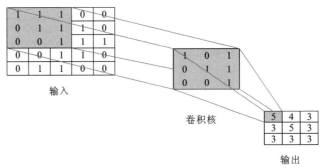

图 9.5 卷积操作的实现过程

（2）池化层（pooling layer，POOL）。CNN 的另一个重要概念是池化，它是非线性下采样（non-linear down-sampling）的一种形式。有多种函数可以实现池化，如 max、average 等，其中最大池化（max pooling）是最常见的，它将输入图像划分为一组不重叠的矩形，并为每个此类子区域输出最大值。图 9.6 展示了 2×2 池化的操作。池化方法不仅能够降低维度大小，同时还能改善结果，避免过拟合发生。

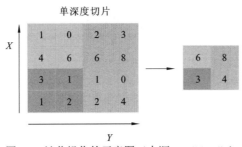

图 9.6 池化操作的示意图（来源：Wikipedia）

（3）RELU 层（记作 RELU）。RELU 层对输入施加 ReLU 激活函数：$f(x) = \max(0, x)$。它的作用是将激活图中所有负数都设为 0，从而为整个模型加入非线性特性。RELU 层不改变卷积核的感受野，并且在计算速度和泛化能力上优于其他的非线性激活层。

（4）全连接层（fully connected layer，FC）。通常经过若干卷积、池化层之后，卷积神经网络中的高级推理是通过全连接层完成的。全连接层与常规的（非卷积）人工神经网络相似，其中的神经元与上一层中的所有激活都有联系。因此，全连接层的计算仍然是矩阵相乘，然后加上偏置偏移。

最常见的 CNN 架构构建通过 CONV-RELU 层堆叠，然后在其后加 POOL 层，并重复此模式，直到图像在空间上被缩小为较小的尺寸为止[①]。这种架构模式可以表达为

$$INPUT \rightarrow [[CONV \rightarrow RELU]*N \rightarrow POOL?]*M \rightarrow [FC \rightarrow RELU]*K \rightarrow FC \qquad (9.2)$$

式中：*表示重复，POOL?则表示可选的池化层。N、M、K 均表示各个模块的个数，通常情况下，$0 \leq N \leq 3$，$M \geq 1$，$0 \leq K \leq 3$。

卷积神经网络设计具有以下独特的设计特征。

（1）局部感知。卷积层的节点仅仅和其前一层的部分节点相连接，只用来学习局部空间特征。这参考了人类对外界事物的感知过程是从局部到全局的过程，因此对于单个神经元而言没有必要对全局图像进行感知，而是仅对局部感知即可，之后在更高的层次将局部信息综合起来得到全局信息。

（2）参数共享。对同一卷积核，其核内权值参数在整个图像内一样，即卷积核在进行特征提取时认为特征的提取方式与位置无关。对图像而言，图像一部分的统计特征与其他相同特征处的统计特征保持一致，即在一部分学习到的特征也能用在另一部分上，因此对于图像上的所有位置，都能使用同样的卷积核来提取特征，该方法有效减少了卷积神经网络中需要学习的参数数量。

（3）多卷积核，对于以图像为代表的数据而言，一个卷积核往往不足以提取所有有效特征，所以通常可以通过增加卷积核的方式分别学习不同的特征，比如在一个输入图像通过两个卷积核可以生成两幅特征图，这两幅特征图可以看作是一张图像的不同通道，包含了图像中的不同的信息。

（4）多层卷积，在实际应用中通过叠加多层卷积层的方式进行，单层学习到的特征往往是局部性的，层数越高，学到的特征就会越具有全局性。

卷积神经网络以其独特的结构设计，在有效减少参数的同时提高了模型的精确度，这也是其优于传统神经网络的地方所在。

9.2.2 图卷积神经网络

图卷积神经网络（graph convolutional network，GCN），类似 CNN 网络，但是基于图结构（graph）。图作为一种常见数据结构，由节点（node）和连接节点的边（edge）组成，通常用 $G = (V, E)$ 来表示，其中 V 是图的节点集，E 代表图的边集。图中节点的连接关系通常用邻接矩阵（adjacency matrix）来表示，图 9.7 中展示了典型的图结构和其对应的邻接矩阵。

一般 CNN 适合处理欧氏空间排列规整的数据，比如图像或视频数据，但是对于那些不规则结构数据则无能为力。这类数据可以通过图的形式表达，例如交通网络、社交网络、通信网络、基因图谱网络、蛋白质作用网络、知识图谱网络等。图卷积神经网络的出现很好地解决了处理上述非欧氏空间中的数据分析问题，并在交通预测、节点分类、图分类、社区发现等任务中有着广泛的应用。图 9.8 描述了 CNN 与 GCN 的应用范围。总结研究图卷积网络的原因有两点：其一，CNN 无法处理非欧氏空间的数据类型，其在非欧氏空间数

---

① CS231n Convolutional Neural Networks for Visual Recognitions. https://cs231n.github.io/convolutional-networks/.

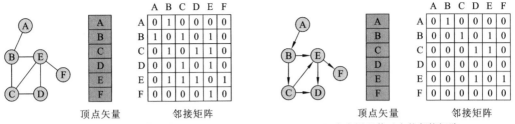

（a）无向图及其对应的邻接矩阵　　　　　　　　　（b）有向图及其对应的邻接矩阵

图 9.7　典型的图结构和其对应的邻接矩阵

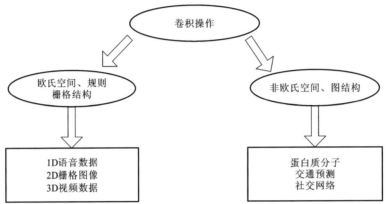

图 9.8　CNN 与 GCN 的应用范围

据上无法保持平移不变性，一个通俗的解释就是一个图结构中每个顶点的相邻顶点数目可能都不一样，所以无法使用一个同样大小的卷积核来进行卷积运算；其二，广义上来讲任何数据在赋范空间内都可以建立拓扑关联，谱聚类就是应用了这样的思想，因此图卷积网络具有广泛的实用价值。

GCN 的本质目的就是用来提取拓扑图的空间特征，而其核心就是对非欧空间数据进行卷积操作。图卷积具体从实现上来说细分为空间域（spatial domain）和谱域（spectral domain）两种。

（1）空间域：这种方法利用图结构中节点的连接关系进行特征提取，是一种直观且容易理解的方式。要提取拓扑图上的空间特征，那么就把每个顶点的领域节点找出来。该方法有一定的局限性，每个顶点提取出来的领域节点个数不同，使得计算卷积必须针对每个顶点进行。

（2）谱域：这种方法本质上是利用谱图理论（spectral graph theory）来实现拓扑图上的卷积操作。它的发展历程是：首先是由图信号处理领域的学者提出基于图结构的傅里叶变换，进而定义图结构的卷积操作，最后是与深度学习结合产生图卷积神经网络。

近年来，图卷积网络逐渐成为了深度学习领域研究的热点，并已发展出了各种不同的方法，这些方法虽然不尽相同，但基本上都遵循通用的形式——过滤器参数通常在图的所有位置上共享。下面就其中基于谱域的图卷积方法进行重点介绍。

图 9.9 展示了典型的图卷积神经网络——GCN 的模型结构（Kipf et al.，2016）。GCN 的目标是学习图节点上的信号/特征，这些信号/特征通常用向量来表示。模型的输入是：①图中所有节点上的初始的特征向量，组织为 $N \times C$ 的特征矩阵 $\boldsymbol{X}$（N 为节点数量，C 为

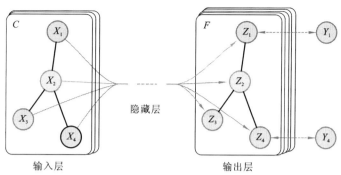

图 9.9　GCN 的模型示意图（Kipf et al.，2016）

输入特征的维度大小）；②图的结构信息，通常是图的邻接矩阵。模型的目标输出是所有节点上的最终的结果向量，记作 $Z \in \mathbb{R}^{N \times F}$。类似 MLP，GCN 也是由多层（假设 L 层）的神经网络层所构成的，而每一层的计算可以写成上一层信息和图结构（即图邻接矩阵 $\boldsymbol{A}$）的函数，如下：

$$H^{(l+1)} = f(H^{(l)}, \boldsymbol{A}) \tag{9.3}$$

式中：H 为 GCN 中间隐层的特征表示，且 $H^{(0)} = X$，$H^{(L)} = Z$。而不同的图卷积模型的不同之处就在于如何定义 $f(.,.)$ 这个函数。对于 Kipf 等（2016）提出的 GCN 这个模型来说，f 的定义为

$$f(H^{(l)}, \boldsymbol{A}) = \sigma(\widehat{\boldsymbol{D}}^{-1/2} \widehat{\boldsymbol{A}} \widehat{\boldsymbol{D}}^{-1/2} H^{(l)} \boldsymbol{W}^{(l)}) \tag{9.4}$$

式中：$\widehat{\boldsymbol{A}} = \boldsymbol{A} + \boldsymbol{I}$ 是邻接矩阵与单位矩阵相加的结果；$\widehat{\boldsymbol{D}}$ 则是 $\widehat{\boldsymbol{A}}$ 的节点度矩阵（degree matrix，即表示节点连接度的对角线矩阵）；$\boldsymbol{W}$ 则是当前层的可训练参数矩阵。通常用定义出来的多层图卷积层对图上的初始信号进行卷积，以提取出图中蕴含的有效信息，并将其用于后续的任务中去。

图卷积网络的核心是基于图拉普拉斯矩阵（graph Laplacian）的谱分解进行的。图拉普拉斯矩阵包含多种形式，常用的有三种，分别是：组合拉普拉斯（combinatorial Laplacian），定义为 $L = \boldsymbol{D} - \boldsymbol{A}$；对称归一化拉普拉斯（symmetric normalized Laplacian），定义为 $\boldsymbol{L}^{\text{sys}} = \boldsymbol{D}^{-1/2} \boldsymbol{L} \boldsymbol{D}^{-1/2}$；随机游走归一化拉普拉斯（random walk normalized Laplacian），定义为 $\boldsymbol{L}^{\text{rw}} = \boldsymbol{D}^{-1} \boldsymbol{L}$。最早的图谱卷积（graph spectral convolution）通常被定义为傅里叶域（Fourier domain）中的图上节点的信号 $x \in \mathbb{R}^N$ 与图卷积核 $g_\theta = \text{diag}(\theta)$ 的乘积，如下：

$$g_\theta * x = U g_\theta U^{\text{T}} x \tag{9.5}$$

式中：U 是归一化图拉普拉斯矩阵（normalized graph Laplacian）$\boldsymbol{L}^{\text{norm}}$ 的特征向量所构成的矩阵，$\boldsymbol{L}^{\text{norm}}$ 定义为 $\boldsymbol{L}^{\text{norm}} = I - \boldsymbol{D}^{-1/2} \boldsymbol{A} \boldsymbol{D}^{-1/2}$（$\boldsymbol{D}$ 为 $\boldsymbol{A}$ 对应的度矩阵）；而 $\boldsymbol{U}^{\text{T}} x$ 则是图上信号 x 的图傅里叶变换的结果。这种图卷积方法由 Bruna 等（2013）提出，开创了谱域图卷积网络研究的先河。后续的研究基于 Bruna 等人的方法做了很多改进，比如用 K 阶的切比雪夫多项式（Chebyshev polyinomials）来对卷积核进行近似（Defferrard et al.，2016），而前面所介绍的 GCN（Kipf et al.，2016）则是在一阶切比雪夫多项式做近似的基础上，加以多种限制条件所得到的。

9.2.3　循环神经网络

在前馈神经网络中，每次网络的输入是独立进行的，每次网络的输出值只与当前的输入有关系，与之前的输入信息无关。但在很多情况下需要处理序列数据时，比如文本、语音、视频等，当前位置的输出不止与该状态下的输入信息有关，同时还和前几个位置的输出相关。此外，这些信息的输入、输出维度都是不固定的，前馈神经网络不能处理这种非固定的输入输出情况。为了解决这一问题，学者提出了循环神经网络（recurrent neural network，RNN）。该网络是一类以序列（sequence）数据为输入，在序列的演进方向进行递归（recursion）且所有节点（循环单元）按链式连接的递归神经网络（recursive neural network）。由于循环神经网络带有自反馈的神经元结构，让网络有了短期记忆的能力，能够在任意长度的时序序列中发挥优势。

基本的 RNN 结构如图 9.10 所示，图中竖直的方框代表时间步（time step）。在 t 时的隐藏层，每一层都包含多个神经元，每一个神经元都对当前的输入进行线性的矩阵乘并施加非线性操作（如 tanh）。隐藏层在每一个时间步都有两个输入：前一个时间步的隐层的输出 h_{t-1} 及当前时间步的输入 x_t，对前者乘以权重矩阵 $W^{(hh)}$，后者乘以权重矩阵 $W^{(hx)}$ 以产生隐状态 h_t，再将其与权重矩阵 $W^{(s)}$ 相乘，并通过 softmax 得到输出的概率分布（softmax 通常用于分类任务，也可以通过其他激活函数，如 ReLU，得到回归任务的结果）。RNN 的数学形式表达为

$$h_t = \sigma(W^{(hh)}h_{t-1} + W^{(hx)}x_t) \tag{9.6}$$

$$\hat{y} = \text{softmax}(W^{(s)}h_t) \tag{9.7}$$

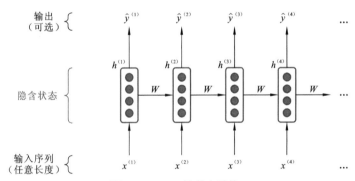

图 9.10　RNN 的基本结构

需要注意的一点是每一个时间步的计算使用的是同一套参数，即重复地将 $W^{(hh)}$ 和 $W^{(hx)}$ 用于计算中，这样一来，模型的可训练参数的量就被大大减少了，并且跟输入序列的长度无关。

RNN 及其变体，比如 LSTM（long short-term memory，长短期记忆人工神经网络），GRU（gated recurrent unit，门控循环单元）等被广泛应用于语音识别、语言模型、机器翻译及其他自然语言处理的任务中，除此之外在其他时序数据的处理领域，比如交通预测中，RNN 也发挥了重大的作用。

在实际应用过程中，往往需要针对不同的问题来对 RNN 的具体结构做出调整。例如

对于序列到类别的模式，输入为一个序列，输出仅为一个分类类别时，可以把最后一个时间步的隐状态 h_t 看做是整个序列的最终表达；在输入与输出都是一段序列的情况下，通常使用的模型是序列到序列（sequence-to-sequence，seq2seq）模型，seq2seq 模型通常由两个 RNN 组成，这两个 RNN 分别充当编码器（encoder）和解码器（decoder），这时就需要利用每个时刻的隐状态 h_t (t = 1, 2, …, T)代表当前时刻和历史的信息，然后通过分类器（或其他输出层结构）得到当前时刻的输出。

9.3　深度学习框架与分布式学习

9.3.1　典型深度学习框架

随着深度学习的不断发展，各种优秀的开源框架也层出不穷。早期的开源框架主要是由高校研究机构开发和维护，比如诞生于蒙特利尔大学的 Theano，加利福尼亚大学伯克利分校的 Caffe，纽约大学的 Torch 等。后来，在这些框架的基础之上，各家巨头科技公司纷纷推出了自己的开源框架，而这些框架也成为了现今学术界和工业界的主流，比如 Google 的 TensorFlow、Facebook 的 PyTorch、Amazon 的 MXNet、Baidu 的 PaddlePaddle 及 Microsoft 的 CNTK（于 2019 年 3 月发布 2.7 版本后停止维护）等。

1. TensorFlow

TensorFlow 最初是 Google 公司内部使用的深度神经网络库，由谷歌大脑（Google Brain）团队开发。2015 年 11 月，Google 正式发布这一框架并宣布开源。经过多年的迭代升级，目前 TensorFlow 已发展出 1.x 和 2.x 两个版本，并支持多种编程语言，比如 Python、JavaScript 等。用户可以使用 TensorFlow 灵活地构建神经网络模型，并且可以方便地修改和优化模型。在 TensorFlow 框架中，所有的计算任务都是基于"图"的。在图中，可以存在很多个节点（operation），一个节点可以获得零个或者多个张量（tensor），每个张量是一个类型化的多维数组。这种数据表示形式，可以让用户高效方便地构建深层神经网络。TensorFlow 框架自带的可视化工具 Tensorboard，不仅可以直观地可视化整个模型网络的结构，还能完整地记录模型训练过程中各种数据的变化，比如评估指标、模型不同层的权重参数甚至是训练过程中产生的中间结果比如图像等。

使用 TensorFlow 1.x 开发的程序通常可分为两个过程，一个是构造阶段，另一个是执行阶段。在构造阶段，用户通过编写程序构造出一张计算图，创建图本质上来说就是创建节点对象及如何把它们连接起来的过程。在执行阶段，因为所有的图都是在 Session 中启动，所以第一步是创建 Session 对象，第二步对变量进行初始化，然后执行节点间相应操作并更新变量值，最终保存数据。而最新的 TensorFlow 2.x 版本更多地采用了动态图的计算方式（不用进行烦琐的构造计算图的过程），支持 eager execution，同时其所包含的高级 API——Keras 也极大地简化了用户开发的流程。

2. PyTorch

PyTorch 是由 Facebook 公司于 2017 年 1 月推出的一款专注于直接处理数组表达式的深度学习框架，它的前身是纽约大学的机器学习开源框架 Torch，Facebook 对其进行重写并开源。它不仅支持了 Python 接口，而且支持更加灵活的动态图，允许在训练过程中快速更改代码而不妨碍其性能，这是当年很多主流深度学习框架比如早期版本 TensorFlow 等所不具备的。PyTorch 具有良好的社区，使用户的问题得到及时解决的同时，也使开发者能根据用户反馈及时修复程序错误。同时，PyTorch 具有丰富的生态，基于它开发的各种工具包极大地降低了用户的使用难度和开发成本。得益于其强大的 GPU 加速和简单易用的特性，PyTorch 正受到越来越多 AI 研究人员和开发人员的青睐。

3. Keras

严格意义上来讲，Keras 并不是一个深度学习框架，而是一个高级别的 API。它由纯 Python 编写而成，创建者为谷歌 AI 研究员 Francois Chollet。Keras 以 TensorFlow、Theano 或 CNTK 为底层引擎，提供简单易用的高阶 API 接口，能够极大地减少一般应用下用户的工作，实现模型的快速搭建，也因此获得了大量深度学习初学者的青睐。但 Keras 对底层引擎的层层封装也导致用户在新增操作或是获取底层的数据信息时过于困难，使模型构建缺乏灵活性，同时也存在一定的性能瓶颈。目前，Keras 已被完全集成于 TensorFlow 2.0 中，成为 Google 官方支持的框架，随着 TensorFlow 一起不断发展。

4. CNTK

CNTK（computational network toolkit）是由软件巨头微软公司研发的开源平台框架，2016 年 1 月 26 日宣布在 GitHub 上开源，10 月又更命名为微软认知工具包 microsoft cognitive toolkit，最初用于处理自然语言。与 Caffe 相同，CNTK 也是基于 C++ 架构，为用户提供的编程接口是 Python 和 C++，支持跨平台的 CPU/GPU 部署，但不支持 ARM 架构，所以不能部署在移动设备上。CNTK 使用图进行计算，这一点和 TensorFlow 相同。另外，CNTK 支持细粒度的网络层构建，用户不需要使用低层次的语言就能构建复杂的层类型。

5. MXNet

MXNet 是一款为效率和灵活性而设计的深度学习框架，早年由美国华盛顿大学和卡内基梅隆大学联合开发，其核心是一个动态的依赖调度，允许用户进行混合符号编程和命令式编程，最大限度地提高效率和生产力。目前的 MXNet 除拥有基本的 GPU 加速、分布式训练和多样的内置高级 API 外，其最大的特点是能够支持静态图和动态图的无缝转换，而且支持主流开发语言（Python、Scala、Java、C++、Julia、R 等）。目前主流的深度学习系统一般采用命令式编程（imperative programming，比如 Torch）或声明式编程（declarative programming，比如 TensorFlow）两种编程模式中的一种，而 MXNet 尝试将两种模式结合起来，在命令式编程上 MXNet 提供张量运算，而声明式编程中 MXNet 支持符号表达式，用户可以根据需要自由选择。现在的 MXNet 归属于 Apache 基金会，同时也是 Amazon 公司官方主推的深度学习框架，它的另一大优势是分布式支持和对内存、显存的明显优化，同样的模型，MXNet 往往占用更小的内存和显存，在分布式环境下，MXNet 的扩展性能也显示优于其他框架，所以 MXNet 很受业界的欢迎，使用它的企业数量众多。

6. PaddlePaddle

PaddlePaddle（中文名：飞桨）以百度多年的深度学习技术研究和业务应用为基础，是中国首个开源开放、技术领先、功能完备的产业级深度学习平台，集深度学习核心训练和推理框架、基础模型库、端到端开发套件和丰富的工具组件于一体。飞桨主要面向国内用户，拥有完善的中文文档和开发者社区，截至 2020 年 9 月，飞桨累计开发者 194 万人，服务企业 8.4 万家，基于飞桨开源深度学习平台产生了 23.3 万个模型。飞桨助力开发者快速实现 AI 想法，快速上线 AI 业务。帮助越来越多的行业完成 AI 赋能，实现产业智能化升级。

上述框架从核心语言、编程接口、操作系统等 6 个方面对它们进行分析比较，结果见表 9.1。

表 9.1 常用深度学习框架比较

框架	TensorFlow	PyTorch	Keras	CNTK	MXNet	PaddlePaddle
核心语言	C++	C++	Python	C++	C++	C++
编程接口	Python/C++	Python/C++	Python	Python/C++	Python/R/Julia/Go	Python/R/Julia/Go
操作系统	Linux/macOS/Windows	Linux/macOS/Windows	Linux/macOS/Windows	Linux/Windows	Linux/macOS/Windows	Linux/macOS/Windows
CPU&GPU 支持	√	√	√	√	√	√
分布式支持	√	√	√	√	√	√
动态/静态计算图	静态	动态	静态	静态	动态	动态

9.3.2 分布式学习

面对越来越复杂的任务，样本数据和深度学习模型规模日益庞大。例如，深度学习图像领域广泛使用的 ImageNet 数据集有 1400 多万幅图片，涵盖两万多个类别，其中有超过百万的图片有明确的类别标注和图像中物体位置的标注。NLP 领域常用的博客作者身份语料库（blog authorship corpus）由 2004 年 8 月从 blogger.com 收集的 19 320 位博主的文章组成，共计 681 288 篇，字数超过 1.4 亿。大规模训练数据的出现为训练大模型提供了良好的样本数据基础，因此近年来涌现出了很多大规模的机器学习模型，例如获得 ILSVRC 2015 冠军的 ResNet 模型，网络深度达到了 152 层，权重参数量约 6000 万。为了提高深度学习模型的训练效率，减少训练时间，普遍会采用分布式环境加速训练大规模神经网络模型。深度学习算法一般训练流程是，输入样本数据根据损失函数梯度变化不断用变量的旧值递推新值，从而迭代地搜寻出最优解。由于样本数据的统计性质、优化的收敛性质，以及学习的泛化性质，相比于其他的计算任务，深度学习算法天然适合并行化执行。从并行计算角度，分布式学习过程常包括数据/模型切分、单机优化算法训练、通信协同、和数据/模型聚合 4 个步骤,其中最核心要解决的是数据/模型切分。以下分别从数据与模型并行、单机优化与通信协同、数据与模型聚合三个模块进行说明。

1. 数据与模型并行

根据是否和如何对数据和模型进行切分,可以将分布式机器学习分为数据并行模型和模型并行模式。

1)数据并行模式

当训练数据规模很大、单机内存无法承载时,就需要对训练数据进行划分,在多个工作节点上分别用不同的数据分块去训练模型,即为"数据并行模式"。图 9.11 为最常见的数据并行模式下神经网络的训练过程,每个工作节点都存储完整的模型,各个工作节点分别使用各自分配到的数据训练模型和更新参数,全局服务器接收并集成各个模型的局部参数更新,生成全局的参数更新,然后分发至各个工作节点继续进行下一轮的训练。

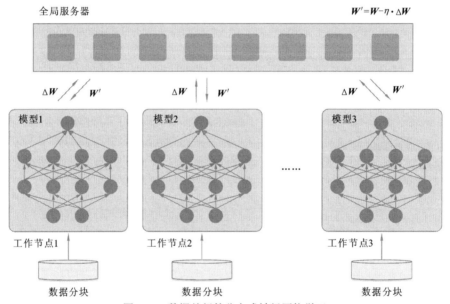

图 9.11 数据并行的分布式神经网络学习

数据划分可以参考使用统计学中采样(sampling)的方法。在采样时,应尽可能保证各个工作节点上的样本之间的数据分布一致性,避免引入额外的偏差,使各个节点上的模型训练产生较大的差异。随机采样(random sampling)和分层采样(stratified sampling)常被用于对机器学习中训练集、测试集的划分任务中。随机采样从所有样本中进行有放回地采样,然后按照节点内存容量分配样本。机器学习中常用的划分方法"自助法"(bootstrapping)即有放回地每次随机挑选一个样本,最终选取指定数量的样本。随机采样能够保证各个节点上的数据与原样本数据的独立同分布,但也会导致部分被标记的样本有未被使用的可能,影响模型的学习。随机采样的复杂度较高,在数据集较小且难以有效划分时很有用。分层采样将采样单位按照某种特征或某种规则划分为不同的层,然后从不同的层中独立、随机地抽取样本。分层采样可以保证某些特征下的样本被均匀地划分至各个节点中,例如可以按照样本类别、是否有标注及一些统计特征来进行划分,再随机采样至各个工作节点上。

机器学习中的划分方法"留出法"（hold-out）经常与分层采样相结合实现训练集和测试集的划分。

2）模型并行模式

如果机器学习模型的规模非常大，权重参数量巨大，超过单机内存的承载，则需要对模型进行划分，在多个工作节点上协同训练模型，即为"模型并行模式"。神经网络模型是一个复杂的非线性系统，层与层之间、神经元之间存在密集的连接，因此在模型划分后，不同工作节点之间必须相互协作来完成整个模型的训练。常用的神经网络划分方法有横向按层划分和纵向跨层划分。

横向按层划分将神经网络每两层间的权重参数、激活函数值和误差传播值存储于一个节点（即为一个子模型）（图9.12）。前向计算时，每个工作节点都向对应的前一层所在工作节点请求激活函数值计算本层的激活函数值；后向计算时，每个工作节点请求并接受后一层的误差传播值并计算本层的误差传播值。根据模型规模和节点内存，每个节点也可以承担多层的计算任务。横向按层划分的方式实现简单，子模型之间关系清晰，但也存在难以并行的隐患。例如当单层神经元数过多，单个节点依然无法存储单层的模型参数时，并行将无法实现。而当模型层数过多时，训练效率变低，工作节点之间必须严格按顺序等待训练。

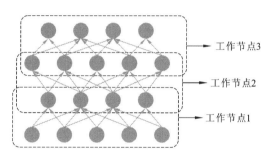

图 9.12　神经网络横向按层划分

纵向跨层划分将每层的参数均等划分，每个工作节点存储所有层的一部分参数，构成子网络模型（图9.13）。在前向和后向计算过程中，每个工作节点向与其存在连接的其他节点请求相应神经元的激活函数值和误差传播值。相比于横向划分，纵向跨层划分可以实现较高的并行度，但子模型之间的依赖关系更为复杂。实际应用中，可以根据具体的网络结构来选择横向和纵向的划分方案，或者两者结合使用。一般而言，如果每层的神经元数目不多而层数较多，可以考虑横向按层划分，反之，如果每层的神经元数目很多而层数较少，则应该考虑纵向跨层划分。

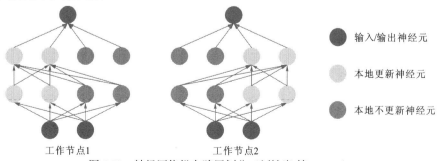

图 9.13　神经网络纵向跨层划分（刘铁岩 等，2018）

2. 单机优化与通信协同

当完成数据或模型划分后，每个工作节点根据分配给自己的局部数据和子模型进行训练，计算经验风险，学习模型参数，即为单机优化过程。而分布式训练环境下，除了单机优化过程，还需要各个工作节点之间进行通信，传播数据和模型，并对各个工作节点上的训练任务进行管理和调度，实现分布式地、协同地训练。

通信内容与并行方式相关，在数据并行模式下，通信的内容通常是模型的参数或者参数更新值。例如在分布式训练神经网络模型时，模型参数以迭代方式进行更新，每次迭代过程中，每个工作节点首先根据局部数据对本地模型参数进行一次更新，然后将本地参数发往全局模型。全局模型对所有工作节点的参数进行聚合，获取全局参数的更新结果，随后发往各个工作节点，开始下一轮迭代。在模型并行模式下，通信的内容往往是中间计算的结果。例如神经网络模型下，需要在被断开连接的神经元之间传播前向计算的激活函数值与后向计算的误差传播值，以保证每个工作节点都可以实现原模型中的计算。除了以上两种最常见的通信内容（模型参数和中间计算结果），也存在其他的情况。例如在集成学习（ensemble learning）中，每个工作节点上的模型在完成预测后，对所有预测结果进行集成，往往能取得比单个模型更好的结果。

通信模式可以分为同步通信和异步通信。同步通信即所有的工作节点以相同的步调进行训练，例如在同步的神经网络分布式训练中，每次全局参数更新都要等待所有工作节点上的模型完成局部参数更新，再进行参数聚合并分发全局参数，然后开始下一轮迭代。同步通信可以保证每个节点上的模型始终是一致的，达到与单机优化相同的效果。但机器之间性能的差异会造成单次迭代训练时间的差异，完全同步会使部分较快的工作节点的资源被闲置。异步通信下，工作节点之间不需要互相等待，每个节点按照自己的步调进行训练。异步通信的显著问题在于模型的不一致，各个节点都以不同的速度计算的局部模型参数和更新，使得全局模型的生成变得困难，尤其是在训练速度差异较大的时候。

3. 数据与模型聚合

数据与模型的聚合发生在训练过程中或训练完成后。迭代式训练和更新的机器学习算法，如数据并行下的神经网络模型学习，需要在训练过程中不断聚合参数更新结果获取全局模型参数；而集成学习方法则在训练或预测完成后对结果进行聚合。对数据的聚合常用于模型并行模式，如纵向划分的神经网络需要传输和聚合神经元的中间计算结果，对模型的聚合常用于数据并行模式，如横向划分的神经网络需要传输和聚合模型参数。

关于模型的聚合方法，即分布式环境下的训练与优化的方法，已有较多的研究。其中最常见的方式就是对全部或部分工作节点的模型，进行加权求和来计算全局模型参数。例如模型平均（moving average，MA）方法（McDonald et al.，2010）直接对所有模型的参数计算平均，得到新的全局模型；同步随机梯度下降法（SSGD）（Zinkevich et al.，2010）则采用梯度平均的方式。当部分节点速度较慢时，对全部节点进行聚合将会降低整体的训练效率，因此可以采用对部分节点进行聚合的方式。例如带备份的同步随机梯度下降法（Chen et al.，2016）首先设置备份节点，然后从包括备份节点在内的所有工作节点中选取计算较快的部分工作节点进行聚合，以保持较高的聚合效率。

9.4 应用1：基于分布式学习的遥感影像道路提取

9.4.1 基于遥感影像的道路提取模型

随着遥感影像分辨率提高，影像包含的地物信息越来越丰富。道路作为人、车日常出行的载体，对社会发展与人类进步具有极其重要的作用，快速、准确的道路提取成为高分辨率遥感影像处理的一项重要研究内容。经过多年的发展，已创新出多类道路提取理论与技术。根据文献整理，传统道路提取方法大致可以分为模板匹配方法、知识驱动方法和面向对象方法。

（1）模板匹配方法。该方法的实现一般分成三步：①设计道路模板；②测度分析，判断模板与影像的匹配程度；③位置更新。模板可分为规则模板和可变模板。规则模板一般选用圆形、T形、矩形等规则图形。可变模板则需要人工给出种子点或初始轮廓，定义能量函数，对其迭代求解得到最优值，从而完成对道路轮廓的提取。可变模板中的经典方法为动态轮廓模型（也称snakes模型）和水平集模型。动态轮廓模型使用参数表达轮廓曲线，不能自适应曲线拓扑结构的变化，使用水平集代替参数隐式地表达曲线，能较好地处理轮廓曲线的拓扑结构变化。

（2）知识驱动方法。基于知识的道路提取主要有两种方法。一种方法是结合道路特征与相关理论，该方法主要模仿人类的识别方式，总结人类的视觉知识，合理表达这些知识并形成多种提取方法，结合遥感影像的光谱及上下文等特征灵活运用。如Poullis（2014）提出一种基于人类视觉系统原理的自动提取路网的算法。Movaghati等（2010）提出的自动追踪道路线算法，则是基于卡尔曼滤波与粒子滤波结合。另一种方法则是融合多源数据，以达到提升道路提取精度的效果。该方法一般利用已有的道路数据（如道路的矢量数据），或其他类型的数据（如LiDAR数据等），引导或者辅助道路的提取。如Herumurti等（2013）采用道路斑马线交叉检测技术，结合数字地表模型（digital surface model，DSM）数据成功将建筑物与道路区分开。

（3）面向对象方法。面向对象方法将道路视为一个对象，封装数据和操作，对其进行识别。该方法的实现一般可分为三个步骤：影像分割、影像分类和后处理。影像分割实现道路和非道路区的初步分割，常使用的方法有阈值分割、模糊C均值、图分割、Mean Shift、边缘分割等。影像分类则对几何辐射特征与道路相近的区域进一步处理，细分常用的方法包括模糊决策方法、支持向量机等。经过影像分割和影像分类，往往存在道路边界不清晰、黏连、断裂、空洞等问题，后处理步骤则采用数学形态学、模板匹配等方法，提高道路提取结果的精度。

高分辨率遥感影像中的道路特征差异较大。一幅影像中可能存在多种类型的道路，相同类型道路可能由于周围环境的不同而具有不同的光谱特征。同时，影像还受到车辆、阴影遮挡等因素的影响。传统的道路提取方法及机器学习方法无法充分提取各种类型道路在复杂情况下的特征。而深度学习方法则具有提取大量样本复杂特征的能力，故深度学习方法能很好地应用于高分辨率遥感影像的道路提取中。

深度学习中一般有两种类型的网络被应用于遥感影像的道路提取，一种是深度卷积神经网络（CNN），另一种是全卷积神经网络（fully convolutional networks，FCN）。

（1）基于 CNN 的道路提取。CNN 由输入层、卷积层、池化层、全连接层、输出层构成。通常会交替设置卷积层和池化层，且一般会设置多层。随着网络层数增加，CNN 可以挖掘高维特征（Cheng et al.，2017b，2016）及多尺度信息，充分挖掘高分辨率遥感影像的复杂特征。

Mnih 等（2010）首次提出使用深度学习技术进行道路提取，他们提出了一种 DBN（deep belief networks，深度置信网络）来检测机载影像中的道路。为了获得更好的提取结果，该方法在检测道路前降低了输入数据的维度，在提取道路后对有孔洞的道路进行填充。Saito 等（2016）没有对图像进行预处理，直接使用 CNN 从遥感影像中提取道路。该方法相较于 Mnih 方法，在马萨诸塞州的道路数据集上的提取效果更好。刘如意等（2017）提出了一种结合 CNN 和水平集分割的算法，充分发挥两者的优势，能得到较为完整、准确的道路区域。

利用 CNN 提取道路，数据输入的尺寸大小常有限制，且需要对提取结果进行后处理。根据分析尺度，一般可将 CNN 提取道路分为两种方法，一种是针对像素块的训练与分类提取方法，另一种是针对单个像素的训练与分类提取方法。两种方法各有优劣。针对像素块的算法无法提取细窄道路，且道路边缘呈锯齿状，难以确定合适的像素块大小。而针对单个像素的算法计算量大且冗余，在道路区域很容易形成孔洞。

（2）基于 FCN 的道路提取。经典的 CNN 在卷积层之后使用全连接层得到固定长度的特征向量进行分类。FCN 将 CNN 的全连接层改成卷积层，采用反卷积层进行上采样操作，使得 FCN 的输入可以为任意尺寸的图像，并输出相同尺寸的图像。一般 FCN 是由编码层和解码层结构组成，编码层就是一般的 CNN 结构去掉全连接层，解码层将编码层输出的特征图进行上采样得到最终的分割结果。

近些年来，很多研究者开始研究 FCN 及其变体在高分辨率遥感影像中的道路提取的应用。Zhong 等（2016）在马萨诸塞州的道路数据集上使用 FCN 来提取道路，提取结果较为理想。Cheng 等（2017a）提出了一种端到端的网络模型（CasNet）来提取道路，该模型由两个卷积神经网络组成，分别用于道路的检测和道路中心线的提取。Fu 等（2017）设计了一种基于 FCN 的多尺度网络模型，采用条件随机场来优化输出结果。Zhang 等（2018）使用 FCN 中的 U-Net 模型来提取道路，在编码层中采用深度残差网络结构，成功克服由于梯度爆炸等问题，实现深层次网络的训练。改进后的模型参数更少且更容易训练，并取得了不错的提取效果。

9.4.2　基于全卷积网络的高分辨率遥感影像道路提取

全卷积神经网络用卷积层代替传统的卷积神经网络中的全连接层，可以提取更高层次的特征及更抽象的语义信息（Hu et al.，2015）。U-Net 是全卷积神经网络的一种，最早由 Ronneberger 等于 2015 年提出并应用于生物医学影像分割。该模型可以应用于除医学影像外的众多领域，本案例选用 U-Net 应用于遥感影像道路提取中，其结构如图 9.14 所示，形似大写的字母"U"。

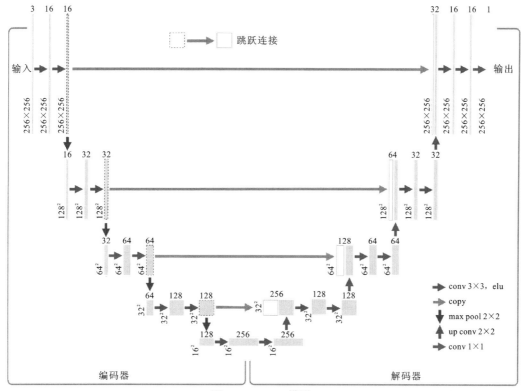

图 9.14　U-Net 模型

本应用使用的 U-Net 输入一张 256×256×3 的遥感影像，输出一张 256×256×1 的道路图像。U-Net 主要由两部分组成，分别是编码器（下采样层）和解码器（上采样层）。

（1）编码器（encoder）。编码器也称下采样部分，对应 "U" 字的左半部分。编码器是一个典型的卷积神经网络，由多个卷积层、池化层组成。运算会减小影像尺寸，增加维数。这部分利用卷积层提取图像的特征信息，学习道路的特征并进行检测，同时空间信息减少。

（2）解码器（decoder）。解码器也称上采样层，对应 "U" 字的右半部分。编码器中连续的池化操作导致影像空间信息丢失。经过编码器处理，模型提取了影像的内容信息，但未能确定其空间位置。解码器的基本思想是借助编码器得到的特征图像，使用转置卷积对图像进行上采样，重建空间数据，降低特征图的维数，还原得到与输入尺寸相同的道路提取结果图。

（3）跳跃连接（skip connections）。编码器和解码器中的部分层直接连接，称为"跳跃连接"。U-Net 网络中的每个卷积层得到的特征图都会 concatenate 到对应的上采样层，提供空间信息，有助于重构影像。

9.4.3　实验结果及分析

1. 实验数据及配置

本实验使用美国马萨诸塞州的道路数据集（https：//www.cs.toronto.edu/~vmnih/data/），

该数据集包括 1171 张 1500×1500 遥感影像及其对应的道路图像。此次选取其中的 100 组数据进行训练。使用大尺寸图像进行训练会占用较多资源，故在训练前将图像裁剪成 256×256 大小。部分遥感影像中存在大片空白，会影响训练精度，故剔除小于 150 kB 的数据。此外，还需要对道路图像进行二值化处理。完成预处理后，2040 组数据中的前 70%成为训练集和验证集（其中前 90%为训练集，后 10%为验证集），后 30%数据作为测试集。

本实验以 Soft Dice Loss 作为损失函数，以 IoU（intersection over union）为精度评价指标，计算方式为

$$\mathrm{DiceCoefficient} = \frac{2 \times |X \cap Y| + \mathrm{smooth}}{|X| + |Y| + \mathrm{smooth}}$$

$$\mathrm{SoftDiceLoss} = 1 - \mathrm{DiceCoefficient} \qquad (9.8)$$

$$\mathrm{IoU} = \frac{|X \cap Y| + \mathrm{smooth}}{|X \cup Y| + \mathrm{smooth}}$$

式中：X 和 Y 分别为实际值和预测值；Smooth 为平滑参数，默认值为 1。计算 DiceCoefficient、IoU 时在除数和被除数加上平滑参数，可以有效避免除数为 0 的情况。DiceCoefficient 的取值范围为 0～1，1 表示预测值和实际值完全重合，越接近于 0 代表重合程度越小。SoftDice Loss 为损失函数，取值范围为 0～1，越接近 0 代表精度越高。IoU 值体现预测的准确度。

本实验使用 Tensorflow 提供的 API tf.distribute.experimental.MultiWorkerMirroredStrategy 进行跨多个工作进程的数据并行同步分布式训练（图 9.15）。数据并行指在各个工作器（worker）上放置相同的模型，创建所有数据的副本。每个 worker 具有模型的完整副本并各自单独进行训练。在同步训练中，所有工作进程同步地对输入数据的不同片段进行训练，且所有进程采用相同的模型参数。训练的学习率为 0.000 5，单个工作器的批大小（batch_size）为 16，即每个进程利用 16 个样本更新梯度。当所有进程训练完成后，会收集它们的梯度进行模型参数的更新。一次迭代中的全局批大小用 global_batch_size 表示，global_batch_size=bath_size×N_{worker}，其中 batch_size 为 16，N_{worker} 为 worker 总数。单个设备不会单独对参数进行更新，而会等待所有设备都完成反向传播之后再统一更新参数。在一个训练轮次（epoch）中，完整的数据集会通过神经网络一次并返回一次，单次 epoch 中的迭代次数为 iteration_steps=sample_size/ global_batch_size，其中 sample_size 为训练样本数量。

本实验对比了不同设备数（1～6 台）、每台设备中不同 worker 数（1～4 核）环境下分布式训练的精度和效率。实验使用的硬件设备为 6 台操作系统为 Ubuntu18.04.4 的计算机，CPU 为 Intel（R）Xeon（R）CPU E5-2620 0 @ 2.00 GHz（6 核心 12 线程），内存为 32 GB，网络为千兆以太网。模型基于 Tensorflow2.3.0 实现，Python 版本为 3.6.9。设备间通过千兆以太网连接。

2. 结果分析

1）训练精度

表 9.2 展示了不同训练策略下完成训练后测试集的交并比（IoU）。可见不同训练策略下的训练精度接近，测试集的交并比在 0.53～0.55。worker 配置信息中，乘号前数字表示设备数量，乘号后数字表示单个设备的工作器数量。

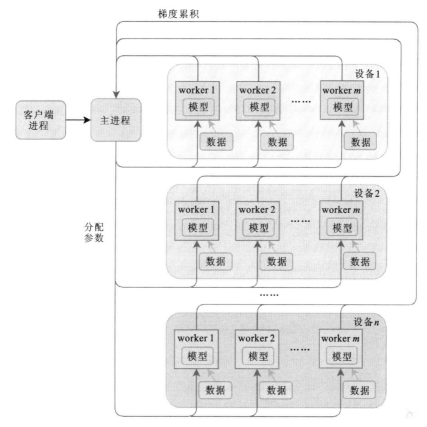

图 9.15　分布式训练逻辑图

表 9.2　不同训练策略下测试集交并比（IoU）对比

Worker 配置	1×1	2×1	3×1	4×1	5×1	6×1	1×2
IoU	0.548 3	0.538 8	0.535 7	0.530 9	0.535 3	0.532 2	0.551 7
Worker 配置	2×2	3×2	4×2	1×3	2×3	3×3	1×4
IoU	0.534 1	0.537 4	0.534 1	0.538 4	0.540 2	0.536 3	0.537 2

图 9.16 为使用 2 台设备，每台设备配置 1 个 worker 的训练效果。其他配置下的训练效果与之差别不大，在此不一一展示。

图 9.17 展示了不同训练策略下验证集损失函数随 epoch 数变化趋势，可以看到，不同训练策略下验证集的损失函数收敛于一个相近的值，表明其训练精度相近，但收敛速度不同，这在后面的"训练时间"部分会有详细讨论。

2）单个 epoch 训练时间

随着 worker 数量的增加，global_batch_size 也随之增加，因此完成一个 epoch 的训练（即完成一次所有样本的训练）所需的步数（即 interation_steps）在减小。由于实验中单个 worker 的 batch_size 是不变的（即计算量不变），且 worker 之间以并行的方式训练，所以理想状态下完成一个 batch 样本的训练的耗时也是不变的，因此随着 worker 数量的增加，单个 epoch 内训练步数的减小，理论上单个 epoch 训练耗时也会以 worker 增加的倍数而成倍减小。

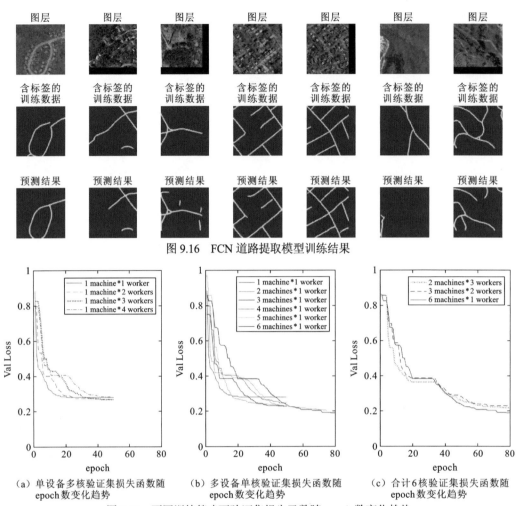

图 9.16　FCN 道路提取模型训练结果

（a）单设备多核验证集损失函数随
epoch 数变化趋势

（b）多设备单核验证集损失函数随
epoch 数变化趋势

（c）合计 6 核验证集损失函数随
epoch 数变化趋势

图 9.17　不同训练策略下验证集损失函数随 epoch 数变化趋势

图 9.18 展示了不同训练策略下训练单个 epoch 的耗时情况。结合图 9.18、表 9.3 可知，整体上，随着设备数和单台设备中 worker 数的增加，单个 epoch 耗时在不断减小。在单台设备设置相同 worker 数时，加速比随着设备数的增加以几乎相同的比例提升。每台设备均配置一个 worker 时，使用 2~6 台设备的加速比与设备数量非常接近，说明在本实验环境下，各台设备之间性能相近，且通信耗时很小，对训练效率几乎没有影响。

在相同设备数量下，随着单台设备中 worker 数的增加，加速比也在提升，但是提升的比例小于 worker 增加的比例。如单台设备时，2~4 个 workers 的加速比有所提升，但加速比远小于 worker 数量，且随着 worker 数量的增加，加速比的提高幅度越来越小。产生这种现象的原因在于 worker 的不断增加占用了过多的 CPU 和内存，降低了整个设备的性能，单个 worker 的训练效率也因此而降低。

由于上述性能限制原因，相同数量的 worker 下，将 worker 部署到更多的设备上能带来更低的训练耗时，如图 9.18 中的 3 条折线，同样是 2、4 或 6 个 workers，设备数越多耗时越低，单台设备上部署过多的 worker 会对训练效率产生较大的影响。

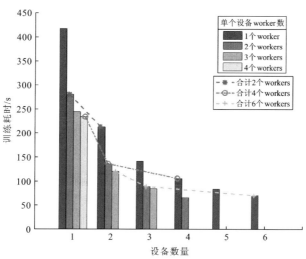

图 9.18　不同训练策略下训练单个 epoch 耗时

表 9.3　不同训练策略下训练单个 epoch 耗时及加速比

设备数	1 个 worker		2 个 workers		3 个 workers		4 个 workers	
	耗时/s	加速比	耗时/s	加速比	耗时/s	加速比	耗时/s	加速比
1	417	1	280	1.49	244	1.71	234	1.78
2	213	1.96	136	3.07	120	3.48		
3	141	2.96	89	4.69	85	4.91		
4	106	3.93	66	6.32				
5	84	4.96						
6	70	5.96						

3）达到收敛所需训练轮次

图 9.19 和表 9.4 展示了不同训练策略下收敛所需训练轮次。整体上，收敛所需 epoch 数随着 worker 数的增加而增加；且 worker 数相同时，收敛所需 epoch 数也相同（见图 9.19 中 3 条横线），因为收敛过程只与训练方法、数据等因素有关，而与设备性能无关。worker

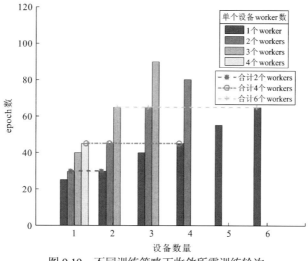

图 9.19　不同训练策略下收敛所需训练轮次

数量的增加导致单个 epoch 内训练步数的减少，即权重更新次数的减少，收敛所需的 epoch 数也因此增加。从图 9.19 中可以看出，随着 worker 数量的增加，收敛所需 epoch 数的增加幅度是比较稳定的。比如在一台设备下，每增加一个 worker，epoch 数即增加 5~10 个；而在两台设备时，每增加两个 worker（每台设备增加一个），epoch 数即增加 15~20 个。

表 9.4　不同训练策略下收敛所需训练轮次

设备数	单个设备 worker 数			
	1	2	3	4
1	25	30	40	45
2	30	45	65	
3	40	65	90	
4	45	80		
5	55			
6	65			

4）达到收敛所需训练时间

图 9.20 和表 9.5 展示了不同训练策略下达到收敛所需耗时。由图 9.20 可知，耗时随着设备数量的增加而整体上减小，但减小幅度越来越低。如每台设备设置一个 worker 时，随着设备数量的增加，耗时减小幅度逐渐减小，整体耗时也趋于稳定。而在同一设备数量下，同样受上述性能因素影响，单台设备上 worker 数较小时训练耗时通常更短。如在一台设备时，从 2~4 个 worker，耗时在不断增加，1 个 worker 时由于单个 epoch 训练耗时较大，所以耗时也较高。如图 9.20 中折线所示，相同的 worker 数量下，设备数越多，耗时也越低。

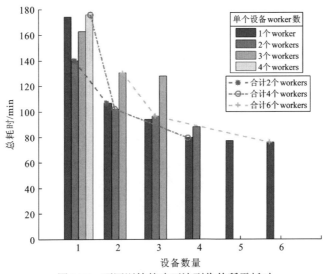

图 9.20　不同训练策略下达到收敛所需耗时

表 9.5　不同训练策略下达到收敛所需耗时 （单位：min）

设备数	单个设备 worker 数			
	1	2	3	4
1	173.75	140.00	162.67	175.50
2	106.50	102.00	130.00	
3	94.00	96.42	127.50	
4	79.50	88.00		
5	77.00			
6	75.83			

从上述对训练效率的分析来看，分布式训练能够在保持模型精度的情况下，提升训练效率，使模型在更短的时间内收敛。但效率提升的幅度也会随着分布式规模的增加而减小，训练耗时会达到一定的瓶颈而难以再继续减小。此外，多设备环境更有利于分布式训练效率的提升，单设备上计算资源的过多占用会较大地限制整体训练效率的提升。

9.5　应用 2：基于路网划分的大规模交通过程并行预测

9.5.1　交通预测模型

交通预测是辅助城市交通管理、建设智能交通系统的重要手段之一。精确的交通预测能够有效减少出行成本，大幅提升交通系统运行效率。经过多年的不断研究和实践，许多交通预测方法被不断提出，其精度和效率也不断得到提升。

时间序列方法被较早应用于交通预测中，如整合移动平均自回归模型（autoregressive integrated moving average model，ARIMA）及其变体、卡尔曼滤波（kalman filtering）等，它们能够较好地捕捉交通动态中的时间维度变化模式。时间序列方法构建的是历史交通状态和未来交通状态之间的复杂关联关系，而交通状态的变化是一个动态的、非线性的过程，受诸多因素影响，因此时间序列方法难以进一步提升交通预测精度。近年来，随着道路、车辆上多种传感器（如线圈探测器、雷达传感器等）的大量铺设，采集得到了海量的交通观测大数据，如车辆的流量、行驶速度、占有率等，由数据驱动的机器学习方法也逐渐吸引更多的关注，并成为交通预测的主流方法。常用的机器学习模型有 K-近邻算法（K-nearest neighbor，KNN）、支持向量回归（support vector regression，SVR）、渐进梯度回归树（gradient boosting regression tree，GBRT）、人工神经网络（ANN）等。机器学习模型能够捕捉交通数据中复杂的非线性关联，但其非常依赖于缜密的特征工程，这对模型的构建提出了挑战。

伴随着大数据浪潮，深度学习方法得到快速发展，在多个领域都得到了广泛的应用，尤其在图像处理和语音识别方面。深度学习方法构建的深层的神经网络模型能够自动提取数据中存在的特征，学习输入与输出之间复杂的非线性关联。越来越多的研究人员开始探究和使用基于深度学习的交通预测方法，如 Huang 等（2014）较早地将深度信念网络（DBN）

应用于交通预测，并取得了比其他机器学习方法更高的精度。交通过程和观测数据中存在显著的时空关联，时间上，受人们生活和工作模式的影响，交通状态呈现周期性变化模式，如每天在相似的时段呈现早晚高峰；空间上，道路的交通状态受邻近道路的交通状态影响很大，呈现紧密的空间关联。因此，时空关联特征的提取成为深度学习预测方法的重要突破点，研究人员也开展了一系列实践。如Yao等（2018）提出了一种融合卷积神经网络（CNN）和长短期记忆网络（LSTM）的出租车需求量预测方法，将时空相关性联合建模；Wu 等（2018）使用注意力机制（attention mechanism）对输入数据进行加权后分别提取空间特征和时间特征，并融合进行流量预测。

卷积神经网络因其强大的空间特征提取能力，被较多应用于交通预测中以提取复杂的空间关联特征。但路网本身呈现为复杂的网络状结构，难以被组织成规则的二维格网或一维序列，以作为卷积神经网络的输入。图卷积网络（GCN）（Defferrard et al.，2016；Kipf et al.，2016）为这一难题提供了良好的解决方案，可以直接以路网为输入并提取其中的空间特征。图卷积网络近年来取得了快速的发展，并在自然语言处理、社交网络构建、蛋白质分子构成等领域得到了成功应用。在交通预测中，通常直接将路网上的观测数据作为图信号输入，并基于路网中的路段或监测站点等空间单元之间的距离等度量指标获取图的邻接矩阵或权重矩阵，依此在图卷积网络的前向计算中提取近邻空间单元的之间的局部空间特征。相关工作包括：Li 等（2017）将交通流建模为有向图上的扩散过程，使用扩散卷积和 encoder-decoder 分别提取交通过程中的空间特征和时间特征；Yu 等（2017）使用谱域的空间卷积操作提取空间特征、门控 CNN 提取时间特征。

最新的深度学习预测方法依然着力于如何更好地、多方位地提取交通数据中存在的时空特征。例如：在空间上，包含动态/静态空间关联、局部/全局空间关联的混合空间关联的学习是研究热点所在；时间上，基于 encoder-decoder 的多步预测、基于时间卷积操作的时间特征提取在预测模型构建中非常常见。基于深度学习的交通预测方法依然处在不断的发展之中。

9.5.2　基于路网划分的大规模交通并行预测

近年来深度学习的快速发展一方面依赖于大数据的普及，为深度学习模型的训练提供了充足的样本；一方面也依赖于计算能力的增强，使深层、复杂模型的训练效率大大提升。但同时，样本量的急剧增大和模型的愈渐复杂，也给深度学习带来了挑战。

在交通预测场景中，模型的训练同样会受限于机器硬件性能。一方面，对于大规模路网，在长时间、细粒度地数据采集下，产生了大量的训练样本，同时，预测模型的构建越来越复杂，模型参数量也在增加，这对单台机器的内存和显存的承受能力带来了挑战。另一方面，数据量的增加和模型的复杂化也会降低训练效率，模型的训练和调参时间会显著增加。因此，在大规模交通预测场景中，需要结合高性能技术对预测模型进行扩展，减轻单台机器内存和显存的承载，同时提升训练效率。

分布式深度学习可以有效地提升训练效率，辅助突破大规模路网的预测的效率瓶颈。现有的一些大数据处理和深度学习框架已经集成了分布式深度学习模式，如 Spark MLib 实现了机器学习模型的并行训练（Meng et al.，2016），采用同步阻断的方式并行更新梯度，实现数据并行的分布式训练；TensorFlow 实现了模型并行，以及同步或异步阻断的数据并行训练（Abadi et al., 2016）。相比于 Spark MLib，TensorFlow 支持如 RNN、LSTM 等更复杂的神经网络模型的并行训练，且参数的传播、更新机制更加灵活、高效。

虽然分布式深度学习可以将数据和训练任务分发至多台 GPU 或多台机器，但模型复杂度没有降低，单块 GPU 需要存储和加载的单批次的训练数据，以及模型参数和产生的中间特征等依然没有变，即对 GPU 显存的压力没有变。同时，大规模路网下，路段之间的空间关联也非常复杂，用单个模型去捕捉整个路网的空间关联特征也变得困难。

为此，本实验采用基于路网划分的显式并行预测方案，预测框架如图 9.21 所示。首先，对路网进行划分得到站点数量相对均衡的多个子路网或分区，并将各个分区的交通观测数据分别存储在多台设备上；其次，在各个设备上部署相同的预测模型，但模型的输入和输出会随着各个子路网的结构变化而变化，随后在多台机器上并行训练各个子路网的预测模型，生成测试集的预测结果；最后，集成各个子路网的预测结果生成整个路网的预测结果，并计算整体预测误差。相比于上述的数据并行的分布式深度学习框架，本实验分别训练小规模子路网的预测模型，一方面降低了样本数据量大小，以及模型参数量和中间特征量，减轻了 GPU 显存的压力；一方面随着路网规模的减小，预测模型能够更集中于提取各个小规模子路网的空间关联特征。本实验对比两种预测方法，一种是直接对整个路网进行训练和预测，一种是进行划分和并行预测，比较两种预测方法的效率和精度，以验证基于路网划分的并行预测方案的有效性。

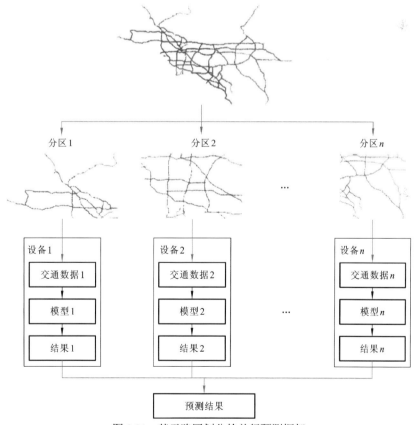

图 9.21 基于路网划分的并行预测框架

（1）路网划分。将路网表达为一张图 $G=(V, \varepsilon, W)$，道路或者道路上的监测站点组成节点集合 V，道路或者监测站点之间的连接作为边 ε，W 为加权的邻接矩阵，表达节点之间的邻近程度，常见的定义方式为关于节点之间距离的函数。使用图划分方法将 G 划分为 n 个子图 $G=\{G_0, G_1, \cdots, G_{n-1}\}=[\{V_0, \varepsilon_0\}, \{V_1, \varepsilon_1\}, \cdots, \{V_{n-1}, \varepsilon_{n-1}\}]$，每个子图中只保留子图内部节点之间的边。使用每个子图的节点的历史数据，可以单独为每个子图构建一个预测模型，进行训练和预测。

图划分与图聚类、网络社区探测的目的相似，即寻找子图内部关联强、子图之间关联弱的划分，因此在方法也是相通的。常见且被广泛使用的图划分方法有谱聚类、多层级 k-way 划分等，综合划分效率和效果，选用开源工具 Metis（http://glaros.dtc.umn.edu/gkhome/views/metis）中提供的多层级 k-way 划分方法（Karypis et al., 1998）对路网进行划分。该方法以整个图的邻接矩阵为输入，划分过程包含三个阶段。①粗化阶段：迭代式地对图中的节点进行合并，形成以更少节点组成的粗化的图；②初始划分阶段：使用多层级二分算法将粗化的图划分为 k 个子图；③细化阶段：将划分映射回原始的图，得到原始图的划分。图 9.22 为使用该方法将洛杉矶部分高速路网上的探测站点划分为 8 个子区的结果。

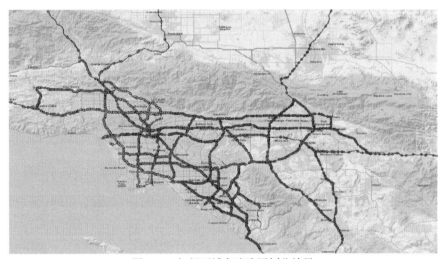

图 9.22　加州区域高速路网划分结果

在为各个子路网构建预测模型前，考虑路网划分后边缘节点将失去部分邻接节点（被划分到其他子路网），从而影响其空间局部关联特征的提取及最终的预测精度，因此在划分后为子路网的边缘添加邻接节点。对于每一个边缘节点，选取其一定距离范围内的被划分出去的邻接节点，将其补充到当前的子路网中，完成所有边缘节点的填充后，更新子路网的边和权重矩阵。在模型的训练过程中，边缘补充后的路网会作为模型的输入，而在集成所有子路网的预测结果时，只集成原始子路网中节点的输出，不包括补充的节点。

（2）预测模型。本案例以 Li 等（2017）提出的 DCRNN 模型作为预测模型。记在图 G 上观测到的交通数据为图信号 $X \in R^{N \times P}$，N 为节点数量，P 为每个节点特征的数量（如一个监测站点观测到的速度、流量等数据）。以 $X^{(t)}$ 为 t 时段观测到的图信号，交通预测的目的在于给定图 G，学习 T' 个历史时段图信号到 T 个未来时段图信号的映射函数 $h(\cdot)$（即预测模型），如下：

$$[X^{(t-T'+1)}, \cdots, X^{(t)}; G] \xrightarrow{h(\cdot)} [X^{(t+1)}, \cdots, X^{(t+T)}] \qquad (9.9)$$

DCRNN 定义对一个图信号 X 的扩散卷积操作如下

$$X_{:,p*G}f_\theta = \sum_{k=0}^{K-1}(\theta_{k,1}(\boldsymbol{D}_O^{-1}\boldsymbol{W})^k + \theta_{k,2}(\boldsymbol{D}_I^{-1}\boldsymbol{W}^\mathrm{T})^k)X_{:,p} \qquad (9.10)$$
$$p \in \{1, 2, \cdots, P\}$$

式中：K 为最大扩散步数；f_θ 为卷积滤波，$\theta \in R^{K \times 2}$ 为滤波的参数；$\boldsymbol{D}_O^{-1}\boldsymbol{W}$ 和 $\boldsymbol{D}_I^{-1}\boldsymbol{W}$ 分别为扩散过程及其相反过程的转移矩阵，D_O 和 D_I 分别为出度和入度矩阵，$\boldsymbol{W}$ 为权重矩阵。该操作定义了从图信号 G 中提取空间特征的方式。

DCRNN 采用 Encoder-Decoder 框架提取整体时空特征并预测，预测框架如图 9.23 所示。其中 Encoder 对历史时段的图信号进行编码，提取其中时空特征，输出一个固定长度的向量；Decoder 以固定长度向量为输入，进行解码，最终输出未来时段的预测值。Encoder 和 Decoder 中每个 diffusion convolutional recurrent layer 即扩散卷积循环层，采用的模型都是扩散卷积门控循环单元（diffusion convolutional gated recurrent unit，DCGRU）模型，其中 GRU 模型也是 RNN 模型的一种变体，用于提取数据中的时序特征。DCGRU 将原始的 GRU 模型中的矩阵相乘操作替换为扩散卷积操作，以使 DCGRU 能够同时提取输入多个时段的图信号中的空间和时间特征。

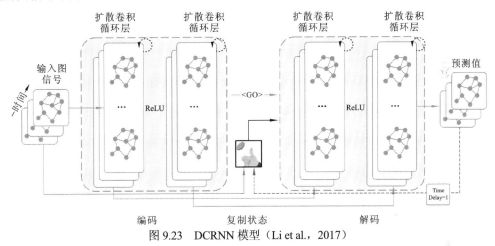

图 9.23　DCRNN 模型（Li et al.，2017）

9.5.3　实验结果及分析

1. 实验数据及配置

本实验使用美国 California Transportation Agencies（CalTrans）Performance Measurement System（http：//pems.dot.ca.gov/）采集的高速公路上的探测器数据（包括速度、流量和占有率）进行实验，经过 PeMS 自身对数据的聚集和补全操作，生成时间粒度为 5 min 的交通数据。截取加州部分 3 840 个分布在主干道上、正常运转且位置不重复的探测站点组成路网 Graph 作为研究对象，并选取 2020 年 1 月 1 日至 2020 年 2 月 29 日共 60 天的流量观测值作为研究数据。其中前 70% 的数据作为训练集，接下来 10% 的数据作为验证集，最后

20%的数据作为测试集。

在以站点构建 Graph 时，与 DCRNN 中的方法一致，首先计算站点之间的路径距离（在路网上的最小行驶距离），然后使用阈值高斯核函数计算站点之间的权重，构建权重矩阵 $\boldsymbol{W}$。具体计算方法为：当 $\text{dist}(v_i, v_j) \leqslant d$ 时，即站点之间距离小于阈值 d 时，$W_{i,j} = \exp\left(-\dfrac{\text{dist}(v_i, v_j)^2}{\sigma^2}\right)$；距离大于 d 时，权重为 0。σ 为所有站点之间距离的标准差。

预测模型以前 12 个时段（1 个小时）的流量值为输入，接下来 12 个时段的流量值为输出。实验分别对比了划分数为 1（即不划分路网），以及划分数分别为 2、4、8 时模型的训练时间和预测精度。在某一划分数量下，各个子路网都使用结构完全相同的 DCRNN 模型去训练和预测。而在不同的划分数量下，实验会对模型结构进行调整以获取更高的精度，具体调整对象为 encoder 和 decoder 中 RNN 层的数量，以及 GRU 中神经元的数量。不同划分数量下，尤其在划分数为 1 和 2 时，受设备显存大小限制，训练时的批大小（batch_size）会有所变化，学习率也会有所变化以适应不同的模型，实验中所有模型的训练轮次（epoch）为 80。具体的参数配置见表 9.6。

表 9.6　不同划分数量下模型结构及训练参数

划分数量	RNN 层数	GRU 神经元数	学习率	批大小
1	2	64	0.005	4
2	2	64	0.005	8
4	2	64	0.01	16
8	3	64	0.01	16

划分数为 1 和 2 时，数据量较大，模型也更为复杂，受显存大小限制，批大小被设置为 4 和 8 以防止显存溢出，而较小的批大小会使得模型训练难以收敛，因此将学习率设置为较小的值 0.005，使模型能够稳定训练。划分数为 8 时，数据量较小，占用显存较少，因此可以尝试增加模型复杂度以获取更高的精度，实验中发现增加一层 RNN 层能更进一步提升预测精度。从参数配置表中可以看出，训练时的批大小和模型结构复杂度直接受限于显存容量，大规模路网下，模型的拟合程度和预测结果也会因此受到影响，分布式的预测方案变得必要。

实验使用的硬件设备为多台配置有 NVIDIA RTX 2080Ti（显存为 11 GB）的计算机，CPU 为 Intel Core i7-7700K 4.2GHz（4 核心 8 线程），内存为 32 G RAM。模型基于 TensorFlow 1.14.0 实现，Python 版本为 3.6.9，Metis 版本为 5.1.0。并行预测时，每台机器上分别部署一个模型进行训练和预测，在预测完后，集成所有机器上的预测结果计算整体的精度。

2. 结果分析

实验以平均绝对误差（mean absolute error，MAE）、平均绝对百分比误差（mean absolute percentage error，MAPE）和均方根误差（root mean square error，RMSE）三个指标来评价

不同的划分和预测方案的精度。表 9.7 展示了在不同划分数目下第 15 min、30 min 和 1 h（即第 3、6、12 个输出时段）的预测误差，以及所有 12 个时段平均误差（Ave），加粗部分为各个时段上各个指标的最小值。

表 9.7　不同划分数量下预测误差对比

时间	划分数量=1			划分数量=2			划分数量=4			划分数量=8		
	MAE	MAPE	RMSE	MAE	MAPE	RMSE	MAE	MAPE	RMSE	MAE	MAPE	RMSE
15min	17.82	9.72%	28.43	17.66	9.62%	28.41	17.54	9.42%	28.33	17.4	9.38%	28.64
30min	18.97	10.25%	30.49	18.8	10.11%	30.54	18.84	9.98%	30.48	18.59	9.88%	30.78
1 h	21.07	11.4%	33.59	20.76	11.16%	33.52	20.8	11.03%	33.38	20.3	10.78%	33.34
Ave	18.95	10.3%	30.32	18.76	10.15%	30.32	18.73	9.99%	30.21	18.45	9.86%	30.38

由表 9.7 可得，在各个时段和均值的表现上，MAE 和 MAPE 随着划分数量的增加呈现减小的趋势，即精度逐渐增大，至最大划分数 8 时，精度达到最优；RMSE 则没有明显的变化趋势，相对较为稳定，但是也在划分数量较多（4 和 8）时取得了最高的精度；所有三个指标都随着预测时长的增加而增加，即随着预测范围逐渐变远，预测难度会增加，误差也随之变大。由此可见，本实验采用的基于路网划分的并行预测方案，其减小整体模型规模、更加集中于较小路网下空间特征提取的方式，能够在一定程度上减小预测误差，提升预测精度；且随着划分数量的增加，误差有逐步减小的趋势。

实验还对比了不同划分数量下，模型训练中每个轮次（epoch）的耗时以及整个训练耗时，分别记为 time_epoch 和 time_train。time_epoch 计算方式为每个模型单个 epoch 耗时的均值，time_train 计算方式为耗时最久的子路网模型的训练时长，对比结果如表 9.8 所示。

表 9.8　不同划分数量下训练耗时对比

参数	划分数量 = 1	划分数量 = 2	划分数量 = 4	划分数量 = 8
每个轮次耗时	15.85 min	8.91 min	5.1 min	3.97 min
整体训练耗时	1 301 min	736.1 min	456 min	365.5 min

由表 9.8 可知，随着划分数量的增加，单个 epoch 和完整训练耗时都在逐渐减小，说明并行预测的方案可以有效缩短训练时间，提升训练效率；划分数量从 1 至 4 间，模型结构都没有变化，参数量也没有变化，所以训练耗时主要受数据量大小影响，耗时减小的倍数也很接近；而划分数为 8 时，RNN 层数增加为 3，模型参数量变大，所以耗时减小倍数变小。分布式预测方案可以在训练效率和精度间进行协调，当划分数量较多时，模型结构可调整的空间也较大，可以选择较小的训练效率减小幅度，以获取更高的精度。

总体上，从实验结果来看，基于路网划分的并行预测方案相比于用单个模型预测整个路网，在训练效率和预测精度上都有所提升，而且可以在效率和精度之间加以平衡，以更好地服务不同预测场景的需求。

参 考 文 献

刘如意, 宋建锋, 权义宁, 等, 2017. 一种自动的高分辨率遥感影像道路提取方法. 西安电子科技大学学报, 44(1): 100-105.

刘铁岩, 陈薇, 王太峰, 等, 2018. 分布式机器学习: 算法、理论与实践. 北京: 机械工业出版社.

ABADI M, AGARWAL A, BARHAM P, et al., 2016. Tensorflow: Large-scale machine learning on heterogeneous distributed systems. arXiv preprint arXiv: 1603. 04467, 2016.

BRUNA J, ZAREMBA W, SZLAM A, et al., 2013. Spectral networks and locally connected networks on graphs. arXiv preprint arXiv: 1312. 6203, 2013.

CHEN J, PAN X, MONGA R, et al., 2016. Revisiting distributed synchronous SGD. arXiv preprint arXiv: 1604. 00981, 2016.

CHENG G, WANG Y, XU S, et al., 2017b. Automatic road detection and centerline extraction via cascaded end-to-end convolutional neural network. IEEE Transactions on Geoscience and Remote Sensing, 55(6): 3322-3337.

CHENG M M, LIU Y, HOU Q, et al., 2016. HFS: Hierarchical feature selection for efficient image segmentation. European Conference on Computer Vision, Amsterdam: 867-882.

CHENG M M, HOU Q, ZHANG S, et al., 2017a. Intelligent visual media processing: When graphics meets vision. Journal of Computer Science and Technology, 32(1): 110-121.

DEFFERRARD M, BRESSON X, VANDERGHEYNST P, 2016. Convolutional neural networks on graphs with fast localized spectral filtering. Advances in Neural Information Processing Systems, Barcelona: 3844-3852.

FU G, LIU C, ZHOU R, et al., 2017. Classification for high resolution remote sensing imagery using a fully convolutional network. Remote Sensing, 9(5): 498.

HERUMURTI D, UCHIMURA K, KOUTAKI G, et al., 2013. Urban road network extraction based on zebra crossing detection from a very high resolution rgb aerial image and dsm data. 2013 International Conference on Signal-Image Technology & Internet-Based Systems, Kyoto: 79-84.

HU F, XIA G, HU J, et al., 2015. Transferring deep convolutional neural networks for the scene classification of high-resolution remote sensing imagery. Remote Sensing, 7(11): 14680-14707.

HUANG W, SONG G, HONG H, et al., 2014. Deep architecture for traffic flow prediction: Deep belief networks with multitask learning. IEEE Transactions on Intelligent Transportation Systems, 15(5): 2191-2201.

JIA Y, SHELHAMER E, DONAHUE J, et al., 2014. Caffe: Convolutional architecture for fast feature embedding. Proceedings of the 22nd ACM international conference on Multimedia, Orlando, Florida: 675-678.

KARYPIS G, KUMAR V, 1998. Multilevelk-way partitioning scheme for irregular graphs. Journal of Parallel and Distributed Computing, 48(1): 96-129.

KIPF T N, WELLING M, 2016. Semi-supervised classification with graph convolutional networks. arXiv preprint arXiv: 1609. 02907, 2016.

KRIZHEVSKY A, SUTSKEVER I, HINTON G E, 2012. Imagenet classification with deep convolutional neural networks. Advances in Neural Information Processing Systems, Lake Tahoe, Nevada: 1097-1105.

LECUN Y, 1989. Generalization and network design strategies. Connectionism in Perspective, 19: 143-155.

LI Y, YU R, SHAHABI C, et al., 2017. Diffusion convolutional recurrent neural network: Data-driven traffic forecasting. arXiv preprint arXiv: 1707. 01926, 2017.

MCDONALD R, HALL K, MANN G, 2010. Distributed training strategies for the structured perceptron. Human language technologies: The 2010 Annual Conference of the North American Chapter of the Association for Computational Linguistics, Stroudsburg, PA: 456-464.

MENG X, BRADLEY J, YAVUZ B, et al., 2016. Mllib: Machine learning in apache spark. The Journal of Machine Learning Research, 17(1): 1235-1241.

MNIH V, HINTON G E, 2010. Learning to detect roads in high-resolution aerial images. European Conference on Computer Vision, Crete. 210-223.

MOVAGHATI S, MOGHADDAMJOO A, TAVAKOLI A, 2010. Road extraction from satellite images using particle filtering and extended Kalman filtering. IEEE Transactions on Geoscience and Remote Sensing, 48(7): 2807-2817.

POULLIS C, 2016. Tensor-Cuts: A simultaneous multi-type feature extractor and classifier and its application to road extraction from satellite images. ISPRS Journal of Photogrammetry and Remote Sensing, 95: 93-108.

RONNEBERGER O, FISCHER P, BROX T, 2015. U-net: Convolutional networks for biomedical image segmentation. International Conference on Medical Image Computing and Computer-Assisted Intervention, Munich: 234-241.

SAITO S, YAMASHITA T, AOKI Y, 2016. Multiple object extraction from aerial imagery with convolutional neural networks. Electronic Imaging, 2016(10): 1-9.

WU Y, TAN H, QIN L, et al., 2018. A hybrid deep learning based traffic flow prediction method and its understanding. Transportation Research Part C: Emerging Technologies, 90: 166-180.

YAO H, WU F, KE J, et al., 2018. Deep multi-view spatial-temporal network for taxi demand prediction. arXiv preprint arXiv: 1802. 08714, 2018.

YU B, YIN H, ZHU Z, 2017. Spatio-temporal graph convolutional networks: A deep learning framework for traffic forecasting. arXiv preprint arXiv: . 04875, 2017.

ZHANG Z, LIU Q, WANG Y, 2018. Road extraction by deep residual U-Net. IEEE Geoscience and Remote Sensing Letters, 15(5): 749-753.

ZHONG Z, LI J, CUI W, et al., 2016. Fully convolutional networks for building and road extraction: Preliminary results. 2016 IEEE International Geoscience and Remote Sensing Symposium (IGARSS), Beijing: 1591-1594.

ZINKEVICH M, WEIMER M, LI L, et al., 2010. Parallelized stochastic gradient descent. Advances in Neural Information Processing Systems, Vancouver, British Columbia. 2595-2603.